AIの心理学

アルゴリズミックバイアスとの闘い方を通して学ぶ
ビジネスパーソンとエンジニアのための機械学習入門

Tobias Baer　著
武舎 広幸、武舎 るみ　訳

UNDERSTAND, MANAGE, AND PREVENT ALGORITHMIC BIAS

A GUIDE FOR BUSINESS USERS AND DATA SCIENTISTS

Tobias Baer

Apress®

この本は、私のパートナーの心を駆動する「愛のアルゴリズム」に捧げます
——そのアルゴリズムのどんなバイアスが彼に私を選ばせたのか、
今もって見当もつきません。でもそれは、
彼がこれまでの人生で犯した中では最高の過ちだったと思うのです

はじめに

なぜ私はこの本を書いたのでしょうか。すでにアルゴリズミックバイアス（アルゴリズムに内在する偏りや偏見、先入観）に関しては多くのことが書かれていますし、実世界でもアルゴリズミックバイアスがもたらす弊害が数多く報告されています。しかしアルゴリズミックバイアスの原因を扱った本や記事となるとグッと数が減り、さらにアルゴリズミックバイアスのもたらす問題の解決や予防、抑制の方法となると、これはもうほとんど知られていない模様です。そこで、そうしたことを扱った本を書きたいと考えました。

この本は実用書です。さっそく明日からでもシステムに導入できる解決法を提案しています。対処法の中にはある程度時間を要するものもありますが、これは壮大な理論を打ち出す本ではなく、段階を追った指針やチェックリストを提示しているほか、持論の例証には実世界の事例を多数あげています。ただ、何より重要なのは、この本がさまざまな状況下で投げかけるべき具体的な質問を提示することで批判的思考（クリティカルシンキング）を促しているところです。

私はモデル（アルゴリズム）の開発やコンサルティングといった日常業務でアルゴリズミックバイアスにまつわる発見を重ねるうちに、「技術的な問題だけじゃ全然ない」との思いを強くしてきました。たしかにアルゴリズミックバイアスの原因やソリューションは部分的には統計学によって説明できますが、アルゴリズミックバイアスの問題は人間の心理に深く根差しているため、人間自身のバイアスについて理解しなければ、また、ユーザー、データサイエンティスト、広く社会一般のバイアスがいかに意思決定の際にバイアスを生み、増大させているかを理解しなければ、対処できないのです。

そこでこの本では最初から技術的な解決法に踏み込むことはせず、まずはアルゴリズミックバイアスを生む要因やメカニズムを説明した上で、それがアルゴリズミックバイアスへの対策でどういった意味をもつのかを解説します。

加えて、企業の幹部や非技術系の公務員といった人々がアルゴリズミックバイアスの対策や予防で発揮し得る力は存外に大きいことから、その文脈で誰もがアルゴリズミックバイアスにより適切に対処し、連携して予防できるよう力添えをしたい、との思いもありました。

対象読者

この本の対象読者は「私たち全員」です。私たちの暮らすこの世界では、誰もがアルゴリズムの影響を受けますし、多くの人はアルゴリズムの影響を受けるAIシステムを使ってもいます（もしかしたらAIが関与していることを知らずに使っているかもしれません）。そんなわけで、この本の対象読者は「私たち全員」なのです。

また、データサイエンティストもこの本の対象読者です。まだまだ人数こそ決して多くはありませんが、AIのアルゴリズムの開発担当者であり、アルゴリズミックバイアスの対策と予防で重要な役割を演じる専門家です。そんなデータサイエンティストの多くが（できれば全員が）この本を読んでくださるとよいなと願っています。この本の最後の、もっとも技術的色合いの濃い第Ⅳ部は、データサイエンティストのために書きました。

とはいえ世界全体に目を向ければほとんどの人がデータサイエンティストではありませんし、「統計学なんて大っ嫌い」という人はそれこそ山ほどいます。そこでこの本はごく一般の人を念頭に置いて書きました。難解な専門用語を極力避け、わかりやすい喩（たと）えを使い、ユーモアも盛り込んで、楽しく読んでいただけるよう努めました（もしかすると、読み終わる頃には統計学が好きになっているかもしれません。少なくとも、統計学をこよなく愛する私がこの本で描き出した偏ったイメージは大好きになっているかも）。

ところで、アルゴリズミックバイアスの問題が表面化するにつれて、当然、法令を遵守させる立場の規制当局も実態調査に乗り出し、有害な影響を防ぐ方策を模索し始めました。そのためこの本は、開発者とユーザーだけでなく、また、アルゴリズムをどこでどう使うべきかの意思決定の責任を負う企業幹部や官僚だけでなく、監督・規制当局の担当者も念頭に置いて書きました。

さらに、（詳しくは本文で解説しますが）アルゴリズミックバイアスの多くは実社会に深く根差したバイアスを拡大する「レンズ」の働きをします。そのためアルゴリズミックバイアスが招く問題は実社会のバイアスよりも規模がはるかに大きくなります。その文脈ではこの本を政治家、ジャーナリスト、思想家に照準を定めて書きました。こうした人々にはぜひ押さえておいてほしいのです。「アルゴリズムは、社会的（ソーシャル）バイアスへの対処法にも、逆にこれを助長する要因にもなり得る」ということを。

最後に（とはいえこれも他に負けず劣らず重要なことですが）、この本の対象読者には火星人と宇宙人グレイも含まれます。その理由は本文を読んでいただけばわかります。

「統計学や法律の教科書」でも「特効薬」でもない

この本は統計学の教科書ではありません。読者のうち、とくにデータサイエンティスト（と、統計学に興味のある一般読者）のためにさまざまな統計的手法を引き合いに出しましたが、その詳細を説明するところまではしていません。データサイエンティストならそうした手法の大半はすでにお馴染みでしょうし、たとえそうでなくても少なくともどんな資料を見ればよいかはわかっているはずです。

また、この本は法律の教科書でもありません。たとえばアルゴリズムに関わる重要な洞察のうち、どれが「EU一般データ保護規則（General Data Protection Regulation）」でどのように対象とされているか（あるいは対象から外れてしまっているか）など、法的、倫理的問題を思想的なレベルで論じることはしていますが、アルゴリズミックバイアス対策に何らかの形で関連する法律を漏れなく列挙するとか、特定の法的要件を満たすコツを指南するといったことは、この本の目指すところではありません。そうしたことは法律家の――理想を言えば、この本を読んだ法律家の――役割です。

最後に、この本は問題解決の特効薬でもありません。バイアスとの闘いはしんどいものです。ある意味、バイアスとは社会の一般的な慣行に従うこと、とも言えます。つまり、上司の言うこと、データが示唆すること、あなた自身の怠惰な心が発する「今までどおりに」という声に従って現状を維持することです。でもこうして自分の従来のやり方を部分的にでも変えられないような人は、この本を読んだところで何の足しにもならないでしょう。

どうぞ、この本を読んで得た洞察のうち、とくにどれが自分にとって重要なのか、この本で学んだことに基づいて自分の流儀をどう変えていけばよいのか、頭を使って考えることをやめないでください。そしてその成果を私にもぜひ教えてください。私のブログhttps://www.linkedin.com/in/tobiasbaer/に投稿していただければ幸いです。また、この本を読み終わって本棚にしまったら、あとはクシャミのもとになるホコリが積もるに任せ、この本で得たヒントやコツもきれいさっぱり忘れて元のやり方に逆戻り、なんてことになりたくなければ、読後すぐにカレンダーアプリを開いて、ヒントやコツを実践する日時を書き込んでください！

本書の構成

この本は次の4つのパートに分かれています。

第I部 序論——バイアスとアルゴリズム（1章〜5章）

人間のバイアスを心理学的見地から解説するほか、AIシステムにおいてアルゴリズムがどう開発、活用されているのかも紹介します。さらにここでは第II部以降で言及する用語や枠組みも説明します。

第II部 アルゴリズミックバイアスの原因と発生の経緯（6章〜11章）

アルゴリズミックバイアスの原因や背景を探り、主たる発生源を6つ紹介します。この知識をしっかり身につければ、アルゴリズミックバイアスを管理、予防するための基礎が得られます。この本の後半でも随所でこの6つの発生源に言及しています。

第III部 ユーザー視点のアルゴリズミックバイアスの対処法（12章〜17章）

ユーザー（ここでは広く「データサイエンティスト以外のすべての人」を指します）の視点に立って、アルゴリズミックバイアスにどう対処すればよいのかと、アルゴリズミックバイアスを予防する上でそうしたユーザーがいかに大きな力を発揮し得るかを紹介します。

第IV部 データサイエンティスト視点のアルゴリズミックバイアスの対処法（18章〜23章）

アルゴリズムの開発者であるデータサイエンティストを対象として書いたもので、アルゴリズミックバイアスを予防するための包括的、実際的な手引きとなっています。そのため、この本ではもっとも技術的色合いの濃い部分となりますが、著者としては、学部生からIT企業の経験豊富な解析担当部長まで、知識も経験もさまざまに異なる読者を念頭に置いて、誰にでも理解でき、各人各様にヒントや手がかりを見つけていただける、そんな解説を心がけたつもりです。

なお、各部の冒頭にそのパートを構成する各章の内容が説明されていますので、必要に応じて参照してください。

意見と質問

本書（日本語翻訳版）の内容については、最大限の努力をもって検証および確認していますが、誤りや不正確な点、誤解や混乱を招くような表現、単純な誤植などに気がつかれるかもしれません。何かあれば今後の版で改善できるようにお知らせください。将来の改訂に関する提案なども歓迎します。連絡先は次のとおりです。

株式会社オライリー・ジャパン
電子メール japan@oreilly.co.jp

本書についての正誤表や追加情報などは、次のサイトを参照してください。

https://www.oreilly.co.jp/books/9784873119625
https://www.marlin-arms.com/support/algorithmic-bias/（翻訳者）
　あるいは https://musha.com/sc/ab（後者は短縮版URL）
https://www.apress.com/gb/book/9781484248843（原書）
https://www.tobiasbaer.net/algorithmic-bias（著者）

オライリーに関するその他の情報については、次のオライリーのウェブサイトを参照してください。

https://www.oreilly.co.jp/
https://www.oreilly.com/（英語）

謝辞

まず一番に、こういう本を書くというすばらしいアイデアを出してくださったApress社のShiva Ramachandran氏に御礼を申し上げたいと思います。また、私の中に眠っていた「執筆の野獣」を飽くなき激励によって目覚めさせたばかりか、私の珍妙なユーモアを一切削除しようとしなかった担当編集者Rita Fernando氏にも謝意を表します。でも責任はすべてRitaさんにあります。なにしろ私はもっとずっと「オトナな」目でアドバイスをいただけるとばかり思っていたんですから！
さらに、ペンシルベニア大学ウォートン・スクールの統計学科で教鞭を執っていらしたPaul Shaman教授（現・名誉教授）にも深謝申し上げます。1999年、私は光栄にも教授のご指導のもと、客員研究員として貴重な2ヵ月を過ごすことができました。おかげで「モデルを評価するためにスクリプトを実行すること」と「データ（の意味）を理解すること」の違いをはっきりと意識できるようになりました。これがデータに対する私の批判的な態度の源泉となっています。

最後にClemens Baader氏にも御礼申し上げます。この本の草稿に喜んで目を通してくださっただけでなく、常に優れた聞き手として、私の語るさまざまな着想に耳を傾けては貴重な意見をくださいました。

目次

コラム目次

第I部
序論
——バイアスとアルゴリズム

第Ⅰ部では、人間のバイアスを心理学的見地から解説するほか、AIシステムにおいてアルゴリズムがどう開発、活用されているのかも紹介します。さらにここでは第Ⅱ部以降で頻繁に言及する用語や枠組みも説明します。

第Ⅰ部は次の5つの章で構成されています。

1章 アルゴリズミックバイアスとは

アルゴリズムとは？ バイアスとは？ どのようなものなのか、その概略を紹介します

2章 人間による意思決定で生じ得るバイアス

人間のバイアスを心理学的見地から解説するほか、意思決定の過程で生じる人間自身のバイアスについて説明します。というのも、アルゴリズミックバイアスはさまざまな形で人間自身のバイアスを映し出しているからです

3章 アルゴリズムとバイアスの排除

まず、アルゴリズム（プログラム）を作った経験がまったくない読者を主な対象として、アルゴリズムについて解説します。続いて、人間自身のバイアスを意思決定の過程から排除する上でアルゴリズムがどのように役立つのかを見ていきます

4章 モデルの開発

この本の読者の多くがデータサイエンティストではなく、その分野では素人である点を念頭に置いて、アルゴリズム（モデル）の開発現場の舞台裏を紹介します

5章 機械学習の基本

4章と同様、一般の皆さんを念頭に置いて機械学習の概要を説明します

1章 アルゴリズミックバイアスとは

そもそも「バイアス」とは何なのでしょうか。ある著名な文献[†1]では、次のように定義されています。

> 個人あるいは集団について抱く、好意的または否定的な感覚や偏見。とくに、公平とは見なされないものについて言うことが多い。

この文献で定義されているバイアスは、対象を人間に限定しているようですが、一般的にはバイアスの対象は人間とは限りません。この本ではとくに「アルゴリズム」に入り込んでしまうバイアスについて議論しています。そして、上の定義では「バイアスは悪いもの」のように思えますが、実のところバイアスは「諸刃の剣」なのです。

2章で詳しく解説しますが、普通、バイアスとは性格上の欠点でも特異な精神異常でもなく、むしろ人間の脳が1日何千回もの頻度で（一見）無造作に、かつ超高速で決定を下すために必要な「代償」なのです。猛スピードで突っ込んで来た車をかろうじてかわして、「自分にもこんな超人技ができるとは思わなかった」と仰天した経験はありませんか。すでに神経科学者や心理学者の間では人間の脳にまつわる謎の解明が着々と進められ、脳が行うこうした早業を、無数のショートカット（近道）が支えていることも明らかにされています。

この場合の「ショートカット」とは、脳が関連の事象やデータを漏れなく十分に考慮することなく、いきなり結論に飛びついてしまうことを意味します。たとえば味見

†1 David Marshall, "Recognizing your unconscious bias", *Business Matters*, https://www.bmmagazine.co.uk/in-business/recognising-unconscious-bias/, October 22, 2013.

もせずに「こんな料理、食べられるか」と決めつけるとか、知らない人を見ただけで「危険人物」のレッテルを貼ってしまう、といったものです。つまり、**脳は情報処理のスピードを上げるために、「先入観」や「偏見」を利用していると見ることもできるわけです**。

したがって、別の決断を支持する事実があるにもかかわらず（故意に）それを無視し、「先入観」や「偏見」に頼って意思決定をするのはバイアスの良い使い方ではないと言えるでしょう。たとえばこんな状況を思い浮かべてみてください。あなたのパートナーは以前魚介類の煮込み（ブイヤベース）でひどい食あたりを起こした経験があり、「ブイヤベースなんて二度と食べたくない」と思っています。そのため、あなたが最高においしいブイヤベースを作ってあげても、「味見するのもイヤ」とまるで受け付けません。この時、カノジョ（カレ）はあなたが料理学校を優等で卒業したことも、国じゅうで一番上等で一番新鮮な食材を仕入れ、腕によりをかけて作ったブイヤベースであることも、完全に無視しています。

さて、**アルゴリズムとは**、2つの選択肢（YesかNoか）のどちらかを選択したり、値がわかっていない数値を予測したりといった、**特定の問題や課題を解いたり解決したりするための論理的な規則や手順**を意味します。

脳が一瞬のうちに判断を下すのと同様に、特定のアルゴリズム（を使ったコンピュータシステム）もまた瞬時に（ほとんどの場合、1秒もかからずに）最終的な答えを弾き出します（少なくともそのような機能と役割が想定されています）。限られた数の要素だけを既定の方法で検討するという点では、アルゴリズムも「ショートカット」であると言えます。

ある見方をすれば、アルゴリズムはこれまで人間がやってきた意思決定を機械に模倣させ肩代わりさせるための手段とも言えます。たとえばローンの申し込みを毎月何千件も審査しなければならない銀行が、行員ではなくアルゴリズムに融資の可否を判断させる、といったケースです。動機は、大抵の場合「人間よりコンピュータ（アルゴリズム）のほうが速いし経費も安く済むから」です。

また別の見方をすると、アルゴリズムはバイアスを抑制するための手段、いや、払拭（ふっしょく）さえできる手段ともなり得ます。これまでに統計学者の手で、とくに「バイアスがない」との制約の下でアルゴリズムを生成する手法が開発されてきました。最小二乗法もそのひとつで、「最良線形不偏推定量（BLUE：best linier unbiased estimator）である」という統計学的に望ましい性質を有する推定量を得られる統計的手法です。

残念ながら、たった今私は「バイアスを抑制するための手段、いや、払拭さえできる手段ともなり得ます」と書くしかありませんでした。というのも、人間が意思決定をする場合と同レベルか、あるいはさらに望ましくないレベルのバイアスをアルゴリズムが生んでしまうケースがあるからです。そのため、この本では数章を割いて、アルゴリズムがバイアスを生むさまざまなメカニズムを紹介しています。

なお、アルゴリズムについて議論する場合には、バイアスをもっと明確に定義しておくべきでしょう。アルゴリズムによって解決しようとする問題には、少なくとも論理的には「正解」があるものです。たとえば、ある著名な大統領の頭に髪の毛が何本生えているかについて、私が「107,817本だろう」と推測したとします。わざわざ数える人などいないでしょうが、仮に自由時間が限りなくあり、しかも大統領の所へ行って髪の毛を一本一本数えても叱られない人がいるとすれば、私のこの「107,817本」という推測を確認することも不可能ではありません。

（大統領の頭髪の問題も含めて）ほとんどの場合、「正解」は少なくとも事前には（すなわち、そのアルゴリズムを実際に応用する時点では）知る由もありません。そのため、**多くのアルゴリズムは予測の手段として使われます**。予測によって不確実性を抑制し、管理しようとするわけです。

たとえば私がある銀行にローンを申し込んだとしましょう。この時点では、私がきちんと返済するかどうかは銀行にはわかりません。しかし私が債務不履行に陥る確率は5%だとアルゴリズムが予測してくれれば、銀行側は5%の確率で発生するかもしれない損失を、利息分と諸経費の合計とで天秤にかけ、「利率5.99%で貸し付ければ利益を得られるかも」といった判断を下すことも可能になります。

これはアルゴリズムの典型的な応用例です。リスク評価をしなければならない企業が、（客のローン返済が滞る、車が事故で破損する、生命保険の満期以前に契約者が死亡するなど）特定の事態の発生確率をアルゴリズムに予測させ、その結果を「リスク調整後リターン」と呼ばれる指標の客観的な予想値に照らして検討すれば、融資の可否を判断することもできる、というわけです。

アルゴリズムは情報が完璧には得られない状況で使われます（たとえば私が昨夜ギャンブルで借金を作ってしまったとしても、銀行の信用格付けのアルゴリズムには知る由もありませんし、翌月私が会社をクビになる運命にあるとしても、アルゴリズムには予測するすべがありません）。そのためアルゴリズムも間違いをしでかします（大抵は正しい判断を下せるはずなのですが）。

ある特定のアルゴリズムに「偏り（バイアス）がある」と言う時、それは、そのアルゴリズムの弾き出す**すべての予測値の平均が真の値から一貫してズレる**ことを意味します。たとえば前述の銀行のアルゴリズムが1万人の顧客について「債務不履行の確率は5%」との判定を下しました。これは普通なら1万人中500人は債務不履行に陥る危険性があるという予測だと受け取れます（500/10,000 = 5%）。ところがよくよく調べてみたら、本当は債務不履行になりかねない顧客が10%いるのに、ドイツのパスポートを持っている申請者についてだけ、アルゴリズムが一律に予測値を半分の5%に下げていたことがわかりました。これでは「ドイツ人に対するえこひいき」というバイアスがかかっていることになります（このアルゴリズムを作ったのがドイツ人だったとすると、これは「単なる偶然」でしょうか）。

システマティックな誤りを含む予測（特定の条件下では常に外れてしまうような予測）は、人間によるものであれアルゴリズムによるものであれ、ビジネスにとって深刻な影響を与えてしまいます。そして残念ながら、このような誤りは決して珍しくはありません。

たとえば20ヵ国の、合計258の大規模な交通インフラプロジェクトを分析した調査[†2]では、全体の9割近くのプロジェクトが予算を超過してしまったとのことです。ほとんどのプロジェクトで、費用を過小に見積もっていたわけです。また、リーマンショックの渦中ではノーザン・ロック、リーマン・ブラザーズ、ワシントン・ミューチュアルなど多数の金融機関が経営破綻しましたが、こういった企業は信用リスク、市場リスク、流動性リスクをシステマティックに過小評価していました。

人間自身のバイアスが問題の原因となってしまう場合もあります。米国のある銀行が使っていたエコノミックキャピタル・モデル[†3]（各種リスクをカバーするための必要資本を算定するモデル）にまつわるものです。

このモデルが、リーマンショック前に、期待損失（発生が予想される平均的な損失額）の何倍もの非期待損失（起こりうるがめったには起こらない損失額[†4]）が予測されるとして、住宅担保貸付（ホームエクイティローン）のリスクが桁外れ（けたはず）れに高まっていることを示唆しました。ところが期待損失とかけ離れた巨額の非期待損失を経験したことのなかった経営陣は、「モデルに欠陥がある」と決めつけてしまったのです。

一方、アルゴリズムに不備があってバイアスが生じてしまうケースもあります。これについても例をあげて説明しましょう。

アジアのある銀行が、ある信用スコアリングモデルを導入しました。顧客のクレ

†2　B. Flyvbjerg, M.S. Holm, and S. Buhl, "Underestimating Costs in Public Works Projects: Error or Lie?", *Journal of the American Planning Association*, 68(3), 279-295, 2002.

†3　この本など統計や機械学習の分野で使われる「モデル」とは、入力データと出力データの（見えない）関係を、数式やルールなどの（できるだけ）簡単な仕組みで近似したもののことを言います。3章以降で具体的な例が登場します。

†4　非期待損失について詳しくは次のページなどを参照してください――http://www.ginkouin.com/rensai/riskmanagement/pdf/riskmanagement_3.pdf

ジットカードローンの利用率を債務不履行の予測指標のひとつとして信用リスクを統計的に算出します。そしてこのアルゴリズムでは「カードローンの利用率が低い顧客（たとえば利用可能枠の10%しか利用していない顧客）は、高率の顧客より安全」と見なし、安全な顧客の借入限度額を引き上げるようになっていました。

しかしこれでは循環参照のエラーが起きてしまいます。つまり、アルゴリズムが借入限度額を引き上げた瞬間に（現時点での未決済残高を借入限度額で割った値である）利用率が下がるため、さらに限度額を上げる形になってしまうのです。たとえば仮に未決済残高が10で限度額が100だとすると利用率は10%なので、限度額を100から125に25%引き上げると、10/125 = 8%で利用率が8%に下がり、それでまたまた限度額が上がる、という処理を、顧客にとっては到底返済不能なとんでもない額に達するまで繰り返しました。

こうしてきわめて高額の枠をぎりぎりいっぱいまで利用する顧客が相次ぎ、当然の成り行きとして返済不能に陥る顧客が続出し、結果的に10億米ドルを超える貸し倒れを発生させるハメになったこの銀行は経営破綻の寸前まで行ってしまいました。

アルゴリズミックバイアスは実に多種多様な現れ方をします。米国の非営利、独立系の調査報道メディアProPublica（プロパブリカ）が2016年に公表した研究結果によると、米国の司法当局が使用している再犯予測プログラム「COMPAS（コンパス）」は白人より黒人の再犯危険度を高く示す傾向があるそうです[†5]。また、AIプログラムに自然言語を教えるためのアルゴリズムは「homemaker（主婦／主夫）」を女性と、「programmer」を男性と結びつけている点で性差別主義的だとする記事がMITのリポートに掲載されています[†6]。さらに、Googleの広告設定ページの「広告のカスタマイズに利用する要素」で性別を「女性」に設定すると、「男性」に設定した場合よりも高収入の求人広告が減るそうです[†7]。

近年、アルゴリズムが意思決定を担うケースが増えるにつれて、その影響が消費者や企業、従業員、政府、環境、さらにはペットや無生物にまで及ぶようになり、アルゴリズミックバイアスが引き起こす危険や影響がじわじわと増大しつつあります。

とはいえ、これはどうしようもないことではありません。バイアスはアルゴリズムの機能や運用に絡んで生じる副作用にすぎません。アルゴリズムの作成者や使用者が

---

†5　J. Larson, S. Mattu, L. Kirchner, and J. Angwin, "How we analyzed the COMPAS recidivism algorithm", *ProPublica*, 9, 2016.

†6　W. Knight, "How to Fix Silicon Valley's Sexist Algorithms", *MIT Technology Review*, November 23, 2016.

†7　A. Datta, M.C. Tschantz, and A. Datta, "Automated experiments on ad privacy settings", *Proceedings on Privacy Enhancing Technologies*, 92-112., 2015.

意識的もしくは無意識的に行う選択の副産物なのです。ですからこうした選択の場面に立ち返って、必要な修正を施しアルゴリズミックバイアスを低減すれば、いや、もっと言えばすっかり除去してしまえばよいわけです。

この本のテーマはアルゴリズミックバイアスです。第1の狙いは、アルゴリズミックバイアスの何たるかを——どんな原因やきっかけで生じてしまうのかや、重要な意思決定にどんな悪影響をもたらし得るのかを——より良く理解していただくことです。第2の狙いは、ユーザーとして、あるいは規制当局者として、アルゴリズミックバイアスをいかに管理し得るかを模索し、アルゴリズミックバイアスのダメージを低減していただくこと、そして第3の狙いは、データサイエンティストの皆さんにアルゴリズミックバイアスの予防方法を模索していただくことです。

次の章では、まず人間の認知バイアスについて理解を深めていきましょう。

2章 人間による意思決定で生じ得るバイアス

アルゴリズミックバイアスは、後続の章で詳しく説明するように、さまざまな形で人間の認知バイアスを反映しています。このため、アルゴリズミックバイアスを理解するために、まず人間自身のバイアスについての理解を深めましょう。

2.1 バイアスの働き

普段の会話で「バイアス（偏見、先入観、偏り）」という言葉を耳にすると、あまりよくないイメージを抱く人が多いと思います。しかし、実のところ、バイアスは人間の生存にとって、とても重要な働きをしているのです。「精度」「速度」「効率」という競合する3つの要素をうまく調整して、生き抜いていくために利用されているものなのです。

まず「精度」についてですが、これが重要なことは明白でしょう。狩りに出かけても、認知能力が低くて、そこらじゅうの木の幹や岩が動物に見えたりしたら、なかなか獲物を捕まえられず食べ物にありつけません。

これに対して「速度」は見過ごされることが多いのですが、自然界ではまさに一瞬の差が生死を分ける場面が少なくありません。たとえばトラがあなたの視野に入ったとします。論理的思考をつかさどる前頭葉が「今、オレの目の前にはトラがいる」と認識するのに最低でも200ミリ秒（0.2秒）かかりますが、そんなにのんびりしていたらトラに飛びかかられて朝ご飯にされてしまうのが落ちです。そのためマザーネイチャー（母なる自然）が用意してくれたのが、わずか30〜40ミリ秒で（つまり一瞬のうちに）起こってくれる「闘争・逃走反応（危機的状況で生存のために闘うか逃げるかの準備を整える生理学的反応）」です。

私たち人類が今の時代まで生き延びてこられたのは、ひとえにこの反応のおかげと言っても過言ではありません。200ミリ秒から40ミリ秒へ、わずか160ミリ秒縮まっただけではあるものの、人類は絶滅を免れた、いや、それどころか「万物の長」にまでのし上がったのです。とはいえ反応時間を160ミリ秒短縮するには想像を絶する数の微調整や奥の手を要しました（これに関する大変詳しい説明が、英国の数学者John Coatesの著書『*The Hour Between Dog and Wolf*』†1にあります）。

というわけで「速度」の決め手は「確信がもてない時は目の前にトラがいると思ってしまえばよい」です。そう、バイアスはマザーネイチャーが人類のための道具箱に入れてくれた、意思決定のスピードアップのための必須アイテムなのです。

さて、3つ目の要素である「効率」も、マザーネイチャーが思考と意思決定を促すべく用意したアプローチのひとつではありますが、知名度は3つの中では最低です。多分あなたは幼い頃から「論理的、意識的思考こそが脳の働きのすべてだ」と信じてきたことでしょう。そんなあなたに知ってほしい事実があります。実は思考の大部分が無意識のレベルで行われているのです。本人が意識的に思考していると思っている時でさえ、無意識と意識の間で言ったり来たりしている場合が少なくありません。

たとえば「今日の晩ご飯は外で食べたいな～」と思っている自分を思い浮かべてみてください。どこのレストランにしますか。ちょっとの間、読むのをやめて、本当に考えてみてください。

どうです、選べましたか。よろしい。今のは意識的な選択だったでしょうか、それとも無意識的な選択だったでしょうか。おそらく2つ3つ選択肢をあげて、そこから意識的にひとつを選んだのでは？ でも、そもそも「2つ3つの選択肢」というのは一体どこから出てきたのでしょうか。地域に何十、いや何百とあるレストランを調べ上げてスプレッドシートにまとめ、自分なりの厳しい基準に照らし合わせて1軒1軒吟味した上で決めましたか。それとも何軒か好みのレストランから成る短い「選り抜きリスト」が奇跡のように思い浮かびましたか。この「選り抜きリスト」こそ、意識的な思考に無意識が手を貸していることを物語る事例です。つまり無意識は、選択肢を「最終候補」に絞り込むことによって、今晩行くべき店を決める作業を簡単にしてくれたのです。

マザーネイチャーがこれほど効率にこだわるのは、人間の論理的、意識的思考の効率がおそろしく悪いからです。平均的な成人の脳は、重量でいえば体重の2%にも満たないのですが、消費エネルギーは20%にも達するのです†2。私たちが食べた物を

†1 John Coates, *The Hour Between Dog and Wolf,* New York: The Penguin Press, 2012.
†2 Daniel Drubach, *The Brain Explained.* New Jersey: Prentice-Hall, 2000.

消化して得るエネルギーのなんと20%が、脳を働かせるためだけに使われているのです。脳のように小さな部位にしては大変な量のエネルギーですよね。しかもそんな大量のエネルギーの大半を論理的思考に使っています（対照的に無意識は、パターン認識などの作業なら苦もなくやってのけます）。だからこそ、現代の飛行機や船がありとあらゆる技術を駆使して省エネを図っているのと同様に、マザーネイチャーも人間の脳にあらん限りのメカニズムを組み込んで論理的思考の省エネ化を図ったわけです（ステーキを毎日20枚も食べなければならないなんて悲惨ですから）。おかげで種々さまざまなバイアスが生じるハメになったのですが、まあ無理からぬ話ではあります。

2.2 バイアスの分類

心理学の文献で紹介されてきたバイアスをひとつ残らずあげるとすると、優に100を超えてしまいます[†3]。しかしそうしたバイアスの多くは脳のもつ基本機能が行動に反映される際に、異なる形で表現されたものなのです。そこで、何人かの研究者はこの**脳のもつ基本機能に注目して、バイアスを数個の主要タイプにまとめています**。そうしたもののひとつとして、シドニー大学の教授Dan Lovalloが、以前私の同僚であったOliver Sibonyとともに提唱したものがあり、私自身もこの枠組みを支持しています[†4]。この枠組みでは、バイアスを大きく次の5種類に分類します。

1. アクション志向バイアス（action-oriented bias）
2. 安定性バイアス（stability bias）
3. パターン認識にまつわるバイアス（pattern-recognition bias）
4. インタレストバイアス（interest bias）
5. ソーシャルバイアス（social bias）

ここから、バイアスの中でも、アルゴリズミックバイアスの理解に欠かせない重要なものを説明していきますが、おおむねこの枠組みに沿った形で話を進めましょう。

---

†3 Buster Benson, "Cognitive Bias Cheat Sheet", https://medium.com/better-humans/cognitive-bias-cheat-sheet-55a472476b18, September 1, 2016.

†4 D. Lovallo and O. Sibony, "The case for behavioral strategy", *McKinsey Quarterly*, 2(1), 30-43, 2010.

2.3 アクション志向バイアス

最初に取り上げるのは「アクション志向バイアス」です。これは「大抵は速度が物を言う」というマザーネイチャーの洞察を反映したものです。

さっそくですが問題です。次にあげる2人のうち、どちらのほうがジャングルで生き延びる確率が高いでしょうか。

1. 慎重、緻密なプランナータイプ。20ページにも及ぶリスク・アセスメントを書き上げ、対応策を少なくとも5種類はじっくり検討した上で、目の前わずか5メートルの所に現れたトラへの対処法としては闘うのがよいか、それとも逃げるのがよいかを判断する
2. 「闘う！」と一瞬で決めてしまう猪突猛進タイプ

正解はもちろん2.です。人間はグダグダ考えるより「アクション」を志向するわけです。

アクション志向バイアスを生じさせる要因としては、次のような効果や傾向があげられます。

1. フォン・レストルフ効果（von Restorff effect。孤立（isolation）効果とも呼ばれる）
2. 奇異性効果（bizarreness effect）
3. 自信過剰（overconfidence）
4. 過剰楽観主義（overoptimism。楽観バイアス）

1.のフォン・レストルフ効果[†5]は、「印象深いものや目立つものが記憶に残りやすい」という性質を、そして2.の奇異性効果は「奇妙、奇抜な物事が記憶に残りやすい」という性質を説明してくれます。こうしたバイアスのせいで、周囲の木々や茂みの間に黄色い毛で覆われた背中がチラリと見えれば、そこへ私たちの目が惹きつけられるわけです。

3.の自信過剰や4.の過剰楽観主義があるために、「自分の行動に疑問を投げかけてグズグズ先延ばしを続けた結果、トラに襲われて命を失う」という事態を避けられる

†5 1933年にドイツの精神科医・小児科医であったヘドヴィッヒ・フォン・レストルフによって提唱されたものです。

わけです。

2.の奇異性効果は我々の認知に影響を与えますが、これは、(あとで詳しく説明しますが) アルゴリズムの係数の予測において「外れ値 (レバレッジポイント)」が、過大な影響を及ぼしてしまうことがあるのと似ています。この時、背後で作用しているのは可用性バイアス (availability bias) です。人間には日頃から頻繁に目にしている入手しやすいもの (「可用性」の高いもの) を信頼したり、目立つ出来事を過大視したりする傾向があるのです。そこで、特定のデータポイント†6が他の大半のデータポイントより目立つなどの理由で想起しやすくなっていると、その想起しやすいデータの「代表性」を過大評価してしまいます。

このため、たったひとりの外国人が犯したたった1回の、しかし異様でセンセーショナルな事件のせいで、同国人のイメージまでが大きく傷つき、とんでもない敵意や嫌悪感をぶつけられてしまう、といったことが起こるのです。

3.の自信過剰は、この本の文脈では格別注目に値します。というのは、バイアス全般についても、とくにアルゴリズミックバイアスについても、なぜ十分な対策が講じられないのかが「自信過剰」で説明できるからです。他の人たちと比べて自分自身の能力をどう評価するか尋ねるアンケートで、人間の「自信過剰」の傾向を実証した研究はすでに多数発表されています†7。たとえば高校3年生を対象にした研究では、自分の統率力は「平均より上」と答えた生徒が70%いましたが、「平均より下」は2%しかいませんでした (「平均」を基準に尋ねているのですから、客観的に判断されていれば「平均より上」も「平均より下」もそれぞれ50%前後いるはずなのですが)。

協調性にいたっては60%もの回答者が「自分は上位10%に入る」と答え、「上位1%に入る」と答えた者さえ25%もいました。対人能力だけでなく、車の運転やプログラミングなどの技能についても同様の結果が出ています。

なお、上であげた「過剰楽観主義」という用語は基本的には「自信過剰」の同類ですが、たとえば大規模な建設プロジェクトを予算の範囲内で完遂できるか否かといったように、アウトカム (結果や成果) あるいは出来事の評価に関連して用いられます。

さて、以上のような傾向は、アルゴリズミックバイアスへの対策に関してどのような意味をもつのでしょうか。人は、他の人々の判断にバイアスがかかる可能性は認め

†6 単に「データ」というとあいまいになる恐れがある場合、個々のデータのことを「データポイント」あるいは「レコード」という場合があります。これに対して、複数のデータポイントの集まりであることを明確にしたい場合は「データセット」と呼ばれることがあります。

†7 ここで紹介した事例は、D. Dunning, C. Heath, and J.M. Suls, "Flawed self-assessment: Implications for health, education, and the workplace", *Psychological science in the public interest*, 5(3), 69-106, 2010.の引用を再度引用したものです。

ても、「自分にはバイアスなんかあるはずがない」と自身の判断力を過大評価するため、意思決定の過程からバイアスを排除する必要性を感じず、一向に努力を払おうとしません。**自分の過剰楽観主義の傾向を認め、正せる人はそうそういないのです**。おかげで「大多数の人が、バイアスの存在を認めているにもかかわらず、対策を講じようとしない」という状況が生まれてしまいます。

もうひとつ、過剰楽観主義に関する研究で大変興味深いことが判明しています。この傾向は欧米の人々には見受けられるのに極東の人々には見受けられない、という点です[†8]。これで明らかになるのが「各人の個性だけでなく、その人の国（や企業などの組織）の文化も、意思決定の方法やその過程で生じるバイアスを左右する」という点です。ある状況で観察されたバイアスが、また別の状況では見られず、代わりに別種のバイアスが生じる可能性があるのです。

すぐに行動計画を！

「ほとんどの人は自信過剰で、自分の意思決定の過程からバイアスを排除する努力を払おうとしない」――私が日頃よく目にするこの現象こそが、まさに「自信過剰の傾向」の絶好の事例にほかなりません。にもかかわらず、この私はこうしてアルゴリズムからバイアスを取り除くコツやノウハウを提案する本を書いたりしています。勝算などほぼゼロであるにもかかわらず、バイアスの影響下にある読者の皆さんをなんとか説得できる、自分の提案したコツやノウハウを実践してもらえる、と、なぜか信じているのです。同時に、我が親愛なる読者の皆さんなら並の読者とは違ってきちんと策を講じてくださる確率がはるかに高いことも承知しています。ですから、ここでは次の提言をするだけにとどめましょう。

いかにもあなたにふさわしいポジティブな自己イメージを裏切らないよう、この本を読み終わったら（あるいは読んでいる最中に）行動計画（アクションプラン）を立ててください。この本を読んで得たヒントやノウハウを日々の仕事にどのように応用するか、「自分はバイアスに影響されるはずがない」との思い込みにどのように抗（あらが）うか、具体策をまとめたアクションプランです。読者であるあなた自身が、そして著者である私が抱いている大きな期待を裏切ってはなりません。☺

†8　社会心理学全般の限界としてあげられるのが、実験の大半が西洋文化のもとで実施されていること、しかもそうした実験の多くが、北米の大学の学部生というさらに限られた人々の手で行われていることです。とはいえ、西洋の理論を日本や中国などアジアの文化のもとで実証しようとしている数少ない研究者によって、重要な文化的差異が折あるごとに掘り起こされてはいます。

2.4　安定性バイアス

アクション志向バイアスの次に取り上げるのはマザーネイチャー（母なる自然）が効率アップのために用意した、安定性バイアス（stability bias）です。まずはこんな場面を想像してみてください。あなたは映画館へ行きました。芸術的な映画で昼の部ということもあり観客はあなたひとりしかいません。200ある座席の中からどこでも選び放題です。どうしますか。ちょくちょく席を替えて試すもよし、（もう少し脚の伸ばせる席がないかとか、ここは冷房の風がじかに当たってイヤとかで）1、2回移る以外はほぼ同じ席という戦法でもよし。

しかしマザーネイチャーに言わせれば、「席を替えようかな」と思った段階で、すでに貴重な心的エネルギーを消費していますし、実際に立ち上がって別の席へ移ろうものなら、今度は筋肉がエネルギーを消費してしまいます（必見シーンを見逃す恐れについては、言うまでもありません）。そこでさまざまなバイアスがあなたを釘付けにして「現状維持」を図らせ、心的、肉体的資源（リソース）の浪費防止に努めます。

さて、安定性バイアスの代表格が「現状維持志向」と「損失回避志向」です。先程の映画館の例で、あなたが今座っている席が他の席よりも好ましく感じられるのは、現状を維持したいから、そしてすでに所有しているものを失いたくないからです。損失回避志向の一種で、「授かり効果」あるいは「保有効果」と呼ばれています。心理学者による実験では、被験者の中から無作為に選んだ半数の人々に大学のロゴ入りのマグカップを与え、残りの人々には与えず、与えた集団（所有者・売り手）には「いくら払ってもらえば手放してもよいと思うか」、与えなかった集団（非所有者・買い手）には「マグカップを手に入れるのに、いくらなら払ってもよいと思うか」と質問したところ、所有者が付けた売り値の最低額は非所有者が付けた買い値の最高額のおよそ2倍にも達したそうです[†9]。

経済学者がこの状況を見たら、きっと「非合理的で異常」と言うでしょうが、マザーネイチャーの目には「申し分なく合理的」に映ります。あなたに（つまらない品を売って小銭稼ぎなどしていないで）ゆったりと映画を楽しむか、さもなければもっと「実りあること」をしてほしいのです。

ただ、時には現状維持志向が強すぎてしまうことがあります。たとえば企業での年間予算の配分に過度に働いているケースがそれに当たります。マッキンゼーのレポー

†9　D. Kahneman, J.L Knetsch, and R.H. Thaler, "Anomalies: The endowment effect, loss aversion, and status quo bias", *Journal of Economic Perspectives*, 5(1), 193-206, 1991.

ト[†10]によると、各部署への予算配分が20年間、毎年毎年90%もの異常に高い相関を示した企業がありました。予算を削られた部署の怒りや抗議を恐れての慣行だとしても財務面での代償は途方もなく大きく、こうした慣行をもつ企業と、各部署の業務成績に基づいて定期的に予算配分の見直しを図っている企業の成長速度を比べると、後者は前者の2倍にも達していました。

安定性バイアスで、もうひとつ重要なのが「アンカリング効果」で、先行する情報や印象的な情報が基準となり、その後の判断がそれに影響されるというものです。時系列モデルを研究している計量経済学者は、いわゆる「ナイーブな予測（特別な技術を要さない単純な予測）」の誤差の小ささに驚かされることがあります[†11]。多くの時系列モデルで「今期の数値」が大変有効な「予測変数[†12]（predictor）」として「来期の数値」の予測に役立つのですが、こうした「ナイーブな予測方法」と複雑な時系列モデルの予測精度を比較すると、後者が前者をやや上回る程度でしかない場合が多いのです。

ここでも陰でマザーネイチャーが糸を引いていると見て間違いないでしょう。人間は予測をする際、最初に接した数値や価格を目安にすることが多く、たとえその後、新たな情報を仕入れたとしても、大幅な調整はあまりしないのです。

ただ、時にこのアンカリング効果がはなはだしい脱線を招いてしまうことがあります。「最初に接した数値や価格」が大幅に外れていたり、単にランダムな値であったりした場合です。アンカリング効果の実験で有名なのが「（米国で）自分の社会保障番号なり電話番号なりの下2桁の数字を書いてもらったあと、仮想のオークションサイトでワインや箱入りのチョコレートの入札に参加してもらう」というものです。下2桁の数字と、ワインやチョコレートの入札価格の間には明らかに何の関係もありませんが、下2桁の数字が大きかった人は、小さかった人より額が60%から120%も高くなるそうです[†13]。

2.5 パターン認識にまつわるバイアス

3つ目のバイアスはパターン認識にまつわるバイアスです。このバイアスは、私た

---

†10 T. Baer, S. Heiligtag, and H. Samandari, *The business logic in debiasing*, McKinsey & Co, 2017.
†11 https://blogs.sas.com/content/forecasting/2014/04/30/a-naive-forecast-is-not-necessarily-bad/
†12 予測変数について、詳しくは「3.1 アルゴリズムの簡単な例」で説明しています。
†13 E. Teach, "Avoiding Decision Traps", *CFO*, June 1, 2004; Retrieved October 29, 2018. https://www.cfo.com/human-capital-careers/2004/06/avoiding-decision-traps/

ち人間の知覚がらみの難題に対処しようと、マザーネイチャーが用意したバイアスです。人間が外界を感知するための感覚機能は完全ではなく、知覚結果に多くの雑音（ノイズ）が含まれています。

「ノイズ」への対処

まず、あなたが最近誰かと話した時のことを思い出してください。「それならわずか2、3分前のことだ。さっき電車の車掌（あるいは飛行機の客室乗務員）と話をした」という人もいることでしょう。そうした場面で相手の言ったことの中に、何かあなたにとって大事な情報が含まれている文がひとつあったとしましょう。そしてその文の一部が（隣の人のいびきなど）周囲の音にかき消されてしまったり、車掌なり客室乗務員なりの発音がそこだけはっきりしなかったり、あなた自身が一瞬携帯電話に気を取られたりで、聞き取れませんでした。あなたは「え？ 何ておっしゃいました？」と訊きますか。あるいはそう訊かなくても、相手が何を言ったのか、なぜか察しがついてしまうでしょうか。

多くの場合は後者で、それは私たちの脳に驚異的な「隙間を埋める能力」が備わっているからです。脳は「経験に裏付けられた推測」がとても上手なのです。ただ、この推測がシステマティックに（特定の条件下では常に）外れてしまうことがあって、そうなれば「パターン認識にまつわるバイアス」の世界に突入ということになります。

パターン認識はアルゴリズムの果たす主な仕事と言っても過言ではありません。ですからこのバイアスはこの本のテーマに強く関係しているのです。

脳は（視覚などの感覚器官からの入力であれ、細かい文字や数字で埋まった表を多用した経営情報システムのレポートなどのデータであれ）ノイズの多い不完全なデータを納得の行く形で解釈するためには、それなりのルールを必要とします。システマティックな誤差（つまりバイアス）が生じるのは、このルールに欠陥がある時や、ルールの応用方法を誤った時です。

ルールに欠陥がある場合の好例としてあげられるのが「テキサスの狙撃兵の誤謬（ごびゅう）」です。これはデータの中に、ありもしないルール（パターン）を見出してしまう人間の脳の誤りを指すもので、ひとりのテキサス人が納屋の壁を銃で撃って穴をいくつも開け、そのまわりに的（まと）を描いて、「オレは射撃の名手だ」と言ってのけたというジョークが下敷きになっています。

迷信の中には、脳のこうした傾向によって説明できるものがたくさんあります。たとえば誕生日に夫から贈られた赤いリボンの襟（えり）飾りを着けていた時に限って3回続けて商談をまとめられた販売員の脳が「これは幸運の襟飾りね！」という結論に飛びついてしまうケース。面白いのは、脳のこの判断が必ずしも間違いとは限らない点です。赤い色が買い手に一定の心理的影響を与えて契約の締結率を押し上げた可能性もゼロではありませんから。ただし3件の商談をまとめられた事実だけでは統計上の標本（母集団から抽出したデータの集まり。母集団の部分集合）として有意とは言えませんし、ロバスト推定法（データに含まれる誤差の影響を極力抑えるための手法）を応用するにもデータが少なすぎます。

とはいえ、この販売員の話で浮き彫りになるのが、マザーネイチャーが「用心に越したことはない」の視点でパターン認識を後押ししている点です。あなたはお隣のかわいいワン子に1回噛まれれば、それ以上噛まれなくても「これは近寄っちゃいけないコワいワン子なんだ」と悟りますよね。同じ理由で、脳には「たとえこの赤い襟飾りが威力を発揮する確率がごくわずかだとしても、大事な取引にこれなしで臨むなんてリスクは冒したくない」と考える傾向があるのです。

確証バイアス

上で見た「テキサスの狙撃兵の誤謬」の同類と言ってもよいのが「確証バイアス(confirmation bias)」で、これまたマザーネイチャーがパターン認識の効率アップのために用意したものです。そしてこれは「仮説駆動」でデータを収集するアプローチと見なせます。

人には、自らの願望や信念を裏付ける情報を重視・選択してしまう傾向があります。確証、つまり「確かな証拠」を探したくなるのです。もし読者の頭に「この本を買うのは実に良いアイデアだ」という考えがあると、それを支持する情報（たとえばこの本の才知に長けた洞察を讃え、星5つを付けたレビュー）を大歓迎し、反証する情報ははねつける（たとえば星ひとつを付けたレビューアーを「バカ」と見なす）など、思考が特定の確証に支配されて客観的な判断ができなくなる傾向が人間にはあるのです（ただし、もちろん私としてはこの好機を逃さず申し添えたい。星ひとつのレビューアーに関するあなたの判断は実に正しい！）。

こうした確証バイアスの根底には「決断はすばやく下し、認知過程の省力化を図りたい」とのマザーネイチャーの意向が見え隠れします。従来行われてきた数々の実験でも、被験者はニュース記事を読む際、自分の考えに反するものよりも自分の考えを裏付けるものを選ぶ傾向がはるかに強いことが立証されています。11章ではSNSの世界におけるアルゴリズミックバイアスの実情を紹介していますが、その領域で主な悪役を演じているのも、ほかならぬこの確証バイアスです。

確証バイアスは「ノイズの多い情報」の処理の行方を左右することもあります。先程の客室乗務員（車掌）との会話に戻りましょう。客室乗務員（車掌）があなたの持っている本を指差して「何を読んでらっしゃるんですか」と訊くので、あなたが得意になって表紙を見せると、相手はこう言います――「あ、それ読みました！ すごく……」。「面白かった」と言ったのか「つまらなかった」と言ったのか、周囲の雑音で語尾が聞き取れません。あなたは多分「『面白かった』と聞こえた」と主張するでしょう。それは、あなたの脳がもちろん「面白かった」という言葉を期待していて、判然としない語尾を無意識のレベルで自動的に、期待していた内容と置き換えたからなのです。

ステレオタイピング

確証バイアスの延長線上にあるのが「ステレオタイピング」です。人間にはルールを杓子（しゃくし）定規に適用したがる傾向があります。

まずはこんな場面を想像してみてください。あなたは高級レストランにいます。今、ウェイターが隣のテーブルに伝票を持ってきました。するとそのテーブルにいた押し出しのよい年配の白人男性がズボンのポケットから何か黒いものを取り出しました。何だと思いますか。多分あなたは「財布だ」と思ったのでは？

次はこんな場面です。道路脇に女性が倒れています。そこへ1台のパトカーが通りかかって停まると、見るからにパニック状態のその女性が手を振り回して「バッグ、私のバッグ！」と叫びます。その瞬間、警官たちの目に、近くの地下鉄の入り口へと駆けていく黒人青年の姿が映りました。すかさず追跡し「止まれ！ 警察だ！」と怒鳴って銃口を向けます。青年は地下鉄の入り口まで来るとポケットから黒いものを取り出しました。何でしょう？ 「拳銃だ」と思った人（急いで電車に乗らないとピアノのレッスンに遅刻してしまうので、前もって定期券を用意しておかなくちゃと取り出した「財布」ではなく「拳銃」だと思った人）は、ステレオタイプの影響を受けたと言えます。

私たちの脳は話の流れに基づいて、次にどういうことが起こるのが順当か、すでにある程度の予測をしています。レストランで伝票を受け取った人は、ポケットから財布かクレジットカードか紙幣を取り出す可能性が高く、強盗を働いたように見える人物は、警官から逃れようとしてポケットからナイフか拳銃、はたまた手榴弾を取り出す可能性が高い、といった予測です。

脳は、何か黒いものがポケットから引き出されたことしかわからない場合、それぞれの状況でそれぞれの人がポケットに持っていそうなものに関する固定観念（ステレオタイプ）に基づいて「隙間」を埋めます。悩ましいのは、この推測が外れる恐れがあるところです。容疑者がポケットから黒いものを取り出した瞬間に発砲する警官のほうが、容疑者からたしかに銃口を向けられたと確信するまでは引き金を引こうとしない慎重な警官よりも撃たれる可能性（したがって命を落とす可能性）が低いことは明白です。

どうやら、人類の進化をつかさどってきたマザーネイチャーは「正当な法の手続きを遵守すること」をあまり重視してはいなかったようです。とはいえ、もしも何の罪もない青年が警官の目に「典型的な」強盗と映ったがために撃ち殺されたのであれば、意思決定に関わるバイアスが尊い人命を奪ったことになります。

この流れで、私たちが避けて通れない厳然たる事実があります。それは「アルゴリズムを作成し応用しようとする時、私たちは深刻な倫理的ジレンマに直面し、選択を迫られることがある」という事実です。

たとえば「テロリストの疑いのある人物の人権を無視せざるを得ない」「有罪判決を受けた犯罪者に仮釈放を認めなければならない」「自動運転車が複数の歩行者との致命的な衝突が不可避となった時、歩行者のうち誰か轢かなくてはならない」といった場面で、本当にそうするべきなのか選択を迫られることがあるのです。ギリシア悲劇では主人公の英雄が、どちらも悲惨な結末につながる2つの道から、ひとつを選ばざるを得ない状況に追い込まれることがありますが、同様に私たちもあえてアルゴリズムを一定の方向へ偏向させざるを得ない時があって、最終的にそのアルゴリズムに組み込まれてしまった「バイアス」が、「この状況下では一番人道的だろう」と私たちが下した結論を反映する形となります。

2.6 インタレストバイアス

4つ目のバイアスは「インタレストバイアス」です。自らの興味や利害（インタレスト）に関係するもので、単なるショートカット（近道）以上のことをするバイアスです。

これまでにあげた3つのバイアス（「アクション志向バイアス」「安定性バイアス」「パターン認識にまつわるバイアス」）の狙いは、できるだけ正確に、すばやく、そして効率よく正しい判断を下すことですが、このインタレストバイアスは「自分は何が欲しいのか」という問いに対する明示的な回答を求めます。

具体的に2つの例をあげて説明しましょう。まず、近所のイマイチなレストラン（自分から進んで食べに行くことなどまずあり得ないレストラン）を思い浮かべてください。友人から、その店で明日ランチをしようと誘われました。さて、あなたの反応は？ 誘われた瞬間、「あの店はちょっと……代わりに○○レストランはどうか」などと思ったのでは？ さて、第2の例です。あなたがいつも使っているクレジットカードの会社から、今週末までにこのイマイチなレストランへ誰かと行って食事をし、2人分の代金をそのクレジットカードで払えば、5,000円相当のポイントを進呈しますという「おいしい」知らせが届きました。この時もほどなく友人から誘いが来ますが、提案してきたのはあなたがかなり気に入っているレストランでした。さて、あなたの反応は？ 今回だけ突然あのイマイチなレストランへ行きたくなる、なんてことはありませんか。

自分の心の動きをよくよく振り返ってみると、無意識が得も言われぬやり方で思考過程に影響を与えていることに気づくはずです。上の2つの例で、あなたは友人に代替案をどう切り出したものか、意識的に知恵を絞っただけでなく、代替案を裏付けるポイントを（第1の例ではイマイチなレストランのデメリットを、第2の例ではその同じレストランのメリットを）いくつか無意識的にあげていたはずです。私は第1の例では設定を「あなたがあまり好きではないレストランへ行こうと友人から誘われる」としました。こうなるとあなたの心は「好きではないレストラン」の特徴ばかりをあげようとします。対照的に第2の例では設定を「まったく同じそのレストランへ、むしろ行きたい気持ちが強まっている」としたので、あなたの心はその店の魅力をあげようとします。

要するに、このイマイチなレストランへ行けば棚ぼた式に5,000ポイントがもらえるから、だから行きたい、と意識レベルで判断するだけでは収まらず、（ポイントの件を友人に告げる告げないにかかわらず）より広範な評価までこの判断に左右されてしまい、「あのレストランなら友だちにとっても良い選択肢だ」などと本気で信じ込んでしまったりもするのです（気の毒なのは友人で、ポイントは全然もらえないのに、そう思われてしまうのです）。

こうした流れでインタレストバイアスは事をかなり複雑にすることがあります。あなたに「自分には有利だが他のみんなにとってはそうではない」と公平な視点で述べさせるのではなく、「私が推奨するこの選択肢は、客観的に見て、どの関係者にとっても例外なく最良と言える」といったお門違いの「確信」をもたせてしまうのです（こうなるともう「確証バイアス」です）。

この種の言動が頻繁に見られるのが、ビジネスシーンで特定の個人にとって大きな意味のある意思決定が下される場面です。たとえば今あなたの会社ではオフィスを市内の反対側へ移転させる話が持ち上がっているとしましょう。これをあなたはどう思いますか。移転に対するあなたの総合的な評価と、オフィスを置くべき場所についてのあなたの個人的見解との間には、何らかの相関があると思いますか。

インタレストバイアスは、同じような流れで、アルゴリズムのユーザーの振る舞いだけでなく、場合によってはアルゴリズムの開発者であるデータサイエンティストの振る舞いも、大きく左右してしまうことがあり得るのです。

2.7 ソーシャルバイアス

5つ目の「ソーシャルバイアス」は、議論の余地はあるにしても「インタレストバイアス」のサブカテゴリーのひとつと言えるのですが、とても重要なので、私はあえて別のグループと見なしてもよいのではないかと考えます。

人間は社会的な動物であり、宗教的隠遁者などわずかな例外を除けば誰ひとり群から離れて生きてはいけません。平たく言うと、私たちの祖先である原始人は、掟を破って仲間に洞穴から追い出されれば、たちまち猛獣に食われる運命にありました。そのため今でも人間の心の奥底には追放への根源的な恐怖が潜んでおり、これは本質的には死への恐怖と変わりません。現に、社会的疎外によって生じる（差し迫った危険への警鐘としての）苦痛のほうが、大抵の肉体的苦痛より耐えがたいものです（社会的に孤立する人が急増して公衆衛生の危機を招いた英国で「孤独問題担当国務大臣」が創設されたことも、これで説明がつきます）。

こうしたわけで、人間は意思決定において、「取り得るアクションの利益」と「村八分にされてしまうリスク」とを天秤にかけることになります。これによって生じてしまうのが「サンフラワーマネジメント（リーダーへの付和雷同）」や「集団浅慮（集団での意思決定で、最善の選択肢を模索することよりも、決定すること自体に意識が行って、不合理あるいは危険な決定を下してしまう現象）」です。

重要な意思決定を担う委員会のメンバーが次のような「本音」を吐くことも珍しくはありません――「腹の底では、こんなんじゃ絶対よくない、取り返しのつかないことになる、と恐れていたが、反対などしたら周囲が黙っていないと思って賛成票を投じた」。このような経緯でたとえば買収の決定が下され、本来ならその後も健全に運営されていたはずの会社が消滅の憂き目にあったりするのです。

ソーシャルバイアスは他のインタレストバイアスと同様に、別のレベルでも作用します。意識レベルでの判断とはまた違った形で無意識的に作用するのです。「正解」を重々承知していながら、本音を口にするのは自殺行為だとの判断に背中を押され、あえて代案を支持してしまう、といった状況は珍しくありませんし、ソーシャルバイアスに認知過程まで左右されてしまうこともあります。

たとえばソーシャルバイアスが確証バイアスを生み、その影響下にある委員たちが委員長の見解の支持材料をせっせと集め、委員長の考えが誤っている可能性を裏付ける証拠を無意識にはねつけている状況がその一例と言えます。

2.8　個々の意思決定 vs. 全体像

上で紹介した「インタレストバイアス」と「ソーシャルバイアス」によって浮き彫りになるのが「マザーネイチャーは大抵、個々の意思決定だけでなく全体像も見据えている」という現象です。これは従来「(認知) バイアス」という考え方そのものへの批判の材料としても用いられてきました。つまり私たち人間が、ある特定の意思決定の、ある特定の結果（たとえば特定の実験で、実験者が要求した数を被験者が正確に推測できるか否かなど）にしか注目しようとしないのに対して、マザーネイチャーは個人の言動と意思決定との間に齟齬(そご)や乖離(かいり)のまったくない、はるかにスケールの大きな全体像を視野に入れているのだから「バイアス」という概念そのものが錯覚にすぎない、と主張する人々がいるのです。

そもそも従来心理学の文献で「バイアス」として紹介されてきた認知作用をひとつ残らずあげて、そのメリットを論じるなんて、やる必要のないことで、やっても埒(らち)が明かなくなるだけです。大事なのは、「真実」がしばしば驚くほど状況に依存する概念である点を認識すること、また、決定にバイアスがかかっているように見える時でも、実はそれが複数の相反する目的を天秤にかけてひねり出した妥協策を反映しているだけかもしれない、と悟ることです（妥協策とは、たとえば単にスピードと効率を重視した結果もあれば、あるひとつの決定が、良好な社会的関係の維持といったはるかに広範で複雑な問題との絡みでなら取るに足らぬ要素にすぎないだろうと判断した上での結果もあり得ます)。

こうした認識は、バイアスを探知したり管理したり、そして避けたりする際にとても重要になります。このため、詳しくは後続の章で説明しますが、次のような点にも注意が必要です。

- 予測の結果（と、副次的な意味で、その予測を担ったアルゴリズム）にバイアスがかかっているように見えても、それが必ずしも修正すべき「問題」を生じさせているとは限らない
- バイアスのかかった（好ましくない）結果を招いた言動でも、もっともだとうなずけるものや、少なくとも理にかなっているものもあるので、そうしたバイアスに効果的に対処するには、そうした言動自体を変えようとするよりは、回

避するようにするべきである

- データサイエンティストがあるアルゴリズムから特定のバイアスを明示的に排除する対策をとろうとする時には、「その対策がシステム全体でまた別の問題を引き起こさないか」「そうやって介入することにしかるべき根拠があるのか」「そのバイアスの排除が役立つとされる関係者にとって本当に得策なのか」を評価しなければならない

2.9 まとめ

この章では人間のさまざまな認知バイアスを概説しました。たとえば意思決定の「速度」と「効率」を上げる必要性に迫られて生まれたバイアスや、社会的包摂（ソーシャルインクルージョン）（社会的弱者も含めたすべての市民を社会の構成員として迎え入れ、支え合うという理念）の実現など各個人の関心や利害関係に絡んで生じるインタレストバイアス（意思決定の「精度」を低下させることのあるバイアス）などを紹介しました。こうした人間自身のバイアスは、アルゴリズムが記述あるいは予測しようとする種々の事象に影響を与えているだけでなく、アルゴリズムを作成、利用、規制する人々の言動を左右してもいます。

後続の章で詳しく説明しますが、こうしたバイアスの中には、アルゴリズムの作成の手法次第で排除可能なものもあれば、逆にアルゴリズムが反映、模倣してしまう類（たぐい）のものもあります。なお、この章で紹介した人間自身のバイアスは、アルゴリズムの開発や運用のしかたが原因で生じるバイアスを解明する際にも有用です。

この本の目的に照らし合わせてとくに重要と思われるバイアス（群）を以下にあげます。

アクション志向バイアス（action-oriented bias）
: 迅速な対応を促すバイアス群で、私たち人間の注意を引いたり、自分を疑うことによる先送りを回避させたりする

可用性バイアス（availability bias）
: アクション志向バイアスの代表格で、日頃から頻繁に目にしている入手しやすい（可用性の高い）データ、奇抜なデータ、目立つデータなどが予測に過度の影響を及ぼすことを許してしまう傾向

過剰楽観主義（overoptimism）、**自信過剰**（overconfidence）
アクション志向バイアスの一種。アルゴリズムの開発者もユーザーも、このバイアスの影響を受けると、危険や制約を無視し、自分が開発した（使用している）アルゴリズムの予測力（predictive power）を過大評価してしまう

安定性バイアス（stability bias）
私たち人間を釘付けにして「現状維持」を図らせることで、認知レベルでも身体レベルでも消費エネルギーを極力節約しようとするバイアス群

アンカリング効果（anchoring effect）
安定性バイアスの一種で、完全にランダムな値やひどく外れた値を予測の基準点にさせ、予測を狂わせてしまう傾向

パターン認識にまつわるバイアス（pattern-recognition bias）
ランダムなパターンなのにそこから意思決定のルールを引き出してしまったり、筋の通ったルールなのに適用方法を誤ったりして、誤った予測を招いてしまう傾向

確証バイアス（confirmation bias）
パターン認識にまつわるバイアスのひとつで、パターンに基づいた意思決定のルールを決めようとする際に、検討対象のデータを公平な形で抽出できない傾向

インタレストバイアス（interest bias）
個人的な興味や志向、利害関係を判断材料に含めてしまうことによって生じるバイアス群で、公平な判断を妨げる

ソーシャルバイアス（social bias）
インタレストバイアスの代表格で、自分の属する社会での保身に目を奪われることによって生じる

次の章からはアルゴリズムにも目を向け、それがこの章で紹介した人間の各種バイアスにどう影響されるかや、そうしたバイアスとどう関わるのかを明らかにしていきます。

3章 アルゴリズムとバイアスの排除

前の章では心理学の速修講座のようなスタンスで、人が決定を下す際、時としてバイアスがかかってしまう理由と、ありがちなバイアスの数々とを紹介しました。この章では、アルゴリズム（プログラム）を作った経験がまったくない読者を主な対象として、アルゴリズムについて解説していきます。具体的には、良好なアルゴリズムならどのように機能するのか、また、その過程で人間のバイアスをどう低減できるのかを明らかにします。

後続の章ではアルゴリズムに問題が生じる（つまりバイアスがかかってしまう）要因や経緯を述べ、さまざまな対処法も紹介しますが、それを理解するのにこの章で学んだことが役立つはずです。

3.1　アルゴリズムの簡単な例

この本で扱うアルゴリズムは「統計的なルール[†1]」であり、とくに「偏りのない決定」を目指したものです。しかしルールを用いて「偏りのない決定」をどのように実現するのでしょうか。

統計的なアルゴリズムには複雑なものも多いのですが、その中では単純と言えるのが、「線形回帰分析」です。何らかの数値（たとえば、頭に生えている髪の毛の本数）を推定するもので、次のような形の式（一次式）で表現します。

$$y = c + \beta_1 \cdot x_1 + \beta_2 \cdot x_2 + \beta_3 \cdot x_3$$

†1　この本でこれ以降登場する「アルゴリズム」という言葉は、「統計的なルール、あるいはそれをコンピュータプログラムとして表現したもの」を表します。したがって、一般にコンピュータサイエンスで言うところの「アルゴリズム」よりも狭い意味で用いています。

推定したい数値を表す変数を「目的変数（response variable）」と言い、（多くの場合）yで表します。この例では髪の毛の本数が目的変数になります。目的変数yは、「予測変数（predictor）」の線形結合（一次結合）で推定されます。上の式では、予測変数はx_1、x_2、x_3の3つです。髪の毛の例を当てはめると、x_1はデータを取らせてもらう人の頭の表面積（広ければ頭髪の数も多くなります）、x_2は年齢（歳を重ねるにつれて薄毛の可能性も高くなります）、x_3は性別（女性より男性のほうがハゲが多いようです）といったところでしょうか。

目的変数は、とくに**従属**的に決まる**結果**であることが強調される文脈などで「従属変数（dependent variable）」あるいは「結果変数（outcome variable）」と呼ばれることがあります。また、「被説明変数」とも呼ばれます。さらに、式を作るための変数を強く意識していない場面では「アウトカム」と呼ばれる場合もあります。

一方、予測変数は、「プレディクタ（predictor）」「説明変数（explanatory variable）」あるいは「独立変数（independent variable）」などとも呼ばれます。この本でも説明や独立の意味が強く意識される文脈では、「説明変数」や「独立変数」という用語を使う場合があります。また、特徴量（フィーチャー）という用語も似たような意味合いで使われることがあります。加えて、とくに医療系の分野では「予測因子」という言葉が使われることが多いようです。

さて次は、この式をどう使うかです。仮に今朝あなたがお母さんの頭の地肌に一辺1cmの正方形を描いて、その中に生えている髪の毛を数えてみたところ、281本あったとしましょう。そこでまずは母親の頭の表面積（単位は㎠）を表すx_1に、この281を掛けます。一番初めに紹介した式のβ_1のところに代入したこの281のことを「係数」と呼びます。β_1の添字の「1」は、x_1に関連するものであることを表します。

また、あなたは今朝起きた時に枕にくっついていた抜け毛の数をもとにして「人の髪は毎年平均1,000本抜ける」との結論を下します。そして、β_2に-1000を代入します。最後にあなたは当て推量で「男は女より髪の毛が平均50,000本少ない」と見積もります。しかし、ここである問題に突き当ります。「性別」は質的な属性（定性的な属性）ですが、上の式では数字を代入しなければなりません。これはどう解決できるでしょうか。ここでの解決法は「変数変換（variable transformation）」あるいは「特徴量生成（feature generation）」などと呼ばれているものです。定性的属性を反映するための数値を新たに生成するのです（ただし定性的な値を数値に変換するのは、特徴量生成の一例にすぎません）。髪の毛の例では、x_3を「男性であるか否か」を示す数値として定義します。もっとも単純な方法を使えば、x_3に1（男性）か0（その他）を代入し、β_3にたとえば$-50,000$を代入します。

さて、別のデータサイエンティストは「性別を2値で定義するなんて時代遅れだし大雑把すぎる」と主張し、「『男性であるか否か』は、主要な男性ホルモンであるテストステロンの血中濃度で測ったらどうだろう？」と提案します。そして、たとえばテストステロンの血中濃度1ng/dℓ（ナノグラム/デシリットル）につき70本、髪を少なく算出するよう設定したとしましょう。ここで注目していただきたいことがあります。それは、**データサイエンティストの考え方**（性別を2値で定義するかテストステロンの血中濃度で定義するか）**によって生成されるアルゴリズムが変わる**という点です。

結局、あなたは「母親の頭の地肌1㎠に生えていた髪の毛の数」と「今朝枕にへばり付いていたあなた自身の抜け毛の数」と「（すごくいい加減に見積もった）性差」というごくごく限られた量のデータに基づいて次のようなアルゴリズムをひねり出しました。

$$\text{髪の毛の本数} = 281 \cdot x_1 - 1,000 \cdot x_2 - 70 \cdot x_3 \qquad \text{式(3.1)}$$

でもこのアルゴリズムには問題があります。えらくピント外れなのです。もしかするとあなたのお母さんは髪の毛が例外的に多い（少ない）人かもしれません。その本数をあなたが数え間違った可能性も捨て切れません。そもそも最初の段階で男のほうが女よりも頭が大きいという事実を無視しているため、統計学で言う「相関」が、x_1（頭の表面積）とx_3（性別）の間に生じてしまっています（x_3の係数を決める際にx_1がどのような影響を与えるかを考慮しませんでした）。すでに2章で人間のバイアスに関する基礎知識を仕入れた読者の皆さんなら、このひどいピント外れは認知バイアスのしわざかも、と察しがつくのではないでしょうか。すぐに手に入る同じ家に住む家族のデータしか取らなかった点では可用性バイアス（availability bias）の影響が否定できません。隣家の人たちのデータさえ取ろうとしなかった点についても同じことが言えます。第一こんなアプローチで納得の行くアルゴリズムが作れると思うなんて、とんでもなく「自信過剰」です。

幸い、そんなあなたに救いの手を差し伸べてくれるのが、これまた統計です。一定数の人々の髪の数と、x_1（頭の表面積）、x_2（年齢）、x_3（性別）を調べれば、あとは推定誤差を最小限に食い止められる係数を弾き出す統計的な推定手法があるのです[†2]。4つのパラメータ（β_1、β_2、β_3、定数パラメータc）のおのおのについて「試行錯誤」によって最適推定値を見つけ出す手法です。

ここで専門的な説明を挟ませてください。線形回帰分析は、行列を使って係数を算出しようとすればできないこともない、統計学的にとてもシンプルな手法ですが、もっと複雑なアルゴリズムになると「どんぴしゃりの解決法」を見つける方法は「試行錯誤」しかありません。たとえば最尤推定（さいゆうすいてい）などの手法では、計算を繰り返してパラメータの最適推定値を求めます。これで見えてくるのが次の2つです。

- 高度な統計手法の発展が、（向上し続ける）コンピュータの計算速度に依存する理由
- データサイエンティストにとって、計算効率を向上させるスキルが重要な意味をもつ理由

たとえば、利用するソフトウェアツールで、最尤推定で検索過程を高速化するコツを知っていれば、統計学的に「より良い解」に到達できる可能性が上がるというわけです。

さて、統計的なアルゴリズムに関してはとても興味深い点がいくつかあるのですが、そのひとつが「アルゴリズムが我々に（ある意味）語りかけてくれる」という点です。結果を精査することで、利用したデータや、予測しようとしている現象について多くのことを学べるだけでなく、そのアルゴリズムがどのように考えているかまでわかるのです。これを次の節でざっと補足します。

3.2　アルゴリズムが教えてくれること

さて、あなたは200人分の頭髪に関するデータをすべて集めることができました[†3]。そしてそのデータを統計ソフトに入力したところ、次のような式が表示されました（と仮定しましょう）。

$$\text{髪の毛の本数} = 75,347 + 159 \cdot x_1 - 0.3 \cdot x_2 - 23 \cdot x_3 \qquad \text{式 (3.2)}$$

---

†2　友人に統計学者がいたら、「標本（サンプル）は最低でも100人から200人は必要だ。100万人ならもっとよい」と助言してくれるでしょう。

†3　頭皮の1㎠の部分に生えている髪の本数を200人分も数えたなんて途方もないことを書いたら到底出版してもらえないと思ったので、ここで使った数字はどれも私がでっちあげたものです。

実に興味深い結果です。この式には、とくに注目に値する点が少なくとも3つあります。

式(3.2)に関する第1の注目点――誤差が小さくなる

注目に値する点の第1は「誤差(エラー)が小さくなる」ということです。あなたが最初にひねり出した式(3.1)と、すぐ上で統計ソフトが出してきた式(3.2)を並べて書いて比較してみましょう。

$$\text{髪の毛の本数} = 281 \cdot x_1 - 1,000 \cdot x_2 - 70 \cdot x_3 \qquad \text{式}(3.1)$$

$$\text{髪の毛の本数} = 75,347 + 159 \cdot x_1 - 0.3 \cdot x_2 - 23 \cdot x_3 \qquad \text{式}(3.2)$$

実は、式(3.2)のほうが誤差がはるかに小さくなります（どういうことか、読者の皆さんにはわからないでしょうが、とりあえず私の言葉を信じてください)。実のところ、この推定法を使えば最良の推定値が得られることが保証されるのです（1章で触れた「最良線形不偏推定量（BLUE：best linier unbiased estimator）であるという統計学的に望ましい性質」に関係します)。

仮にあなたが髪の毛1本当たりのカット料金を設定している「ヘンな床屋さん」だとして、その基本料金にカットした髪の毛の数を掛けた金額を請求するのだとすると(当然お客さんのほうでは事前の見積もりを要求するでしょうが)、ぜひとも髪の毛の本数がわからなければならず、そのために最良の推定値が得られるこの式を使えばズッと楽に計算ができるはずです（この式なしでは商売が成り立たないとさえ思うかもしれません)。

ただし留意点があります。「誤差」が特定の方式で定義されているのです。具体的には、「このアルゴリズムが推定した髪の毛の本数」と、「標本(サンプル)内のひとりひとりの実際の本数の差を二乗したもの」となります。そのため、この手法は統計学者の間では「最小二乗法（OLS：ordinary least squares)」とも呼ばれています。これが意味するのは「もしも誤差の重み(ウェイト)に関して別の考え方をもっているとすれば、別の係数セットのほうがよいと考えるかもしれない」ということです（最小二乗法では誤差を二乗するため、大きな誤差に対してより大きなペナルティを課し、小さな誤差により小さなペナルティを課すことになりますが、これが気に入らないという場合もあるでしょう)。

式(3.2)に関する第2の注目点——個々の属性が招く変動を抑制する傾向がある

すでに気づいたかもしれませんが、式(3.2)では定数項（75,347）がとても大きな数になっています。一方、式(3.2)のβ_1の値（159）は式(3.1)の値（281）よりもかなり小さくなっています。

$$髪の毛の本数 = 281 \cdot x_1 - 1,000 \cdot x_2 - 70 \cdot x_3 \quad 式(3.1)$$

$$髪の毛の本数 = 75,347 + 159 \cdot x_1 - 0.3 \cdot x_2 - 23 \cdot x_3 \quad 式(3.2)$$

基本的にこのアルゴリズムでは、アンカーを基準として平均値側に引き寄せられるため、個々の属性による変動を小さくする傾向があるのです。こう言われると、なんだか「安定性バイアス」のにおいがプンプンしてきますよね。それに、「2.4 安定性バイアス」での議論、つまり「マザーネイチャーが私たち人間の脳に『安定性に関わるバイアス群』を組み込んだことには一理ある。アンカリング効果がある程度働いたほうが、結果がよくなることがある」との知見を紹介した部分と響き合うものもあります。

経験的にも、予測変数（x_1、x_2、x_3）や予測モデル全体の構造がまずければまずいほど、母集団の平均（母平均）を基準にする傾向が強まることがわかっています。たとえば、どの予測変数も意味をなさない、という極端なケースをとってみると、すべての予測変数の係数が0の定数関数となるため、すべての予測値が母平均と同じになり、そうした状況では「悪くないアイデア」と言えるのです。

式(3.2)に関する第3の注目点——無意味な係数のあぶり出し

式(3.2)の年齢を表す変数x_2の係数が-0.3になっているのを見て唖然とした人もいるかと思います（1年に1本の半分も抜けないということになってしまいます）。

$$髪の毛の本数 = 75,347 + 159 \cdot x_1 - \mathbf{0.3} \cdot x_2 - 23 \cdot x_3 \quad 式(3.2)$$

万一、統計学者が本気でこの予測に目を通すようなことがあれば、こんなの「有意じゃない」と言うでしょう（つまり「この係数が0の可能性が高い」ということです）。

係数が0なら、その変数に意味がないことになってしまいます。髪の毛の式の係数が0であるワケは、よく考えればわかるはずです。子供の頃は髪が増えこそすれ減ることはありませんし、成人してからも、たしかに抜け毛はあるものの（それが朝、枕にへばり付いている、あれです)、新しい毛だってちゃんと生えてきます。ですから本格的に「薄毛」が始まるのはかなり歳を重ねてから、というケースが多いのです。にもかかわらず「毎年毎年同じ数の髪を失う」と決めつけるこのモデルには無理があります。

ただし、このモデルは標本の大きさが小さすぎるので、係数が「厳密に0」とは言い切れない点も押さえておかなければなりません。係数には小さなノイズが含まれているのが普通です。あいにく「有意性」の概念には多少複雑なところがありますが、ある係数が「有意ではない」と統計学者が言った時に意味するのは「データのノイズやサンプルサイズの小ささが原因で実際にその係数が0であるなら(つまり、その変数が意味をなさないのであれば)、算出される係数は一定の範囲内(髪の毛の例なら、恐らく−0.5から+0.5の間といったところ)にあると予想できる」ということです。統計ソフトが弾き出した係数(−0.3)はこの範囲に入っているのですから、実際の係数は0だと仮定するべきということになります。したがってこの変数には意味がないのです。

そうだと断言できるかというと、必ずしもそうでもないのですが、それでも統計学者は結果が正しいものである可能性を「信頼水準」という数値で表すことができます。たとえば、ある変数が99.9%の信頼水準で「有意でない」と統計学者が言ったら、「真の係数がゼロである時には、推定値は99.9%の確率で、(統計ソフトによって算出される)特定の範囲に入る」ということを意味しています。

ここであなたが(最初の式について)統計学者に尋ねたとしましょう。「じゃ、実際の係数が−1000の時、信頼水準は何%になるんですか」。こんな妙なことを考える人は普通いませんから、統計学者は目をパチクリさせるでしょうが、やがてしぶしぶ「0.0000417%です」と教えてくれるかもしれません。これが意味するのは「1年に平均1,000本も髪が減っていくなんて、まずあり得ないけれど、標本200人に基づいた結果だから絶対にあり得ないとも言い切れない」ということです。

アルゴリズムによるバイアスの排除

式(3.2)に関する第3の注目点、つまり「ある変数が意味をなさない可能性が高いことを教えてくれる」という働きこそが、アルゴリズムによるバイアスの排除という観点からとくに重要なものです。統計学者はよく「この仮説は統計的検定で『棄却』されました」と言いますが、それは「手元のデータに基づいて検証したところ、この仮説は間違っているようです」という意味なのです。

私は長年コンサルタントとして信用供与や保険引受の査定プロセスからバイアスを

排除する仕事をしてきました。銀行や保険会社の担当者とともに、判断材料にする情報に何時間もかけて漏れなく目を通し、200から400という数の因子を洗い出して長いリストを作り、それをじっくり眺めて優先順位を検討し、担当者の基準に従って40から70程度まで絞り込んだ最終候補リストを作成します。次いでこのリストに統計手法を応用して検証するのですが、（結局100件を超すことになったこの種の検定で）毎回毎回、最終候補リストに残った因子の約半分が「有意ではない」と判定されたものです。銀行や保険会社の担当者は、この本の2章で紹介したバイアスのすべてに影響されていました。

たとえばこんなケース。台湾のある銀行の信用調査係は、自分が与信承認したドイツ人顧客に多額の借入を踏み倒された経験があり、それ以後はそのトラウマの生む奇異性効果（奇妙、奇抜な物事が記憶に残りやすい、という傾向）の影響を受け、ドイツ人からの借入申請はことごとく「リスクが著しく大きい」として却下するようになってしまいました（常軌を逸した判断であることは、ドイツ人である私が請け合いますが！）。

さて、統計的検定の結果が出ると、今度はその結果を踏まえて与信審査のロジックを設計し直します。通常、与信審査におけるリスク評価は銀行や保険会社など引受側の担当者が行いますが、私はその業務を肩代わりするアルゴリズムを作っていたのです。完成したアルゴリズムを、依頼主の銀行や保険会社がテストしてみると、融資や保険で生じる損失を一貫して30%から50%（時には50%以上）削減できるばかりか、「合格」判定の件数が増えること（したがって契約件数の増加率が向上すること）も判明しました。金融機関にとっては（私のコンサルタント料も含めて）多額の投資ではあるものの、効果は絶大だったのです。

このことからも、アルゴリズムはバイアス対策の重要なツールだと言えます。だからといってアルゴリズムが完璧かというとそうではありませんし、アルゴリズム自体がバイアスの影響を受けないかというと、これまたそうでないのが悲しい現実です（これについては後続の章を参照してください）。

3.3　まとめ

この章では、アルゴリズムとはどのようなものか概説した上で、アルゴリズムのもつ特徴の中でも、次のようにバイアス絡みの重要なものを紹介しました。

- 統計的アルゴリズムは（実際はともかく理論的には）提供されたデータを漏れなく客観的に分析することによって偏りのない予測を行うことを目指している
- 統計的アルゴリズムによる出力を精査することで、重要な情報が得られる。使用したデータと、予測しようとしている事象について多くを明らかにできるだけでなく、そのアルゴリズムがどう**考え**ているのかまでわかる。考え方がわかればその真偽を検討できるので、貴重な情報になる
- 統計モデルで（根底にある因果関係についての仮説を体現する）変数を指定すれば、その仮説が観測データによって裏付けられるかどうかを統計的有意差で検証できる。「有意差なし」ならバイアスがかかっている可能性が高いということで、このようにアルゴリズムはバイアスの検知にも有用である
- 統計的なアルゴリズムを使うことでバイアスを排除できるケースが多いため、人間の主観的な判断よりも良い結果が得られることが多い（経験から得た知見）
- 統計的なアルゴリズムでは「安定性バイアス」のひとつであるアンカリング効果の影響で、母平均（母集団の平均）に引き寄せられる傾向がある。そしてこの傾向は、予測モデル全体の構造が悪いほど、そして独立変数の予測力が弱いほど、強まる

バイアスは統計的アルゴリズムそのものにも入り込むもので、その経緯やメカニズムを理解するためには、実際にデータサイエンティストがアルゴリズムの開発にどう取り組んでいるのかを詳しく知る必要があります。これが次の章のテーマとなります。

4章
モデルの開発

前の章ではアルゴリズムがどう機能するかを紹介しましたが、この章ではそのアルゴリズムがどのように開発されるのかを概説します。これを知れば、バイアスがアルゴリズムに忍び込むメカニズムの理解が進むはずです。ベテランのデータサイエンティストもこの章を読んで、これから解説を進めていく中で頻繁に言及する私なりの考え方や用語を把握しておいていただくとよいかもしれません。

その「用語」についてですが、実世界での機械学習の応用が進むにつれて、大きく様変わりしました[†1]。そのため、残念なことにあらゆる世代のデータサイエンティストに理解していただける本を書くのが至難の業となってしまいました（少なくとも「データサイエンティスト」という新しい職名は、大昔の2010年頃に使われていた「モデル開発者」や「モデラー」よりはるかにシャレてはいますが……）。

この章では全体に「昔ながらの」用語を使っています。これは主として、統計は「ほんのちょっとかじっただけ」の、他分野の方々のためです。一般に知られた「昔ながらの」用語を使えば、そうした方々も比較的容易に「点と点をつなぎ合わせられる」と考えたのです。

さて、読者の中には、この章のタイトルがなぜ「アルゴリズムの開発」ではなく「モデルの開発」なのかと首を傾げている方がいるかもしれません。データサイエンティストが、ある文脈で特定の結果を予測するための数式（たとえば、ある銀行が融資先であるカナダの複数の小規模小売業者が債務不履行（デフォルト）に陥る確率を予測する式）のパラメータを推定するような時には、この結果を「モデル」と呼ぶのが普通です。

しかし用語は、業種、地理、職能（リスク管理やマーケティングなど）によって、あ

†1　たとえばobservationがinstanceに、dependent variableがlabelに、predictive variableがfeatureに変わりました。

るいは組織によっても多少異なるもので、「モデル」という用語を聞き慣れている読者もいれば、「アルゴリズム」のほうが馴染みがあるという読者もいるわけです。「モデル」のほうが馴染みがあるという前者の例としては金融業界の人々や米国の銀行監督官、後者の例としてはレコメンデーションエンジン（レコメンドエンジン）などウェブサイトの機能の開発・保守を担当している人々があげられます。ただしこの本の目的に関して言えば、「モデル」と「アルゴリズム」を区別する必要はありません。

4.1 モデル開発の概要

モデル開発は5つの主要なステップに分けられます。

ステップ1 モデルのデザイン（設計）

どのような情報を使うのか、予測するべき結果は何かなど、モデル全体の構造を定義する段階。家を新築する時の「設計」と似ていなくもありません

ステップ2 データエンジニアリング

アルゴリズムの係数（coefficient）を推定するのに使うデータを用意する段階。収集するべきデータを特定する（家の建築にたとえるなら、建築資材を注文する）ところから、収集したデータを漏れなく（ひとつまたは複数の）大きな表にきちんと整理するところまでのすべての活動がこの段階に含まれます。このきちんとがクセモノで、難問の大半はここに潜んでいます（たとえばバスルームのタイルを思い浮かべてみてください。美しいタイル張りの完璧なバスルームを造るには、タイル職人がタイルをひとつひとつ丹念に調べてキズ物を除き、コーナーやくぼみにも合うよう正確に寸法を測ってカットしなければなりません）

ステップ3 モデル推定

モデル開発の中核となる段階。生（なま）のデータを数式の形にし、統計的手法で係数を弾き出します

ステップ4 モデルの検証

出来上がったモデルを実際に利用できるか、その適合性を独立の立場から審査、承認する段階

ステップ5 モデルの実装

上記モデルを現場の業務に展開（デプロイ）する段階

ここからは、以上の各段階をもう少し掘り下げていきましょう。中でもバイアス対策でとくに重要な「ステップ2 データエンジニアリング」と「ステップ3 モデル推定」の段階について詳しく説明します。

4.2 ステップ1 モデルのデザイン

デザイン（設計）の段階では、モデルについて、重要で本質的な4つの質問（four whats）を投げかけ、答えを出します。

- どのようなビジネス上の問題を解決するためのモデルか？
- どのような結果を予測するか？
- どのような種類のデータに基づいて予測するか？
- どのような手法を使うのか？

以上4つの質問に対する答えは、モデルの発注元であるビジネスユーザーのニーズと用途に依存します。建築家が依頼主の要望や好みを十分把握できていないと、使いものにならない設計をしかねないのと同様に、データサイエンティストとビジネスユーザーの意思疎通が不十分だとモデルにさまざまなバイアスが忍び込む恐れがあります。

4.3 ステップ2 データエンジニアリング

パリの一流シェフの中には、パリ郊外にある世界最大の卸売市場「ランジス中央国際市場」へ、とんでもない時刻に出かけて行って、地元の最高級の食材を厳選することを誇りにしている人たちがいます（というのも、この市場は夜中の1時にオープンして午前11時に閉まってしまうのです）。データサイエンティストにとっての「データエンジニアリング」の段階も同様で、価値の大半をこの段階で創出すると言っても過言ではありません。作業の呼び名や区分のしかたは個々のデータサイエンティストで微妙に異なりますが、私は経験上、この段階の作業を次の5つに大別するのが実用的だと考えています。

サブステップ2-1 標本の定義
サブステップ2-2 データ収集
サブステップ2-3 標本の分割
サブステップ2-4 データ品質の評価
サブステップ2-5 データ集計

それぞれについて説明しましょう。

サブステップ2-1 標本の定義

データを収集する対象を決定します。つまり、モデルの対象となる全体（母集団）の中から特定の部分集合（標本）を選び出すことになります。3章の例では200人分の頭髪に関するデータを集めることにしましたが、この200人全員があなたの近所の人でよいでしょうか、それとも別の都市、あるいは別の国の人たちからもデータも集めますか。あるいはあらかじめ一定の比率で白人、黒人、ヒスパニック、アジア系の人数を配分すべきでしょうか（これは「層化」と呼ばれます）。太平洋諸島の人々についてはどうしますか。また、年齢や性別による「層化」も必要でしょうか。また、人数は200人ではなく、500人、それとも5万人、いや、500万人にしたほうがよいでしょうか。

このように少し考えるだけでも、標本の定義はたちまち難しくなってきますし、トレードオフの関係がある状況で下した決断があだとなって、とんだ「しっぺ返し」を食らうこともあります。「サンプルの定義なんてお茶の子さいさいだ」なんて言うのは、法外な価格のソフトウェアツールを売りつけようとしている販売員さんぐらいでしょう。私の経験から言って、アルゴリズムの深刻な問題の多くはサンプリング（データ収集対象の抽出）の不備に根差しています。

サブステップ2-2 データ収集

上で決定した標本に対して実際に調査を行い、データを採取します。昔はそれこそ企業の「電算部」の人たちがメインフレーム用にCOBOLでクエリ（指定条件を満たす情報を要求する問い合わせ）を書いたり、地下室でホコリをかぶっていた磁気テープを探し出してきたり、といった作業を求められることも多かったのですが、今では「データサイエンティスト」がデータレイク（data lake。多数のソースからのデータを元のままの形式で一元的に保存できる場所）での検索を要求する簡単な検索クエリを打ち込むだけで済むようになりました。

もっとも、複数のソースから取ってきてまとめたり、(紙のファイルをめくりめくり抜き出したデータを打ち込んで表計算ソフトにまとめるなど) 手作業で収集しなければならない場合もあります。

サブステップ2-3 標本(サンプル)の分割

データを「訓練用データ」「検証用データ」「テスト (最終性能評価) 用データ」に分割します。これはモデルの妥当性を検証する上で不可欠な作業 (つまりモデルが正しく機能することを確認するためのとても重要な手法) です。分割するのを忘れたり、(検証用データが少なすぎる、あるいは適切でない、など) 分割のしかたを誤ると問題が生じてしまいます。さて、分割したデータをどう使うかですが、まず訓練用データを使ってモデルに学習をさせてから、検証用データで予測をさせてみて、訓練用データの場合と同水準の予測力を示せないと、「過学習[†2] (オーバーフィッティング)」で安定性に欠けると見なし、調整を加えます。

しかし調整作業を繰り返すうちに検証用データに対しても過学習になってしまうことがあるので、これまでまったく手を触れずに取っておいたテスト (最終性能評価) 用データでモデルの安定性に関する最終評価をします。

モデルの依頼主の中には、モデルが完成するまではデータサイエンティストに訓練用データを渡そうとしない、極端に用心深い人もいます (ちなみに予測モデルの開発元をコンペで募集する時には、まさにこの方法を用います)。一方、事前のデータ分割を忘れると、あとになってテスト用データを取り分けても挽回できません。親が娘 (息子) の日記を盗み読みするのと似ています。読んだら最後、いくら本棚に元どおりに置いたところで、相手の信頼を裏切ったことに変わりはありません。

サブステップ2-4 データ品質の評価

収集したデータの品質をチェックして、(データの欠損やあり得ない値など) 問題が見つかれば「データクリーニング」というみんなの大っ嫌いな作業を行って修正します。たとえば、2020年11月1日に標本(サンプル)をチェックしていたら、年齢がなんと「120歳と10ヵ月」になっている人が半数もいたとします。見るからに怪しいのでよくよく調べてみると、ソースのデータベースではそもそも多くの人の誕生日データがなく、そうしたケースについては企業合併を3回経験する以前のものすごく古いコンピュー

†2 「過剰適合」とも呼ばれます。訓練用データに合わすぎて、新しいデータに対する汎用性が失われてしまう現象。

タシステムがデフォルト値（あらかじめシステムが設定しておいた初期値）として「1900年1月1日」を入力していたことがわかりました。この場合、「1900年1月1日」をすべて「データの欠損」を示す指標で上書きする必要があります。今回はラッキーなことにデフォルト値の「1900年1月1日」が入力されたデータはどれも中国系の人のもので、それに振ってあるID番号の中にコード化された誕生日が含まれていたため、どの人の年齢も正確に計算でき、これで「1900年1月1日」を上書きすれば、このデータクリーニングは完了ということになります。

こうしたデータクリーニングがなぜ「みんなの大っ嫌いな作業」なのでしょうか。クリーニングの最中にまた別の厄介な事実が明らかになってしまったりするからです。同じ例を使うと、たとえばクリーニングの最中に「1900年1月1日」に比べればはるかに現実味のある誕生日が記載されている人たちのID番号もチェックしてみたところ、そこに含まれている誕生日が、データとして入力されている誕生日と違っていた、といったケースです。イラッと来て、こうなったらもう全員の誕生日をID番号のものに置き換えるしかないなどと考えますが、この時点でなんと2058年生まれの人が数人いることが判明してしまいます（この本を書いている今、2058年といえばまだ「未来」です）。そこで今度はこの人たちのID番号をよく調べてみると末尾のチェックデジットに誤りがあり、転記ミスの可能性が濃厚になります。「ふう、これじゃいつまで経っても終わりゃしない、データクリーニングなんて大っ嫌い！」となってもおかしくありません。

サブステップ2-5　データ集計

データ集計は多数のデータ項目（たとえばあなたがクレジットカードで商品やサービスを購入、利用した履歴の1件1件や、ブラウザでの検索の履歴1件1件に関するデータ）を集めて新たな変数を得る作業です。より有意義な変数が得られる可能性はあるものの、情報を取り逃す恐れもある、モデル開発の成否を左右するカギのひとつと言えます。

たとえば「あなたが1ヵ月に食材の購入に使う金額は平均1,287ドル」という情報のほうが「あなたは昨日、スーパーで1ドル99セントの買い物をした（そしてホイップクリームを買い忘れた！）」という情報より有意義だと思えるかもしれませんが、銀行にしてみれば「あなたはスーパーで50ドルを超す額のまとまった買い物をしてから5時間以内にまた同じ店へ10ドル未満の小口の買い物をしに行くことが4回のうち3回はある」という事実のほうがよほど貴重な情報で、その理由は「あなたがクレジットカードによる借金の返済を忘れる可能性が平均的な顧客よりはるかに高い」

ことを教えてくれるから、だったりするのです。ですから、あなたが食品を買うのに使った金額を1日とか1ヵ月とかの単位で集計してしまうと、「あなたは本当におっちょこちょいである」という情報を把握できないことになります。

以上、概説してきた「ステップ2 データエンジニアリング」は、モデル開発の中でもとりわけ時間のかかる段階です。いや、それだけでなく（この後わかりますが）これはバイアスの忍び込む機会が山ほどある段階でもあります。

4.4 ステップ3 モデル推定

「ステップ2 データエンジニアリング」の過程を経てデータが準備できたら、アルゴリズムの構築に着手できます。といっても、統計ソフトを使って数式の係数を推定するだけでは済まず、以下で紹介する7つのサブステップをこなさなければなりません。

サブステップ3-1 不要レコードの除外
サブステップ3-2 特徴量（フィーチャー）の開発
サブステップ3-3 変数の最終選考
サブステップ3-4 係数の初回推定
サブステップ3-5 モデルの調整（チューニング）
サブステップ3-6 モデルの出力と決定則のキャリブレーション
サブステップ3-7 モデルの文書化

このうち3-2、3-4、3-5の各サブステップは、データサイエンティストお気に入りの楽しいサブステップですので、ついついこの3つに時間を使いすぎて残り時間が少なくなってしまうこともあります。

なお、「3-4 係数の初回推定」は「モデル組み立て（アセンブリ）（model assembly）」と呼ばれることがあります。またステップ3全体ではなく、このサブステップのことを「モデル推定」と呼ぶ場合もあります。もっとも、ここで私が言いたいのは「係数の推定は重要な7つステップのひとつにすぎず、他のステップをこなすのを忘れたり、適当にごまかしたりすれば、そのモデルにバイアスが忍び込む危険性が高まる」という点なのです。

では、7つのサブステップを順に見ていきましょう。

サブステップ3-1 不要レコードの除外

論理的な基準に照らして不要なレコードを除外する、バイアス予防のカギとなるサブステップです。余計な情報が潜んでいるサンプルは多く、このサブステップに十分な時間をかけないと、そうした不要情報がすり抜けてしまうのです。

たとえばあなたが、信用リスクモデルは過去の貸付記録を調べて「返済」と「債務不履行（デフォルト）」に分類するだけで構築できると決めつけて、単純なモデルを作ったと仮定しましょう。これがとんだ間違いなのです。実は「丸め誤差†3」のせいで、顧客は完済したと思っていても厳密には未払分が1セント前後残っている貸付勘定を抱えている銀行が少なくありません。そしてこの1セント前後の「未払金」が支払い期限を90日以上過ぎていると、あなたの作った単純なモデルが「債務不履行」と判定してしまうのです。ただし銀行側でも債務不履行と判定されたケースの未払額が1ドル未満なら何の措置も講じません。これは、貸付金の徴収を開始したりすれば負債額を上回るコストが生じてしまうからで、「このような貸付勘定は定期的に帳簿から抹消する」といった実用的な運用ルールを設けていたりします。

さて、ここでさらに、融資金額が12,000ドルで割り切れない時に限ってこの「丸め誤差」による問題が生じてしまうとしましょう。これはこの銀行が小数点以下3桁の利率を設定しているせいで、たとえば12,000ドルを利率0.001%で貸し付ける場合、1ヵ月の利息はちょうど0.01ドルになります（12,000ドル × 0.001% ÷ 12 = 0.01ドル）。どういうことが起こるかわかりますか。お利口さんのアルゴリズムは、融資金額がきっかり12,000ドルの倍数なら（少額の未払金が残らないため債務不履行の人が少ないように見えてしまい）「債務不履行のリスクは標準よりはるかに低い」と見なして、「危ない顧客」でもすり抜けられる（そして融資を受けられてしまう）「抜け穴」を生み出してしまうのです。一方、融資金額が「12,000ドルの倍数」でなければ、「危ない顧客」はしっかり拒絶してくれます。こういうことがあるので、データサイエンティストは「債務不履行」と判定されたケースの残高を漏れなく調べて、些末な額に関して生じる上のような問題が見つかったら、銀行が貸付金の徴収作業を開始する運用上の閾値（しきいち）に満たない残高の記録をすべて除外しなければなりません。

ここで注目に値するのは、（事実に反するデータに対処する）データクリーニングとは違って、このサブステップでは**事実に即した正しいデータが引き起こす（計算処理の問題ではない）コンセプト的な問題に対処する**という点です。だからこそこのサ

†3 長い桁の小数や循環小数などを計算する時、表現可能な桁数よりあとの桁を削る処理によって本来の値との間に生じるズレ。

ブステップは、データサイエンティストの分野固有の「ドメイン知識」と判断力に大きく依存するわけです。

サブステップ3-2　特徴量の開発

アルゴリズムの入力となる「生のデータ」から何らかの洞察を引き出すために新たな変数を生成するプロセスです。この変数が「特徴量（フィーチャー）」になります。

ごく単純な例としては、3章の頭髪の例題で使った、ダミーのバイナリ変数（男性なら1、非男性なら0）があげられます。複雑な例としては、「対象のスマートフォン（スマホ）が過去12ヵ月に各地点で過ごした時間の合計によるランキングで、上位3位に入った地点」のうち、現在地に一番近い地点からの距離、といったものがあげられます。

たとえば、あなたがオンライン詐欺に対処しようとしていて、こんなアイデアを思いついたとしましょう――「スマホが『いつもの場所』から遠く離れた所にある時、その電話が盗難にあい、盗んだ者に利用されようとしている可能性もあり得る」。さて、「いつもの場所」はどう定義すればよいでしょうか。ここで先程の「上位3地点」が使えそうです。これを突き止めるためには、まずそのスマホの過去12ヵ月の「現在地」のログを作成しなければなりません。それには一定の形式の位置データが必要で、「基地局に接続した際のデータ」や「地図アプリに記録されたり検索時に送信されたりした、より正確な位置情報」などを集め、地点ごとの滞在時間のデータに整理した上で、さらにデータの欠落部分をどう扱うかも考えなければなりません。

たとえば「2週間、何のデータも送られなかった」という状況をどう扱うべきか。電話の持ち主は、ずっと家で家族を看病していたのかもしれません。いや、電話が故障して修理に出していたとか、持ち主がヒマラヤで登山をしていたといった状況のほうが、もっと「あり得る」筋書きでしょう。そこであなたは、位置情報が最後に送信されてから12時間（あるいは24時間）経過したら、現在地を「不明」とし、現在地が「不明」と設定された時間帯を分析対象から外すことに決めました。あとは対象のスマホが各地点の滞在時間を集計して上位3地点を特定し、その3地点それぞれへの現在地からの距離を算出すれば、お目当ての変数が得られます。

ちなみに先程これは「複雑な例」と書きましたが、私がこれまでに目にした中で一番複雑だった変数にはまだまだ及びません。それはともかく、この複雑な例から読み取れるのは次の3点です。

1. 面白い作業であること
2. 複雑なので時間がかかる作業であること
3. 推測と判断が大いに求められる作業であること

この3番目の項目がバイアスの入り込みやすい作業であることは言うまでもありません。

サブステップ3-3 変数の最終選考

前出の「3-1 不要レコードの除外」の段階ではデータの巨大な表の「行」を削除しますが、このサブステップでは不要な変数、つまり不要な「列」を削除します。

アルゴリズムを構築しようとする時には、普通、すべてのデータを巨大な表に整理しますが、この表の「行」を構成するのが各観測データ（3章の頭髪の例で言えば、標本（サンプル）に含まれるひとりの人間に関するデータ。具体的には髪の毛の本数、年齢、性別など）で、「列」を構成するのが予測変数（たとえば年齢など、実際に採集した生の属性や、他のデータに基づいて算出した特徴量など）です。

ただ、このサブステップを、データサイエンティストが意図的に省いてしまうことも珍しくありません。まるで無意味な（つまり予測的価値がまったくない）特徴量もありますし、予測に役立っても他の特徴量と酷似していて（専門用語を使うと「相関が強くて」）冗長なものもあります。その極端な例をあげると、同じ人物の体重を「キログラム」で表したものと「ポンド」で表したものが併存しているケースで、どちらもまったく同じ情報を違う単位で表しているにすぎません。

サンプルからこのような変数を排除しないと、役に立たないどころか、さまざまな混乱を引き起こしかねないのです。（体重の例のような、完全に相関している2つの変数など）極端な場合、モデル推定の手順が乱される恐れがありますが（もっとも、これにはデータサイエンティストが気づきますから、ある意味、幸運とも言えます）、さらにありがちなのは、こうした不適切な変数がデータサイエンティスト自身にさまざまな「いたずら」をするケースで、場合によってはモデルにバイアスが忍び込むことになります。

サブステップ3-4 係数の初回推定

モデルの係数を推定するサブステップです。具体的には最小二乗法（OLS）で行列を使ったり、XGBoostでGBDT（gradient boosting decision tree：勾配ブースティング決定木）を構築するなど、統計パッケージでスクリプトを実行したりして係数を決めます（後者は、ほかの人が開発したツールを使って大変複雑なモデルを構築する、ということで、ツールのユーザーは自分が進めている作業の内容を詳しく理解していなくてもモデルを構築できてしまいます）。

データサイエンティストにとっては大変面白い作業となるはずです。とくにそれが初めて試す新しいアルゴリズムで、しかも普段使っている標準的なアルゴリズムの場合に比べてモデルのパフォーマンスが0.0001%アップしたりするなら、なおさらです。

サブステップ3-5 モデルの調整（チューニング）

初回の予測結果を検討、評価し、好ましくないバイアスや、モデルの不適切な挙動（ビヘイビア）を見つけたら、次の3つの方法のいずれかで修正を試みる、という作業を繰り返し行うサブステップです。

1. データから別の「行」の集合を選択する（たとえば、遅まきながら残高が1セントしかない貸付勘定を削除する）
2. 予測特徴量の別の「列」を選択する（変数の論理的瑕疵（かし）を修正するなど）
3. モデル推定手続きのパラメータを一部変更する

ちなみに上記3.で変更する、モデルの性能を左右するパラメータは「ハイパーパラメータ」とも呼ばれます。パン屋さんはおいしいパンを焼くためにオーブンのダイヤルやボタンで温度や湿度を調節し、焼き時間も加減しますが、モデル推定にもハイパーパラメータを最適化するダイヤルやボタンがあると考えればよいでしょう（たとえばロジスティック回帰の閾値（しきいち）などがハイパーパラメータになります）。

これについて決定木（けっていぎ）による予測（木構造を使って要因を分析し、その結果から予測を行う手法）を例に取って説明します。決定木による予測には、過学習（オーバーフィッティング）になりやすい傾向があります。過学習とは訓練用データに合わせすぎて、新しいデータに対する汎用性が失われてしまう現象のことです。例によって頭髪の本数の予測モデルを使うと、サンプルの中にハゲの人が3人いて、たまたま3人とも誕生日が3月1日だったため、我らの「熱心すぎる決定木」が「3月1日生まれ」は「ハゲ」の有力な予測因子だと早合点してしまう、といった状況が過学習に当たります。

対処法のひとつに「ボンフェローニ法」と呼ばれる補正法（ざっくり言うと、前述の「調整用ダイヤル」を回して、同じ属性をもつ人のうち、予測の対象にする人数を増やすことで有意水準を補正する手法）がありますが、これは古典的とも言える手法なので、改良版である「ホルム法」や、「シダック法」を試すのがよいかもしれません

(コラム参照)。さまざまなモデルで、こうしたハイパーパラメータのバリエーションがほぼ際限なく考えられる上に、設定の手法も、「適正」あるいは「他のすべての設定に勝る」と広く見なされている唯一無二のものなど、残念ながらありません。つまり、データサイエンティストがハイパーパラメータを選ぶ際の判断が大変重要で、したがってここにもまたバイアスが入り込むスキがある、ということなのです。

ハイパーパラメータの選択

この本は、統計手法を細かく比較する解説書ではありません。私がここで示したかったのは「見たところ単純そうな統計手法でさえ、些細だけれど結果に影響を及ぼす可能性のある決断を迫られる機会が山ほどある」という点です。

たとえば電気工の仕事と変わりません。お客さんが「車庫にコンセントをもうひとつ付けてください」と言ってきました。そう聞いて皆さんは単純明快な作業依頼だと思うかもしれませんが、ブレーカーは(車庫に置いてある)冷凍庫と共有にするか、別にするか、ブレーカーのアンペア数はどうするかなど、工事をする側は細かな決断をいくつも下さなければなりません。

お客さんの義父が車庫で電動工具を使うたびにブレーカーが落ちて冷凍庫のアイスクリームが溶けてしまうようなら、明らかに電気工の「ハイパーパラメータ」の選択ミスとなるわけです。

サブステップ3-6 モデルの出力と決定則のキャリブレーション

モデルの生の出力を、ビジネスにおける決定則という形にするサブステップです。たとえば債務不履行(デフォルト)に陥る確率に基づいて、融資申し込みの承認・不承認を判断する決定基準を策定します。

この段階で、考慮するべき要件がさらに増え、それについての判断を重ねることになるため(たとえば融資申し込みの承認・不承認の決定では、収益性に関わる基準にも配慮しなければならないことが多くコストの配分を迫られる、など)、数値に基づくものではなく、ごく観念的な(したがって最終的には恣意的、主観的な)決定を招くことになります。

これもまた、読者の皆さんにはお馴染みの「バイアスがつきものの、人間が判断を下す場面」であるわけです。

サブステップ3-7　モデルの文書化

モデルを作成したデータサイエンティストが、他の人々がそのモデルを理解し、各人が各人なりの評価を下せるよう、作成の経緯や機能、使い方を文書化します。

バイアスを予防するためにはモデルのコンセプトの検証と適正な使用が不可欠で、それにはモデルの正しい文書化が必須です。必要な情報が欠けていたり、説明が不正確だったりすると、読み手の側にバイアスが生じ、悪影響を及ぼす恐れがあるのです。

たとえばモデルのドキュメンテーションに予測力の高さを誇る記述があると、それが読み手の中にアンカリング効果や確証バイアスを引き起こす可能性があります。そのせいで読み手が、そのモデルの埋もれた問題を明確にするための質問を投げかけるのを怠り、問題が掘り起こされずに終わるといったことが起こり得ます。

以上のような「ステップ3　モデル推定」で、このアルゴリズムに基づいて、たとえば融資の申し込みを承認するか否か、テロリストの可能性が高い人物を空港の警備課に知らせるか否か、私の最新の著書を皆さんにオススメするか否かなどを判断することになります。意思決定のプロセスで実行に移せそうなアルゴリズムがひとまず出来上がるわけです。

4.5　ステップ4　モデルの検証

モデルの検証と言っても、非公式なものもあれば、（監督機関の規制下にある金融機関の場合のように）当局の専任の部門が実施する正式なものもあります。後者は、実世界の他のさまざまな領域で価値が立証済みの技術的検査に倣って導入されています（たとえば多くの国で義務付けられている車検がその一例で、公道を走らせるだけの安全性が対象の車にあるか否かを検証するものです）。

「7章 データサイエンティスト自身のバイアス」で詳しく説明しますが、アルゴリズミックバイアスの根本的な原因のひとつはデータサイエンティスト自身のバイアスで、この種のバイアスは、モデル検証を介して作成した独立の検証機能を使えば効果的に相殺できるはずです。

4.6 ステップ5 モデルの実装

モデルは、現場担当者が日々業務の処理を行っているコンピュータシステムとは別のシステムで開発されるのが普通です。出来上がったモデルを現実の世界で（現場の用語を使うと「本番環境で」）実際に使って、業務上の意思決定を任せるためには、「実装」と呼ばれるさらなるステップが必要です。

たとえばデータサイエンティストがクレジットカードの申請を承認するための新たなスコアカードを作成したら、銀行はそのアルゴリズムを信用リスク分析システムにアップロードし、さらにそのスコアカードに入力するデータを収集するためのプロセスを構築しなければなりません。

後続のいくつかの章で説明しますが、こうしたデータの作成のしかた（あるいは他のソースから収集する方法）や、欠落している値やあり得ない値を本番環境でシステムが扱う方法によっては、バイアスのかかった決定が下されてしまうこともあります。そのためこの「モデルの実装」のステップは、アルゴリズミックバイアス対策の対象のひとつと見なすべきなのです。

4.7 まとめ

この章では、モデル（アルゴリズム）開発のプロセス全体を概説しました。このプロセスは次の5つの主要なステップに分けられます。

ステップ1 モデルのデザイン（設計）

これから開発するモデルが目的を確実に達成できるよう計らう段階です。具体的には、どういう結果を予測するか、どんな集団に関する予測をするのか、予測にはどの情報を使うか、どのような開発手法を使うかを定義します

ステップ2 データエンジニアリング

モデル開発に最適なデータを用意する段階で、次のサブステップに分割されます

サブステップ2-1 サンプル定義

サブステップ2-2 データ収集

サブステップ2-3 標本（サンプル）の分割

サブステップ2-4 データ品質の評価

サブステップ2-5 データ集計

ステップ3 モデル推定（組み立て（アセンブリ））

実際にアルゴリズムを作る段階で、以下の7つのサブステップに大別できます

サブステップ3-1 不要レコードの除外

サブステップ3-2 特徴量の開発

サブステップ3-3 変数の最終選考（予測に役立たない特徴量や余剰な特徴量の除外）

サブステップ3-4 係数の初回推定

サブステップ3-5 モデルの調整（チューニング）

サブステップ3-6 モデルの出力と決定則のキャリブレーション

サブステップ3-7 モデルの文書化

ステップ4 モデルの検証

出来上がったモデルが実世界での使用に適するか否かを独立の立場から確認する管理プロセスです

ステップ5 モデルの実装

出来上がったモデルを、現場の業務で使用可能にする作業を行う段階です。とくに重要なのは、モデルにデータを入力する作業と、得られた出力に基づいて業務上の意思決定を下せるよう計らう作業です

以上、5つのステップの概説という形で、データサイエンティストの仕事と、統計的な手法でアルゴリズムを作成するのに必要なプロセスを紹介しました。なお、各種モデル開発手法の詳細や、種々のレベルの複雑性については後続の章で触れます。

さて、モデル開発に用いられる技術の中でも近年頻繁に話題にのぼるようになったのが「機械学習」です。その機械学習の事実と神話を、次の章で明らかにします。

5章
機械学習の基本

「機械学習」については読者の皆さんもすでにあれこれ耳にしていると思います。今や「バズワード」のひとつであり、機械学習を応用すればどんな問題でも1日でパッと解決できるというようなユートピア的なシナリオから、機械学習のアルゴリズムに潜む恐ろしいバイアスが人類を抑圧するといった悲惨なシナリオまで、それこそ何でもありの状況です。

しかし機械学習の実態はもっと基本的な（地味な）もので、データサイエンティストが使いこなすさまざまなツールのひとつにすぎません。しかも、もう何十年も前から使われています。以前と変わったことといえば、近年ようやく、高性能の機械学習ツールを使えるほどの処理能力を備えたコンピュータが価格面で昔よりはるかに入手しやすくなった点と、機械学習システムの簡易版がパッケージ販売されるようになり、昔より手軽に購入できるようになった点です。

この章では、そんな機械学習がどのような問題をどう解決しようとするのか、また、データサイエンティストが現時点で活用できる他の統計手法と比べてどう違うのかを解説します。当然ながら初心者向けの章となりますので、機械学習に詳しい方は次の章へ進んでいただいてかまいません。

5.1 機械学習の目的

「3.1 アルゴリズムの簡単な例」で、髪の毛の本数を予測する、ごく単純なアルゴリズムを紹介しました。わずか3つの独立変数（3章参照）を一次式を用いて組み合わせたアルゴリズムでした。

$$y = c + \beta_1 \cdot x_1 + \beta_2 \cdot x_2 + \beta_3 \cdot x_3$$

具体的に到達したのは次の式(3.1)でした。x_1は頭の表面積、x_2は年齢、x_3は性別を表します。

$$髪の毛の本数 = 281 \cdot x_1 - 1,000 \cdot x_2 - 70 \cdot x_3 \qquad 式(3.1)$$

ただし実際に試してみれば、頭髪の本数の予測変数としては相当お粗末なものであることが一目瞭然です。そこで次の3つの手法で改善してみましょう。

改善策1　非線形の変換
改善策2　サブセグメント
改善策3　予測変数の追加

改善策1　非線形の変換

「予測変数」と「その結果」の関係を正しく記述するには、多くの場合「非線形」の変換が求められます。すでに3章でも触れたように、髪の毛の本数は年齢の変化に伴って直線的に（「線形（リニア）」に）変化するわけではありません。幼少期には本数が増加し、成人してからはしばらくの間ほぼ一定の本数を維持します。そして、歳をとると（急速に）減っていくというのが一般的なシナリオでしょう。

このような山型のグラフを描くような関係を表現できるものとして、二次曲線や双曲線が思い浮かびます。たとえば、次のような式を使えば、特定の年齢（たとえば25歳）で「髪の毛の本数のピーク」に達する関係を表現できます。

$$x'_2 = (年齢 - 25)^2$$

x'_2は25歳で0になり、0歳と50歳で625（$= 25^2$）になります。したがってx'_2は、人生で2回625になる、一種の「ペナルティ・ファクター」と考えることができます。50歳におけるペナルティはどのくらいにすべきでしょうか。

式(3.1)でひねり出した年齢に関する部分の「$50,000 = 1,000 \times 50$」という推定をあくまでも使うとすると、β_2は-80にする必要があります（$50,000 \div (50-25)^2 = 80$）。これなら一見、妥当なように思えますが、対象者が100歳の時、この推定モデルはどのような数字を弾き出すか試してみると、なんと$-80 \times (100-25)^2 = -450,000$になってしまいます。高齢者の場合、この式は全体の髪の毛の本数がマイナスになることを示してしまい、筋が通らないことは明白です。

どの年齢でも納得の行く推定結果を出せるようにするには、まだまだ修正が必要ですし、おそらく下限と上限も設定しなければならないでしょう。まだまだ、やることは山ほどありそうです。

改善策2 サブセグメント

そこで次に、予測モデルの対象を「サブセグメント」に分ける方法を考えましょう。

頭髪の本数を予測するモデルのサンプルには男性も女性もいますが、どうやら女性より男性のほうが年を取ってからハゲやすい傾向にあり、年齢が頭髪の本数に及ぼす影響は性別に左右されると考えてよさそうです。

この現象をアルゴリズムに反映する簡単な方法のひとつが「交互作用」(2つ以上の因子が考えられる場合、因子が組み合わさった時だけ現れる作用)で、ここでは性別を示す「ダミー変数(標識変数)」(女性 = 0、男性 = 1)に年齢を掛けることで得られる第4の変数を使います。

$$x_4 = \text{性別} \times x_2$$

この変数には興味深い効果があります。つまり、女性の場合は x_2 のために推定する係数 β_2 が、頭髪の本数に及ぶ年齢の影響を示し(女性は性別が0なので全員が x_4 も0となり、これで即、対象外となります)、一方で男性は髪の本数に及ぶ年齢の影響が $(\beta_2 + \beta_4)$ で示されるのです(β_4 は事実上、男性のために β_2 に加えた修正であるわけです)。

これでアルゴリズムがかなりましになりましたが、頭髪に対する年齢の影響など、中高年は別として子供たちの場合は無関係ですから、まだまだお粗末であることに変わりはありません。改良が必要です。

改善策3 予測変数の追加

そこで予測精度を上げるために追加データを収集するという手法が大きな意味をもってきます。

髪の属性は遺伝子に大きく左右されるようなので、「対象者の父と母の髪の本数をアルゴリズムに加える」というのも、ひとつの手だと思われます。

でもそれにとどまらず、両親のゲノム(DNAのすべての遺伝情報)を漏れなく、私たちのアルゴリズムに追加したらどうでしょうか。

ヒトゲノムのDNAの塩基対(えんきつい)ひとつにつき1個の変数を定義すれば、およそ30億個の変数を追加することになり、これはデータサイエンティストが「ビッグデータ」と呼んでいるものに当たります(ほかにも、声、写真、動作に関わる詳細なデータなども「ビッグデータ」になり得ます)。でも率直に言って、変数が30億個なんて、データが多すぎます。というのも、統計ではデータの巨大な表(テーブル)の「列」(縦方向、すなわち変数)よりも「行」(横方向、すなわちサンプルとなる人数)を必要とするからです。そのため、ゲノム学の専門家に応援を仰いで、ゲノムの中でも、髪に影響を及ぼす可能性の高い部分に照準を合わせなければなりません。

というわけで、まだまだ改良作業は続きます。

この例を見るだけでも、「アルゴリズムの改善に手をつけると、とても大変な作業になってしまう」ことがわかるはずです。データサイエンティストは膨大な作業をこなさなければなりません。とくに、そのアルゴリズムを発注した(将来の)ユーザーが「完成まで、そんなに長くは待てない」と言っている時にはなおさらです。まさにこの問題を解決しようとするのが「機械学習」にほかなりません。

人類は過去の歴史において(畑を耕す、洗濯板で服を洗う、といった)肉体労働の一部を機械に肩代わりさせるということを繰り返してきましたが、統計モデリングにおいて同様のことをするのが機械学習なのです。

機械学習によってアルゴリズム開発のプロセスを自動化し、所要時間を大幅に削減することで、パラダイムシフトも可能になります。従来、予測モデルの構築は、人工衛星を地球の軌道に投入すると言ってもよいような大変な作業で、データサイエンティストが新しいアルゴリズムを構築するには何ヵ月もかかったものです(とはいえ現場でその後何年にもわたって使われるアルゴリズムも少なくありませんでした)。今では機械学習のメリットである「作業の高速化」と「低コスト」により、アルゴリズムの迅速な更新が可能になりました。毎月、毎週、あるいは毎日、アルゴリズムを更新すれば、その都度改善を重ねられますし、更新のたびに、対象の環境における最新の変化を考慮の対象にできます。

しかも、人間が一切介入しなくても自分で更新する自己学習型の機械学習モデルさえあるのです。その最たる例がリアルタイムの機械学習で、業務処理を1回こなすたびに最新のデータを考慮に入れてアルゴリズムを更新します。

5.2 機械学習とは?

次の喩(たと)えを見れば、データサイエンティストによる手作業が中心だった従来型のアプローチと、機械学習的なアプローチの違いを実感してもらえるでしょう。

かつて、タクシーでA地点からB地点へ向かう最良のルートが知りたければ、運転手に訊いたものです。この場合、返ってくる答えの良し悪しは、運転手がそのあたりの道を知っているか否かに大きく依存します。運転手が複数のルートを比較し、「今日のこの時間帯の最適なルートはどれかな？」と考えて判断することもあるでしょうが、妥当なルートをお客さんに教えるのに必須の条件は「可能性のあるルートをひとつ（または複数)、あらかじめ知っていること」です。

機械学習は、これと同じ問題を予備知識なしで解決する汎用的な手法です。一番単純なバージョンは、コンピュータがA地点からB地点までのルートの選択肢を（おそろしく間の抜けたものも含めて）すべて地図上に示して所要時間を算出し、最速のルートを提示する、というものです。

賢い人なら、もっと優れたバージョンが作れるでしょう。「おそろしく間の抜けたルート」の所要時間の計算に時間を浪費することなく（それによって、ユーザーに答えを提示する速度を上げ)、さらに他の基準に沿ってルートの最適化さえできる、賢いアルゴリズムを構築します。

こういうアルゴリズムならベテランの運転手と同じ答えを出せる時もあるでしょうし、もしかすると運転手が考えもしなかった驚異的な近道をひねり出すかもしれません（たとえば速度規制の厳しいスクールゾーンを通ったほうが、年がら年中混み合っている大通りとの交差点で渋滞に巻き込まれるより、最終的には早く行ける、など)。

さらには、リアルタイムの交通情報へのアクセスを許せば、コンピュータは最新の道路状況に基づいて最速のルートを見つけられます。これなどはコンピュータが運転手よりはるかに得意なことのひとつで、A地点に停車中の運転手にはその地域全体の今の道路状況などわかるはずがなく、せいぜい過去の経験に照らして推測できるぐらいです。

予測モデルの開発に機械学習を応用するというのは、今あげた、コンピュータにA地点からB地点までの最速ルート探させる作業に多少似ています。機械学習のアルゴリズムがやろうとするのも、基本的にはすべての妥当なルート（および無数のバカバカしいルート）を見つけ出して分析し、最良の数式を提示することなのです。そのため、4章で紹介した「ステップ3　モデルの推定」のプロセスのうち、とくに次の3つの「データサイエンティストお気に入りの楽しいサブステップ」に機械学習を応用する形になっています。

- サブステップ3-2　特徴量の開発——多数の導出変数を自動生成する機械学習のアルゴリズムによって特徴量の開発を支援します。上で、年齢に関して適切な非線形変換を行い、さらに年齢の下限と上限を設定すれば、髪の本数を予測するアルゴリズムの精度を上げることができると述べました。機械学習では、7次多項式だろうが三角関数だろうが、時系列データのフーリエ変換だろうが、とにかく無数の選択肢を繰り返し扱うことが可能です

- サブステップ3-4 係数の初回推定——大きな柔軟性をもたらす複雑なモデルを機械学習で構築することにより、モデルの推定を支援します。実際にはたとえば決定木(けっていぎ)による予測（木構造を使って要因を分析し、その結果から予測を行う手法）を応用すれば、さまざまなサブセグメントの差異を明確化して別扱いすることができます。ちなみに「ニューラルネットワークの普遍性定理（万能近似定理）」という定理があって、これは「ニューラルネットワークによる（したがって人間の脳の働きを模倣する）機械学習の、現時点では最先端の手法である深層学習(ディープラーニング)は、可能性のあるすべての関数を近似できる」とするものです（ただし「近似できる」の部分は、「毎回必ず近似できる」という意味ではなく、通常、現実には満たされないことの多い種々の条件が付随する、という意味だと覚えておいてください）。また、機械学習で構築するモデルは必ずしもひとつだけではなく、多数のモデルを構築して同時に使うことで、より精度が高く、より頑健な結果を出そうとする手法が少なくありません。これは「アンサンブル学習」と呼ばれる手法で、たとえば複数の高給取りのエキスパートロボットから成る委員会が賛否の票を投じたり予測をしたりするといった構図を思い浮かべてみてください
- サブステップ3-5 モデルの調整(チューニング)——機械学習の中でもとくに自分自身が犯した誤りに基づいて反復学習する手法で、モデルの調整を支援します。たとえば、4.4節の「サブステップ3-4 係数の初回推定」での議論で少し触れたGBDT（Gradient Boosting Decision Tree）がその一例です。具体的には、機械学習のアルゴリズムが、初期の予測モデルのエラーを分析して誤差修正モデルを構築します。このプロセスは、予測精度が満足できるレベルに達するまで（直近の予測で果たされた改善が一定の基準に達していない時、データサイエンティストは希望レベルを数値基準の形で調整用のアルゴリズムに知らせます）、あるいは（これ以上反復したらコンピュータが壊れてしまう、または単に納期に間に合わなくなってしまうなど）「計算の限界」に達するまで反復可能です

以上のような能力を有するおかげで、機械学習では、より基礎的な手法では使うのが難しかったタイプのデータ（音声録音や画像、そして、そう、ヒトゲノムに関するデータなど）でさえ使えるのです。

ただ、「これだけ」です。たしかに機械学習により、モデル開発のプロセスのうち、3つの重要な作業を自動化することはできますが、ほかに手つかずの工程が――（サンプルからどのレコードを除外するかを決めるなど）事業に対する洞察力や難しい問題に立ち向かい解決する能力を必要とする工程が――まだまだ数多く残されています。

5.3　他のモデリング手法との比較

残念ながら機械学習をめぐっては大風呂敷や誇大な宣伝が跡を絶ちません。機械学習には従来型の統計的アルゴリズムの短所や欠点をそっくり補うほどの威力がある、と言ってのける人がいるかと思うと、機械学習を応用すればわずか1日で予測モデルをゼロから構築できるなどと信じ込んでいる人もいます。機械学習を応用できていない他の工程をことごとく無視する、実に甘くておめでたい見方です。

そこで、再びコンピュータとタクシー運転手の例に戻り、機械学習の限界をいくつか紹介しておきます。ベテランの運転手にはできて、豊富なデータがあるにもかかわらずコンピュータにはできない「計算」があるのです。

たとえば、運転手なら暗雲の垂れ込めた空を見上げて、「これじゃ（港を横断する）フェリーの乗り場に着く前に、悪天候で欠航になっちまうかも」と判断し、距離的には多少長くなっても海底トンネルを行くルートを選ぶかもしれません（Googleマップを頼りにしているコンピュータに、こんな芸当はムリです）。あるいは、信号待ちの車を標的にした強盗が最近もう何回か発生している危険な地区を避ける、といったこともベテラン運転手ならあり得ます。このように人間が全体論的（ホリスティック）で創意に富んだアプローチをとることで賢明な調整を図れるのに対し、機械学習は「総当たり攻撃」的なアプローチをとって、ごく限定された目標だけを達成しようとする予測モデルを機械的に量産します。

とはいえ、機械学習と他の統計手法の境界線は流動的です。そもそも「機械学習」という造語が誕生したのが1959年で[†1]、これは人工知能の分野の基礎が築かれてから2、3年後のことでした[†2]。こうしてコンピュータが人間の計算を支援するようになると、たちまち統計の専門家が計算負荷の大きな手法を応用するための手段として

†1　Arthur Samuel, "Some Studies in Machine Learning Using the Game of Checkers", *IBM Journal of Research and Development*, 3 (3), 210–229, 1959.

†2　J. Moor, "The Dartmouth College Artificial Intelligence Conference: The Next Fifty Years", *AI Magazine*, Vol 27, No., 4, 87-9, 2006.

コンピュータを利用し始め、それによって最尤（さいゆう）推定法が普及し、学生でさえCHAID（現代の決定木を使ったアンサンブル学習よりは単純ではあるものの、最小二乗回帰よりは計算負荷が限りなく大きな手法）を使って決定木を開発できるようになりました。

ただ、大きな進展があったのは近年のことで、その動きは、もともと高速、高品質のグラフィック描画のために開発された半導体チップが統計計算上の並列処理に使えることに統計の専門家が着目したことで始まりました。そう、リアルで鮮明な宇宙空間を飛行物体が高速で駆け抜ける3Dゲームアプリのために開発された半導体チップです（幼い頃、1日の半分をコンピュータゲームに費やし、「もっとパワフルなマシンを！」とせがみ続けた若者たちに感謝しなければなりません）。

今では、たとえばNVIDIA（エヌビディア）の半導体を使ったノートパソコン1台が、従来型のノートパソコン数千台分の演算処理能力を備える時代となりました（現在では画像処理を得意とする処理装置GPUに、「コア」と呼ばれる並列演算処理を行うパーツが数千も詰まっているのに対し、少し前のパソコンはひとつのCPUで逐次的（シーケンシャル）な処理をするだけです）。とくにこれほど強力な演算処理能力を必要とするのが、機械学習の中でも目下最先端の手法である深層学習（ディープラーニング）です。

この本で解説を進めていく上で、機械学習と他の従来型の手法との差異が問題になることはないと思いますが、次の2点は特筆すべきでしょう。

- 機械学習を使えば、統計的アルゴリズムの開発プロセスのうち、データサイエンティストにとっては昔から大変手間暇のかかるものであったいくつかの工程を自動化でき、しかもその過程でバイアスを一部排除できる可能性があります。たとえば、以前はデータサイエンティストが手作業でデータフィールドをこつこつ収集、処理しなければならなかったので、ごく限られた数の予測変数を慎重に選ぶしかありませんでしたが、その選択の過程で可用性バイアスや確証バイアスを招いてしまう恐れがありました。しかし機械学習では何万という膨大な数の予測変数候補を検討しますし、あり得ない予測変数については、データサイエンティストの偏見に異議を唱えます
- パッケージソフトなら一般ユーザーでも機械学習を簡単に応用できるという状況が、同時に、かえって新たなリスクも生んでいます。機械学習をめぐる誇大な宣伝に煽（あお）られた一般ユーザーや無知な（そそっかしい？）データサイエンティストが、（データのクリーニングなど）まだ機械学習を応用できていない工程に十分注意を払わずに応用したりするのです。その結果、データ内の異常

に気づけないままとなるため、バイアスが網をすり抜けてしまうリスクが高まっています

皮肉なことに機械学習はある意味、従来型の統計的アルゴリズムよりも人間に似ています。**機械学習は人間の無意識を真似る**のです。

（より単純な）統計的アルゴリズムは、機械学習の場合より手作業の割合がはるかに大きい（したがって透明性の高い）プロセスにおいてデータサイエンティストの論理的思考とインタラクションをします。一方、機械学習は、見た目には何の苦もなくすばやく作業をこなす「パターン認識マシンである人間の無意識」を真似るのです。そして、人間の無意識と同じように、処理プロセスにバイアスを招き入れてしまいます。

私たちは人間による意思決定の過程に無意識がバイアスを招じ入れるメカニズムを直接観察することはできません。心理学的な実験を介して探知、分析します。**機械学習のプロセスも、同じ理由で透明性が低いのです**。機械学習が構築したアルゴリズムを見るだけではバイアスを特定しにくく、モデルの出力や挙動を分析してバイアスの存在を突き止めるしかありません。

産業革命は人間の活動に未曾有の機会をもたらし、人々の暮らしに広範な影響を及ぼしました。同じように、機械学習もさまざまな形で人に役立つアルゴリズムを構築する新たなアプリケーションをきっと多数生み出してくれるはずです。

自動化のおかげで、機械学習を使ったアルゴリズムの開発や更新のコストが大幅に削減されました。その結果、企業は意思決定に関わる種々の問題の解決という、かつて応用されたことのない場面にアルゴリズムを応用し始め、それが前例のないペースで既存のアルゴリズムと入れ替わり始めました。しかし中には、開発過程で手作業による確認や検証を不要と見なすアルゴリズムもあります。機械学習のおかげでさまざまな組織にアルゴリズムの利用が普及することになりましたが、その結果として、アルゴリズムにまつわる**バイアスのリスクも、広く普及することになってしまったのです**。

5.4 まとめ

この章では、アルゴリズムの開発手法のひとつである機械学習の基本を概説しました。機械学習の特徴には次のようなものがあります。

- 機械学習は主として、より複雑な特徴量やモデルのより複雑なデザイン、サブセグメントの処理、それに（ビッグデータを含む）はるかに大量のデータや（画像や音声録音など）本質的に複雑な属性を検討対象とすることで、より高度なモデルの開発を可能にします
- 機械学習は上記のような機能を介して、データサイエンティストの見解に異議を唱え、それによってデータサイエンティストの解釈に潜むバイアスの一部を排除できます
- 機械学習はまた、モデル開発のいくつかのサブプロセスを自動化することで、より多くの意思決定にアルゴリズムを効率よく適用できます
- （「機械学習を応用すれば人間による監督の必要性を払拭できる」などという無知な考えから）以前は手作業で進められていたモデル開発の工程を機械学習で自動化し、データサイエンティストやユーザーに他の工程を省くよう促すケースも時にあり、これがアルゴリズムに新たなバイアスをもたらすことがあります
- 機械学習で構築されたアルゴリズムに潜むバイアスのほとんどは本質的に不透明であるため、人間自身のバイアスに対するのと同様、間接的に診断し対処する必要があります

以上、第Ⅰ部では、統計的アルゴリズム全般と、機械学習の基本とを理解していただけたと思います。これを土台に、続く第Ⅱ部ではアルゴリズミックバイアスを掘り下げて考えていきましょう。手始めに次の章では、実世界に存在するバイアスが、どのようにアルゴリズムに反映されてしまうのかを探ります。そして、後続の章ではアルゴリズム自身が生み出してしまうバイアス等について説明します。

第II部 アルゴリズミックバイアスの原因と発生の経緯

第Ⅰ部では、人間の言動にどのようなバイアスが生じ得るのかを説明した上で、アルゴリズムの開発がいかに複雑な作業であるかについて説明しました。ここから始まる第Ⅱ部では、どのような時にアルゴリズムにバイアスが入り込むのか、より詳しく見ていきます。アルゴリズミックバイアスの原因や背景を探り、主たる発生源を紹介します。この知識をしっかり身につければ、アルゴリズミックバイアスを管理、予防するための基礎知識が得られます。

第Ⅱ部は次の6つの章で構成されています。

6章 実世界のバイアスがアルゴリズムにどう反映されるか

アルゴリズムが（バイアスを排除できずに）実世界のバイアスを反映してしまうケースを取り上げてその原因やメカニズムを掘り下げます

7章 データサイエンティスト自身のバイアス

データサイエンティストの人物像に注目し、生身の人間であるデータサイエンティスト自身のバイアスがいかにアルゴリズミックバイアスを招き得るかを説明します

8章 データがもたらすバイアス

バイアスという観点からデータの果たす役割について論じます

9章 アルゴリズムと安定性バイアス

アルゴリズムがその性質ゆえに「安定性バイアス」を招いてしまう過程を説明します

10章 アルゴリズム自体がもたらすバイアス

統計的に不適切な処理を行ってしまうことで生じるバイアスについて解説します

11章 ソーシャルメディアとアルゴリズミックバイアス

SNSの世界に目を向け、人間の言動とアルゴリズミックバイアスが影響し合って事態を悪化させてしまうケースを紹介します

6章 実世界のバイアスがアルゴリズムにどう反映されるか

第Ⅱ部の最初の章である6章では、まず、敵をしっかり見据えて、アルゴリズミックバイアスの中でも最大の難敵、すなわち実世界に生きる人間自身の偏見に満ちた言動が引き起こすアルゴリズミックバイアスを見ていきます。

「最大の難敵」と言ったのは、このアルゴリズミックバイアスが、ある意味で「正当な」ものであるからです。アルゴリズム自体は自分に課された統計的な作業をきちんとやっており、実世界を忠実に反映、体現しているだけなのです。ですからこの章で私たちは単に技術的な問題だけでなく、奥の深い思想的、倫理的問題にも立ち向かうことになります。とくに注目に値するのはこの章の結論で、それは「アルゴリズムは問題の一部ともなり得るが、解決策（ソリューション）の一環にもなり得る」というものです。

すでに第Ⅰ部で述べたように、統計的アルゴリズムは人間の意思決定のプロセスからバイアスを排除する方法のひとつともなり得るのですが、そのバイアスの排除という目的を果たせないアルゴリズムがあります。それは、時として**実世界のバイアスが既成事実となり、その事実が現実そのものとなって、それがアルゴリズムのロジックを形成し、このバイアスを永続化させてしまう**ためです。

6.1 確証バイアスの架空の事例

バイアスがどのように永続化されてしまうか、確証バイアス（confirmation bias。自らの願望・信念の「確証」を得ようとしてしまう傾向）の架空の事例をあげて説明してみましょう。「宇宙人グレイ」と「火星人」が共棲する街を想像してみてください。宇宙人グレイは肌が灰色で頭が大きく、目が黒くて巨大な宇宙人です。詳しくはウィキペディア（https://ja.wikipedia.org/wiki/グレイ_(宇宙人)）などを参照してください。一方、火星人は肌が緑色で、タコのような体型をしています。

さて、そんな宇宙人グレイと火星人が共棲するこの街では、違法薬物を所持している者の数がそれぞれの住民の総数に占める割合が（たとえば5%など）まったく同じであるにもかかわらず、お巡りさんが実際に職務質問をしてボディチェックをする頻度は火星人のほうが高いのです。そのため、警察が1日に違法薬物所持の容疑で逮捕する火星人の数がやけに多くなってしまいます。警察のこの偏った振る舞いを正さなければ、と考えたあなたは「お巡りさんが通行人とすれ違うたびに、その通行人が違法薬物を所持している確率を弾き出し、高い値が出た者にボディチェックを行うようビープ音で促す装置」を作ることにしました。無事完成すれば、違法薬物を所持する傾向がグレイと火星人とで変わらないなら、どちらのグループでも同じ頻度でビープ音が鳴るはずです。

さて、この装置のアルゴリズムを構築すべく、あなたは過去1年間にお巡りさんからボディチェックを受けたすべての通行人のデータを集めます。ひとりひとり、ボディチェックの結果だけでなく（この結果には2値のフラグを付けます）、さまざまな属性のデータも収集するのです。そして上であげた情報に基づいて、違法薬物の所持者の割合はグレイでも火星人でも5%になるはずだ（あるいは、警察は所持者を見破るのがとても上手だから、逮捕率は50%になるはずだ）と予測します。ところが実際にサンプルから集めたデータを調べてみると、違法薬物所持者の割合は火星人が20%、グレイが10%だったのです。一体どういうことなのでしょうか。

まず第一に、実際に逮捕された違法薬物所持者の割合が「火星人20%、グレイ10%」と、5%を大幅に上回ったことから見て、警察は平均的な通行人より違法薬物を所持していそうな通行人を見抜く何らかのコツを知っているように思われます。警察のこの「眼力」は、今構築しようとしている装置のアルゴリズムにぜひとも組み込みたいものです。それにしても、火星人が違法薬物を所持している確率がグレイの2倍にも上っているのはなぜでしょうか。

もしかするとお巡りさんたちにとっては「アヤシいグレイ」より「アヤシい火星人」のほうが見つけやすいのかもしれません。火星人は体にぴったりフィットする服を好むので、ポケットに入れた薬物の包みが目立つ、とか。あるいは、お巡りさんたちの言動が確証バイアスに影響されて微妙に変わってしまっているのかもしれません。

お巡りさんたちが「ボディチェックを受ける火星人なら間違いなく違法薬物を所持している」と確信しているなら、「アヤシい火星人」のボディチェックをしっかりやることはもちろん、ひとわたりボディチェックを済ませて違法薬物が見つからなくても、もう1回、今度は「秘密のポケット」がないか念入りに探るはずです。

逆にグレイの場合は、「偏見、強すぎ！」なんて印象を与えると困るのでボディチェックはついつい形式的になり、ポケットを2つ3つ叩いただけで無罪放免にしてしまいます。つまり、お巡りさんたちの「グレイの時だけボディチェックが甘くなる」という慣行が災いして、グレイの違法薬物所持者を取り逃しているわけで、これでは確証バイアスのためにデータが歪められていることになります。

この種の言動はさまざまな文脈（コンテクスト）で起きており、採用面接もその一例としてあげられます。応募者に対する面接官の印象は、「アンカリング効果（先行する情報や印象的な情報が基準となり、その後の判断がそれに影響されるという効果）」のために面接の最初の数秒で決まってしまうことが珍しくありません。応募者が扉を開けて面接会場に入って来たその瞬間に決まってしまうことさえあるのです。そしてその印象が確証バイアスを生みます。

たとえば、ある問題を出して答えてもらう場面で応募者の発音がはっきりしなかった場合、無意識に「この候補者がいい」と思っている面接官の耳には「正解」を言っているように聞こえ、逆に「この候補者はダメだ」と無意識に拒絶している面接官には、応募者がはっきり答えなかったこと自体が「ダメな証拠」だと感じられるのです。

もっと信じがたい現象もあります。たとえば面接官が「この応募者、男のくせに爪を赤く塗っていやがる。今回募集中のポストには向いてないな」と感じると、**その違和感や評価の低さが面接官のボディランゲージを介して応募者に伝わって、応募者の側でもそれに無意識に合わせ、質問に対する答えなどのパフォーマンスが本来のレベルより下がってしまう**ことがあるのです[†1]。

この影響があるため、仮にあなたが採用面接の模様をビデオ録画し、世界一高性能の深層学習（ディープラーニング）モデルを開発して、応募者の成績を客観的に採点したとしても、結果は面接官のバイアスのかかった見方と合致してしまいます（面接官の偏見なんて、人間の心理が生んだ「ノイズ」にすぎないにもかかわらず、それが応募者のパフォーマンスに影響してしまうのです）。

この現象によって浮き彫りにされるのが、ある大きなジレンマで、それは「この世界はある程度、人間のバイアスによって形作られているが、そのバイアスが、本来なら同じであるはずの対象者の言動や外見に事実上の差異を生んでいる場合、統計的な

†1　この現象で明らかになるのが「人間も、バイアスのかかったアルゴリズムに負けず劣らずひどい、いやむしろ人間のほうがよっぽどひどい」という事実です。人間が無意識に抱くバイアスが採用面接や職場でのパフォーマンスに及ぼす影響については「5 Facts About Prejudice At Work（職場での偏見にまつわる5つの事実）」と題する記事（https://www.forbes.com/sites/taraswart/2018/05/21/prejudice-at-work）を参照してください。

アルゴリズムを応用しても事態は是正できない」というものです。

ここで、もう一歩踏み込んで、さらなる（想像上の）実験をしてみましょう。どうやら警察は火星人とグレイとでボディチェックのやり方を変えているらしいと悟ったあなたは、お巡りさんたちの同意と協力を得て、ある実験をすることにしました。相手が火星人かグレイかに関係なく全員のボディチェックをまったく同じやり方でやってもらうようお願いしたのです。場合によっては（空港のセキュリティの人たちが使っているような）ポータブルのボディスキャナーを導入し、手作業でのボディチェックを補ってもよいでしょう。

ところが驚くべきことに結果は（差が多少は縮まったものの）相変わらず火星人のほうが所持率が高かったのです。こうなると、あなたは自分が最初に立てた仮説を疑い始めます――実は火星人のほうが悪事に費やすエネルギーが旺盛なのだったりして？

いや本当は、あなたはもっとずっと重大な問題に突き当たったかもしれないのです。（『グレイ・イブニング・スタンダード』紙が「火星人の売人、さらに15人逮捕さる」といった見出しで火星人の悪行をたびたび報じ、たとえ同じ日にグレイの売人が7人起訴されていたとしても、そちらについては一切口をつぐむなど）グレイ寄りのマスコミが長年火星人に関する否定的な報道を重ねてきたせいで風当たりが強くなり、職探しでグレイより苦戦を強いられた火星人は、やむなく違法薬物の取引に手を染める率がグレイより高くなってしまった、というのが実情かもしれません。

このように、バイアスに関して「ひとり勝ち効果（ウィナーテイクオール）」が働くケースが多々あるのです。つまり、最初のバイアスが現実を微妙に変え始め、やがてその変化が自然に勢いを増して、最終的には行き着くべきところまで行ってしまうことさえある、というわけです。この時点で人間の価値判断をそのままアルゴリズムに置き換えれば、多くの場合、現状を固めてしまうのに十分です。あなたが自分で収集したデータを分析して世界一高性能の深層学習（ディープラーニング）モデルを開発したのであれば、火星人の通行人とグレイの通行人で薬物を所持している者を見抜く確率は、警察の性急で偏ったやり方よりはるかに高くなるでしょう。あなたのアルゴリズムのおかげで、お巡りさんたちがボディチェックをする通行人の総数は減り、それでいてその総数に占める所持者の割合は80%にも達し、逮捕される売人の数は大幅増、となるはずです。

それなのに、あなたのアルゴリズムがビープ音で「所持者である可能性高し」と知らせる通行人の大多数は火星人なので、『グレイ・イブニング・スタンダード』紙は警察の奮闘ぶりを伝える生々しい記事を何度か掲載した挙げ句、ついにある日「読者からの投書」のコーナーで「市当局は火星人に対し外出禁止令を出すべきではないでしょうか」という主旨の投書第1号を平然と載せてしまいます。

6.2 戦うべきはアルゴリズムではない

答えが間違っている時に、同じ計算を3回繰り返してみたところで正しい答えが出るはずがありません。今ここで考えているような状況に直面したら、戦うべき相手を正しく見極めることが大切です。敵はアルゴリズムではないのです。アルゴリズムは、人間のバイアスのせいでおそろしく歪められてしまった現実を、あるがままに表現したものにすぎません。したがって、今あなたが直面している状況を正すには、アルゴリズムを修正するだけでは不十分で、現実の世界を手直しする必要があるのです。

とはいえ、アルゴリズムについては、どうすればよいのでしょうか。これについては「短期的な答え」と「長期的な答え」があります。

まず「短期的な答え」は「あなたのアルゴリズムは火星人に対する偏見を永続化する作用を及ぼしており、悪化の一途をたどる差別や不正を煽(あお)っている」というものです。つまり、あなたのアルゴリズムも「共犯者」にほかならないのです。

ですからこのアルゴリズムを使うのをやめるべきか否かを検討するのが第一歩でしょう。これは難しい倫理的判断で、この本の範囲を超える事柄です。でもまあ、警察からこのアルゴリズムを取り上げてしまったらどういうことになるか、想像してみようではありませんか。

『グレイ・イブニング・スタンダード』紙の「読者からの投書」のコーナーに「市当局は火星人に対し、外出禁止令を出すべきではないでしょうか」と投書した人や、同意見の人々は、火星人に対する見方を改め、警察が火星人のボディチェックをやめると言ったら、それを受け入れるでしょうか。それとも、自分たちの安全や子供たちの将来を本気で心配して、違法薬物の売人の取り締まりをもっと強化しろと要求するでしょうか。一方、あなたにアルゴリズムを取り上げられてしまった警察はどうするでしょうか。火星人もグレイも同じ頻度で、また、極力中立なやり方でボディチェックするようになるでしょうか。それとも以前よりさらにバイアスのかかったひどい手法に頼るようになってしまうでしょうか。

2016年に同様の状況に直面したのがGoogleです。ある記者が、Google検索で「jews are（ユダヤ人は）」とタイプすると、予測キーワードのひとつとして「evil（邪悪だ）」という単語が自動表示され、これを選ぶと反ユダヤ主義的なサイトが検索結果に表示されることに気づいたのです[†2]。

Googleが考え出した解決法はシンプルそのもので、「Google検索のオートコンプリート機能が、論議を呼びそうな単語を自動表示しないようブロックする」というものでした[†3]。残念ながら、社会に深く根を張った偏見をアルゴリズムが反映してしまっている場合、必ずしもGoogleのように簡単な解決法が見つかるとは限りません。

次に「長期的な答え」ですが、これは「あなたのアルゴリズムは解決法の一環ともなり得る」というものです。再び宇宙人グレイと火星人のボディチェックの例で、あなたの作ったアルゴリズムは今やボディチェックするべき通行人を見極める「最高権威」となるに至りました。このアルゴリズムを、より「公正な」決定を下すよう修正すれば、より公正な結果を弾き出してくれるでしょう。ただし大きな問題があります。それは、ここで言う「公正」の定義が、統計の領域を超えるものである点です。

そのため、この本の第Ⅲ部で、この「長い目で見た答え」のために検討に値する選択肢を広範に紹介します。バイアスを凌駕するような、より良いデータを収集する独創的な方法が見つかるかもしれません。あるいは有権者が「公正だ」と見なすものを定義する民主的、政治的なプロセスを編み出し、そのプロセスによって得られた結論をアルゴリズムよりも優先するといった手法もあり得るかもしれません。

6.3　まとめ

この章では、社会に深く根を張ったバイアスをアルゴリズムがそのまま反映してしまうケースについて説明しました。骨子は次のとおりです。

- 実世界のバイアスが独自の現実を創り出している場合、統計手法だけでそうしたバイアスを排除することは到底不可能です
- このような状況では、アルゴリズム自体が（議論の余地はあるものの、ほぼ間違いなく）「共犯者」となってバイアスを永続化させ、実社会でのそのバイアスの影響をますます揺るぎないものにしてしまいます
- とはいえ、バイアスのかかったアルゴリズムは人間自身のバイアスに比べれば、悪影響はさほど大きくはありません

†2　https://www.theguardian.com/technology/2016/dec/04/google-democracy-truth-internet-search-facebook

†3　https://www.theguardian.com/technology/2016/dec/05/google-alters-search-autocomplete-remove-are-jews-evil-suggestion

- ただ、長期的に見ればアルゴリズムは実世界のバイアスに対する解決策ともなり得ます（これについては「16章 管理者の介入によってバイアスを抑止する方法」で詳しく解説します）

この章は、この本の「暗部」と言ってもよいでしょう。アルゴリズムにバイアスが忍び込む経緯やメカニズムはほかにもいろいろあるのですが、いずれもこの章で取り上げた問題に比べれば解決しやすく、簡単に応用できる種々の解決策を第Ⅲ部と第Ⅳ部で紹介しています。

というわけで、この先、徐々にではありますが、また太陽が顔をのぞかせて明るくなってきます。章を追うごとに、アルゴリズミックバイアスを理解、管理、予防してこの世をより良いものにするための力がついてきた、と実感していただけるはずです。

7章
データサイエンティスト自身のバイアス

前の章では、バイアスにまつわる最悪の事態、すなわち実社会にあまりにも深く根付いているバイアスの場合、反論の材料となるデータの収集さえ不可能な状況もあり得ることを紹介しました。続くこの章ではデータサイエンティスト自身のバイアスが招くアルゴリズミックバイアスを詳しく見ていきます。多くの場合、アルゴリズムにバイアスが忍び込むのを予防するためのデータが必要なのですが、なぜかデータサイエンティスト自身がこの種のデータの収集を怠ってしまうことがあるのです。

「4章 モデルの開発」でデータサイエンティストがアルゴリズム（モデル）を開発する際には、多数の工程をこなし、そのそれぞれで数多くの判断を下していかなければならないことを紹介しました。こうした判断がアルゴリズミックバイアスを誘発してしまうことがありますが、その主因として次の3つがあげられます。

- **確証バイアス**――確証バイアス（自らの願望・信念の「確証」を得ようとしてしまう傾向）が作用することによって、データサイエンティスト自身のバイアスをモデルが「コピー」してしまいます
- **自我消耗**――自我消耗（心的エネルギーが低下して、自分をコントロールする能力が弱まった状態）に陥り集中が途切れたデータサイエンティストはバイアスを回避する機会を逸してしまいます
- **自信過剰**――自信過剰のバイアスが作用すると、データサイエンティストは、開発中のモデルにバイアスを示唆（しさ）するものがあっても、これをはねつけてしまいます

7.1　データサイエンティストの確証バイアスの影響

「何か知りたいことがあったら訊け」――これは社会通念のひとつですが、データに関してもこれが当てはまる場合があります。かなり有力と思える仮説を立てられたとしても、さらにデータを詳しく検討して他の選択肢がないか自分から模索しない限り、データは何も教えてくれません。

この事実があるにもかかわらず、「4章 モデルの開発」で説明したモデル開発のプロセスの最初の2つの工程である「ステップ1　モデルのデザイン」と「ステップ2　データエンジニアリング」(とくに「サブステップ2-1　標本(サンプル)の定義」)で、データサイエンティストが根深い確証バイアスにとらわれ、別の物語(ストーリー)を生み出してくれるデータを除外してしまうことがあります。

まずは「ステップ1　モデルのデザイン」の工程で、続いて「サブステップ2-1　標本(サンプル)の定義」の工程で、確証バイアスがどのように作用するかを見ていきましょう。

「ステップ1　モデルのデザイン」における確証バイアスの作用

モデルのデザインの工程では、どういった種類のデータに基づいてモデルに予測させるのかを定義します。つまり、そのモデルのアルゴリズムにどういう質問を投げかけるかを決めるわけです。バイアスのかかった質問を投げかければ、当然バイアスのかかった答えが返ってきます。

さて、デザインの工程で重要な要素のひとつが目的変数(従属変数)です。つまり、**結果の善(good)と悪(bad)を実際にどう定義するか**という問題です。

かつて私は、ある中国系の銀行のコンサルティングをしましたが、この銀行が抱えていた課題は「採算の取れないクレジットカード・ポートフォリオを、優れたクレジット・スコアリング・モデルを導入して改善する」という、よくあるタイプのものでした。そして「リスクの高い顧客は損失をもたらすが、リスクの低い顧客は利益をもたらす」という仮説を立て、この「リスクの高い顧客」と「リスクの低い顧客」を分類するためのリスクスコアを開発してほしいと私に依頼してきたのです。

仕上がったモデルは、与えられたタスクに関しては大変うまくこなすことができました。優良顧客と不良顧客をごく明確に分類できたので、債務不履行の件数を50%以上削減でき、それでいて失った優良顧客は10%にも達しませんでした。

ところが、この新しいモデルによってどの程度収益が上がったのかを分析した結果は驚くべきものでした。なんと全体では依然赤字が続いていたのです。

そこで調べてみると、このモデルのアルゴリズムに最初に投げかけた「クレジットカードのどの申請者がハイリスクか？」という質問に問題があることが判明しました。ハイリスクな顧客に対してバイアスがかかっていたのです。

実はハイリスクな顧客の中に「債務不履行に陥る確率は高いものの、銀行にかなりの利息と手数料を支払っているため、予測される損失を補うだけでなく相当な利益も十分生んでくれる、**きわめて優良な顧客**」がいたのです。

その一方で、この銀行は多数の「リスクの低い顧客」のために損失を被っていました。「リスクの低い顧客」の多くは、クレジットカードをまったく使わないからこそ「リスクが低かった」のです。手数料狙いの押しの強い営業担当者が大勢の人を口説いて、使いもしないクレジットカードを申し込ませていました。銀行に収益をまったくもたらさない上に、担当者へ支払わなければならない売り上げ手数料や運営費ばかりを生む顧客だったのです。

そこで私たちはアルゴリズムに投げかける質問を「この顧客によって、当行はいくら収益を上げられるのか？」に変えることにしました。ただしこれは複雑な質問なので、これをさらに次の2つの質問に分割し、それぞれの金額を予測するアルゴリズムを用意しました。

- この顧客が貸し倒れになった場合に予測される損失の額は？
- この顧客が当行にもたらす収益の額は？

さらに、「損失をもたらす顧客」を2つのサブグループに分けました。

- 当行に収益をもたらす可能性がきわめて低い顧客——この多くが表面的には「リスクがきわめて低い顧客」でした
- リスクがきわめて高い顧客——期待できるいかなる収益をも上回る額の貸し倒れとなる恐れのある顧客

当行にとって「利益を生む顧客」はリスクが中程度の傾向にありました。というのも、この種の顧客はクレジットカードの利用率が高く、そのため相当の収益をこの銀行にもたらしていたからです。債務不履行に陥って中程度の損失を出した顧客の損失は、この層からの収益で十分に補えるのです。

ちなみに、これはすでに明らかになっていることですが、自社の収益源を部分的にしか把握していない企業は少なくありません。上で紹介した「我々にとって何が善（good）で何が悪（bad）か」という質問には何やら哲学的な響きがありますが、クレジットカードの申請者のうち銀行にとって「好ましい人」と「好ましくない人」を分類したり、各人が銀行に収益をもたらす確率を算出したりするアルゴリズムにとっては大変重要です。

データサイエンティストが自分自身のバイアスの影響下で「好ましい人」と「好ましくない人」を定義したりすれば、今構築しようとしているアルゴリズムの中に自分のバイアスを「コピー」することになるからです。

同様のことが検索の最適化でも起こり得ます。たとえば、クリック数をできるだけ増やすような検索結果を表示するようにアルゴリズムを最適化したとすると、数は少なくても、より高い収益をもたらしてくれるクリック（高収益をもたらす特定のブランドや製品カテゴリーに結びつく顧客のクリック）につながるようなリンクは表示されなくなってしまうでしょう。

この種の落とし穴には、企業の幹部であれユーザーであれ、おしなべて足を取られる傾向にあります。人間は複雑な問題（たとえば、この人はうちの従業員として、コンサルタントとして、あるいは私の配偶者として、ふさわしいだろうか、といった問題）を考える時、（たとえば「超有名大学の学位をもっている」といった）もっと単純な事柄を「プロキシ（代理の判断材料）」にしてしまうというバイアスが強く働くのです。しかも問題が複雑であればあるほど、関係者全員が徹底した議論や解明を回避しようとする傾向が強まります。

この現象を巧みに表現したのが英国の歴史家、シリル・ノースコート・パーキンソンの「パーキンソンの凡俗法則[†1]」で、パーキンソンが事例としてあげた次の喩（たと）え話は有名です。

> 委員会が、原子力発電所の建設に対する巨額の投資はわずか2分半で認可してしまったのに、自転車置き場の建設に関する討議では長時間、白熱した議論が続いた。

これはマザーネイチャー（母なる自然）の効率重視の傾向が人間の意思決定をいかに強く左右するかをまさに体現するバイアスと言えるでしょう。試しに、まもなくほかならぬあなた自身が非常に複雑で重大な決定を下さなければならない場面（あるいは、これまでは何とか逃げおおせてきたものの、ついに複雑で重大な決断をしなけれ

†1 「自転車置き場効果」と呼ばれることもあります。C. Northcote Parkinson, *Parkinson's Law, or the Pursuit of Progress*, John Murray Publishers, 1958.

ばならなくなってしまった状況）を想像してみてください。無意識のうちに「考えなくちゃならないことが山ほどあって大変すぎる。そんな状況、絶対避けて通りたい」と思ってしまうのでは？ マザーネイチャーがあなたに「そんなのに関わったりしたら、エネルギーを使い果たすのが落ちよ。『君子危うきに近寄らず』にしちゃえば？」とささやいているのです。歩行者専用の緑道を行ったらかなりな遠回りになると見るや、すかさず生け垣の隙間を抜けて近道をしてしまうのと本質的には変わらない、反射的な行動です。

ところで、確証バイアスは同じ「ステップ1 モデルのデザイン」の工程で、また別の作用のしかたもします。それは「説明的なデータの選択を促す」というもので、大抵は欠落（抜け）という形を取ります。つまり、データサイエンティストが特定の予測変数（説明変数）を重視する方向にバイアスがかかると、自らのバイアスを浮かび上がらせてくれるかもしれない他の予測変数を除外する傾向が強まってしまうのです。

たとえば専門職の人材募集で、履歴書のスクリーニングを行って最終候補者名簿を作成するアルゴリズムを例に取って考えてみましょう。米国なら東部の名門私立大学8校から成るアイビーリーグを卒業していることが入社後のパフォーマンスのひとつの指標（予測変数）になるという社会通念がありますが、もしもこのアイビーリーグ重視の基準が的外れなものであったら、どういうことになるでしょうか。

あくまでも解説のための例なのですが、「高校でラテン語を習ったかどうか」が入社後のパフォーマンスに大きな影響を与える要因だと仮定してみましょう。この時、「アイビーリーグ出身かどうかが重要な指標になるはずだ」と信じて疑わないスクリーニング担当のデータサイエンティストは、ラテン語の学習の有無に関する情報を収集することなどまったく考えません。データベースに「ラテン語のスキル」に関するデータがなければ、アルゴリズムには「ラテン語のスキルが専門職の候補者としての手腕を高める重要な要素であること」を示す手立てがありません。

こうした「適切な予測変数（説明変数）が指定できていないモデル」では、アルゴリズムは何であれ使えるものを使って最良の予測をしようと試みます。このため通常は、欠けている要素（ラテン語の習得の有無）と高い相関をもつ変数を使おうとすることになります。ラテン語を選択する学生はほんのわずかしかいませんが、「ラテン語のスキルを有すること」は「その人物の両親が子供にできる限り最高の教育を受けさせようと並々ならぬ努力を払ったこと」、したがって「その人物も優れた言語スキルと分析スキルの持ち主であること（すなわち左脳も右脳もしっかり鍛えてきたこと）」を示唆しています。こうした特徴は「このような子供がアイビーリーグを卒業した可能性」をも高めますから、「大学のランキングはラテン語のスキルの有無のプロキシ（代理の判断材料）だ」ということになります。

こうして出来上がるのが、バイアスのかかったアルゴリズム、すなわち「アイビーリーグより知名度の低い大学の出身者ではあるものの、古代ローマを代表する詩人、ベルギリウスの詩をササッと訳せるほどラテン語に堪能な応募者」より「ラテン語がどういうものか、まるで知らないけれど、アイビーリーグを卒業した応募者」を高評価してしまうアルゴリズムなのです。

私が見聞きしてきた限りでは、確証バイアスのせいでデータサイエンティストが検討するデータの範囲が驚くほど狭められてしまうケースが少なくありません。たとえば与信のためのスコアリングで「現状維持志向」に影響されて、信用調査機関など模範的なデータソースに過度に焦点を当てがちになり、さらに「ソーシャルバイアス」——とくに「村八分」になることへの恐れ——にも影響されて、たとえ型破りなデータソースが適していると思っても（時として、とんでもなく風変わりな変数のほうがはるかに予測に役立つことがあるとしても）それを提案するのを控えてしまったりします。

具体例をあげてみましょう。台湾では企業の信用リスクを評価するアルゴリズムで今なお財務比率が広範に使われているのですが、銀行の人たちが私にコッソリ明かした本音は「銀行に提出するバランスシートを体裁よく取り繕うコツも心得ていない顧客なんかにお金を貸したくない（そういう顧客が基本的な業務知識を欠いていることは明白だから）」というものでした。

その一方で、この銀行の台湾人の顧客担当営業マネージャーが、データサイエンティストのチームに「一緒にゴルフを1ラウンドやってみれば顧客の借り手としての質はお見通しですよ」と指南しようとして失笑を買いました。しかし実を言うとこれが達見で、ゴルフで「ズル」をするという行為は、その顧客が取引相手として信用できないこと、したがって債務不履行に陥るリスクも高いことを示すすばらしい予測変数だったのです。

「サブステップ2-1 サンプル定義」における確証バイアスの作用

サンプル定義において生じるアルゴリズミックバイアスの主因のひとつとして「対象期間が短すぎること」があげられます。過去1年間のデータだけで将来を予測できるなどと思い込むのは「安定性バイアス」に影響された結果です。たとえば与信のためのスコアリングなら、好景気の時期も不景気の時期も含めて複数年度のデータを収集してアルゴリズムをテストすれば、その統計プロセスの基盤となるデータサイエンティストの仮説をより良く検証してバイアスの有無を確かめられます。

この種の落とし穴の適例と思われる状況を紹介しましょう。2007年に顕在化したサブプライム問題が世界金融危機に発展してしまう前の話です。

あるデータサイエンティストが「周辺地域の近年の住宅価格の上昇」に関するデータを使って住宅ローンの申請者を評価するスコアリング・アルゴリズムを構築しました。基本的には妥当な仮説と変数と言えるでしょう。ただ、このデータサイエンティストは「住宅価格というものは常に上昇するもの」と思い込んでいました。住宅価格が下落するのを目の当たりにしたことのない若いデータサイエンティストが影響されそうな可用性バイアス（入手しやすいもの［可用性の高いもの］を信頼・重視する傾向）の好例です。このバイアスのため、このデータサイエンティストが作成したアルゴリズムは、住宅価格のマイナスの変化（すなわち住宅価格の下落）には対応できないものとなってしまいました。

このようなモデルは、住宅価格が下落した時には、実装の際の技術的選択次第で、エラーとなって警告フラグが付くか、もしくは同一の価格（または多少の価格上昇）を仮定します。つまり、住宅価格が下落したことを裏付けるデータを入力されても、「住宅価格が下落することはない」と決めてかかるのです。「2章 人間による意思決定で生じ得るバイアス」の客室乗務員（車掌）との会話の例で確証バイアスが人対人のコミュニケーションで選択的知覚を誘発する事例を紹介しましたが、ここではデータサイエンティスト自身のバイアスが、現実を選択的にしか知覚できない偏ったアルゴリズムを生んでしまったわけです。

これが正そうと思えば正せる事態であることは明記しておくべきでしょう。たとえば、物理法則は、開発過程では経験的に観測できない次元にまで応用できることの多い、優れたデザインのアルゴリズムです。ロケット開発に携わる科学者は地上での実験の結果に基づいて弾き出した数式を使って、人工衛星を地球の軌道に投入したり、月や火星など他の衛星に向けてロケットを打ち上げたりすることができます。ただし（後続の章で詳しく説明しますが）サンプルにおいて実際に観測される範囲を超える数値も入力変数として受容するアルゴリズムを設計しようとする場合、データサイエンティストには並々ならぬ注意と努力が求められます。

サンプルにバイアスが生じる経緯はほかにもいろいろあります。たとえばサンプルの対象期間を、特定の経済状況に焦点を当てた比較的短いものにしてしまう、特定の人口区分にしか焦点を当てないといったケースです。とくに甚大な影響を及ぼす恐れがあるのが可用性バイアスです。「麻薬には中毒性がある」という話は読者の皆さんも聞いたことがあるでしょう。それこそ無数の学術研究の結果に基づいて打ち立てられた説です。しかし驚くべきことに、数十年もの長期にわたる追跡調査で、常習者の多くが、ある時点で（たとえば、就職や結婚、子育てなどをきっかけに）麻薬の使用をやめていることが判明したのです[†2]。どうしてこんな結果が？

従来、麻薬中毒者に関する調査では、ほとんどの場合、精神分析医や臨床心理士にとってもっともデータを入手しやすい集団――すなわち、麻薬中毒を自力では克服できず、精神科医や医療機関に支援を仰いだ患者――を対象にしていました。可用性バイアスに影響されて麻薬常習者のごく限られた一部だけを対象にしてしまったため、麻薬中毒の問題を非常に偏った視点でしか捉えられていなかったのです。

以上、モデル開発の大敵である確証バイアスについて解説しました。ここからは「自我消耗」という時間に関係する要因が、確証バイアスを始めとする種々のバイアスを悪化させるメカニズムを見ていきましょう。

7.2 データサイエンティストの自我消耗の影響

「データサイエンティスト自身のバイアス」の話を聞かされると、大抵のデータサイエンティストは「たしかにほかのデータサイエンティストが自分自身のバイアスに足を引っ張られて、結果が出なくて困っているのを見かけはしますが、自分は大丈夫です」と答えます。

「自信過剰」が作用していることは明白ですが、自分の主張の根拠として、上で見たような「落とし穴」の回避策を施した例をあげることも少なくありません。こうした様子を見て、「可用性バイアス」が「自信過剰でないことの証明」を手伝いに来たとも考えられるかもしれません。たとえば「型破りなデータソースを上司に提案したら笑われたけれど、使ってみたらアルゴリズムを大幅に改善できた」状況のほうが、「そうした型破りなデータソースをまったく使わなかった」状況より思い出しやすい（つまり可用性が高い）はずです。

しかしもっとずっとたちが悪く、はるかに実態を捉えにくい力が働いているケースが多いのです。私たち人間の脳は、同じ作業を繰り返すだけの装置ではなく動的（ダイナミック）なシステムなのです。

人間は、たとえばアルゴリズムの開発など、大量の認知エネルギーを要する複雑な作業を始めると、全神経をその作業に集中する傾向があります。その後、30分から

†2 https://www.psychologytoday.com/us/articles/200405/the-surprising-truth-about-addiction-0

1時間が経過すると「自我消耗（ego depletion）」が始まります。つまり脳が疲れてしまうのです。

これを後押ししているのがマザーネイチャーの倹約精神です。人間は意識的、論理的思考にはなんと総消費カロリーの20%を超す膨大な量のエネルギーを費やしてしまうため、貴重な心的エネルギーをひとつの作業だけに使い果たしてほしくない、とマザーネイチャーは考えるのです（その点では私たちの祖先のほうがうまくやっていました。狩猟や食物の採集、生殖の相手探し、敵の襲来に備えての見張り、雨風をしのぐためのほら穴探しなど、次から次へとさまざまな作業に注意を向けなければなりませんでしたから）。スマホの画面をつけたまましばらく放っておくと省エネモードに切り替わって少し暗くなるように、「自我消耗」が私たちの頭の働きを鈍らせるので、私たちの脳はだんだんショートカットを選ぶようになっていきます。

脳が自在に使えるショートカットはいくつもあります。中でも、仮説に反する情報を取得できる機会を避けて通る（確証バイアス）、入手しやすい指標（メトリクス）を、より評価の難しい指標の代理（プロキシ）として使う（アンカリング効果）といったショートカットはよく使いますし、何であれ「（標準として用いられる）デフォルトの決定値」が提示されれば、思わず惹きつけられてしまうことも非常によくあります。

「デフォルトの決定値」の適例としてあげられるのが、新車を購入しようとしている人のとりがちな行動です。国にもよりますが、ドイツなどでは自動車メーカーが自社サイトで、各種オプションの中から好みの色や素材、パーツなどを選んでカスタマイズできる「コンフィギュレータ」を用意しています。購入希望者は最初はこのコンフィギュレータを使ってあれこれ迷いつつ車体の色やシートの素材など細かなオプションを選択していますが、先へ進むにつれて決定疲れ（decision fatigue。意思決定を重ねるうちに発生する自我消耗の状態）に陥り、結局はメーカーが提案しているデフォルトのコンフィギュレーションセットを受け入れてしまう可能性が高くなるのです。

また、専門家が意思決定の参考にするために複雑な評価を行う時、リスクが絡むと、「一番安全な」オプションなど「デフォルトの決定値」を選んでしまうことが珍しくありません。これは意思決定の質を統計的な手法で詳細に分析すると明らかになる現象です。その好例として、融資を申し込んだ小規模事業所に対する与信管理者（クレジットマネージャー）の審査結果を私が分析してみた結果があげられます。内容的にまったく差異のない申請書類の承認率が、作業の開始時（朝の始業時や、昼休み直後の作業再開時）に比べて終了時（昼休み直前の作業中断時や、夕方の終業時）には4ポイント落ちていたのです。他の職業でも同様で、終了時には、医師は不要な抗生物質を処方してしまう率が[†3]、判事は仮釈放申請を却下する率が[†4]、鑑識官は犯罪現場で見つかった指紋が容疑者のものと一致しないと判断する率が[†5]、いずれも高まることが判明しています。

データサイエンティストの場合も同様で、大抵は気の遠くなるような数の意思決定を下さなければなりません。たとえば「ステップ1 モデルのデザイン」では、膨大な数のデータフィールドをもつ多数のデータ辞書（ディクショナリ）に目を通して、適切なフィールドを選んでいきます。運用上の理由、財政上（コスト面）の理由で、すべてのデータフィールドを漏れなく使うことが無理だからです。

当然、最初のうちはしっかり考えて慎重に選んでいますが、そのうち、ほんの一瞬で直感的に「選ぶ／除外する」を決めてしまうようになります。本人は「オレはこの手のアルゴリズムに関しては山ほど見たり作ったりしてきたベテランだから、こういう決め方をしたって大丈夫なのさ」と思いこんでいますが（自信過剰）、無意識のレベルではアンカリング効果が作用しているので、実際にはわずか2つか3つの共通属性だけを頼りに選択作業を進めているにすぎません。あなたも作業の途中で、自分が選んできたフィールドを見返して、「あれ、待てよ。こりゃおかしい。なんでこんなの選んだんだ？（これを選ばなかったんだ？）」と思うようなことがあれば、それは無意識がショートカットをしすぎたことに、意識が気づいた瞬間なのかもしれません。

同様のことが「ステップ2 データエンジニアリング」の工程でも起こります。データの質に問題がないか各変数の記述統計（平均、分散などの数値や表、グラフ、図などを用いたデータの特徴の表現）をチェックする、外れ値や欠損値を処理する、変換方法を決めるといった作業をきっかけに、熟慮に熟慮を重ねて下していたはずの決定が「数少ない要素だけに基づいた直感的な決定」に一変してしまう場合があるのです。

また、「ステップ3 モデル推定」でデータサイエンティストが自我消耗に陥ると、パラメータの値を（利用するスクリプトや組織のガイドラインが推奨する）デフォルト値に設定する傾向が強まってしまいます。

このようにして、普段なら敏腕のデータサイエンティストが、自我消耗に陥った時に図らずもバイアスの種をまいてしまい、アルゴリズムに悪影響を与えることが時に

†3 J.A. Linder, "Letter: Time of Day and the Decision to Prescribe Antibiotics", https://jamanetwork.com/journals/jamainternalmedicine/fullarticle/1910546, *JAMA Internal Medicine*, 174(12), 2029–2031, 2014.

†4 S. Danziger, J. Levav, and L. Avnaim-Pesso, "Extraneous factors in judicial decisions", https://www.pnas.org/content/108/17/6889, *Proceedings of the National Academy of Sciences of the United States of America*, 108(17), 6889–92, 2011.

†5 T. Busey, H.J. Swofford, J. Vanderkolk, and B. Emerick, "The impact of fatigue on latent print examinations as revealed by behavioral and eye gaze testing", https://pubmed.ncbi.nlm.nih.gov/25918906/, *Forensic Science International*, 251, 202–208, 2015.

あるのです。残念ながらこの現象は社会的にまだそれほど広くは認識されていません。乗用車やトラックに関しては、運転手の疲労を検知する技術の実用化が進んでいますが、やがて、脳を酷使しているユーザーの自我消耗の兆候を検知したノートパソコンが「公園へ行って、ひと休みしませんか」と提案する日も来るかもしれません。

7.3 データサイエンティストの自信過剰がバイアスに与える影響

バイアスを排除する上で、とくに統計的手法全般と有意性の概念とが役立つことは、すでに何度か指摘しました。でもそれは、データサイエンティストが「聞く耳」をもっているならば、の話です。あいにくデータサイエンティストは「自信過剰」バイアスに影響されて、バイアスの存在を示唆する兆候を無視することが多いのです。

米国のウェブ漫画家Randall Munroeの人気のウェブコミック『xkcd』に、有意性をネタにしたコミックがあります[†6]。20色のジェリービーンズとニキビの関連性を調べて、19色は有意確率5%で関連なしとの結果が出ますが、最後の緑色が「大当たり！」、有意確率95%で関連ありとの結果が出ます。だからと言って、緑色のジェリービーンズを食べると本当にニキビが出るのでしょうか。有意性については「3章 アルゴリズムとバイアスの排除」でも少し触れましたから記憶にあるかと思いますが、有意確率95%とは「有意でない属性が有意に見える確率が1対20」という意味ですので、たとえ「どの色もニキビとは関連しない」という仮説を立てたとしても、20色のうちどれか1色は「関連あり」という結果が出ると見込めるのです。

自信過剰バイアスの一番の共犯者とも言えるのが、「一貫性を求めずにはいられない人間の性癖」です。私たち人間が「ブレる」のを嫌うのは、すでに下してきた判断をいちいち再評価していたら心的エネルギーを大量に浪費してしまうからです。自分の仮説への反証を突きつけられると、これまでずっとピント外れなことをしてきたと認めるより、そんな証拠は的外れに決まっていると反論し、(「ああ、その検証サンプルはバイアスがかかりすぎてます／数が少なすぎます／日付が新しすぎます／古すぎます」など）理由までためらいもなくあげて見せることのほうが多いのです。

自信過剰バイアスがもっとも如実に現れているのは、私が常々「データを拷問にかけて無理やり白状させる曲解手法」と命名したいと思っている、データサイエンティストの言動です。最初に決めた一群の特徴量（フィーチャー）で有効な予測モデルが

†6 https://xkcd.com/882/

構築できなかった場合、目的変数に（概念面、あるいは計算面で）欠点がないかや、好ましくない予測結果を生んだ、実世界における根本原因についての仮説が的外れでないかを基本から検討し直そうとせず、（「また別のモデリング手法を試してみよう」といった具合に）モデル推定を微調整したり、同じ生のデータをまた別の形で変換したりすることでお茶を濁そうとするデータサイエンティストがいるのです。

もちろん、この種の自信過剰バイアスを避けるべく全力を尽くし、原因のありかを示唆する兆候がないか、あくまでも検討を続けるデータサイエンティストも大勢います。そうした努力を払っていても、もっと「小物」な自信過剰バイアスに足をすくわれ、「危険の兆候がないこと」を「問題がないこと」だと勘違いしたりすることはあります。一見して何の問題もないように思えるアルゴリズム（つまり、疑念を抱かせるほど強力ではない、ほどほどの予測能力を備え、しかも明白な欠点の見当たらないアルゴリズム）については十分な精査を怠り、隠れたバイアスに気づかずに終わってしまうのです。

7.4 まとめ

この章では「データサイエンティストの仕事には、無数の些細で反復的な意思決定から、多数の根本的な意思決定に至るまで、それこそ気の遠くなるような数の意思決定がつきもので、それが開発中のアルゴリズムを大きく変えてしまう可能性がある」という点を認識しておく必要があることを紹介しました。具体的には次のような形でアルゴリズムが影響を受けます。

- 「ステップ1　モデルのデザイン」でも「サブステップ2-1　サンプル定義」でも、データサイエンティスト自身の確証バイアスに影響されることがあります
- 「ステップ1　デザイン」においては、目的変数の選択（アルゴリズムに予測させる結果の定義）と予測変数（結果の予測に用いる特徴量）の選択が、データサイエンティスト自身の確証バイアスに影響されることがあります
- 「サブステップ2-1　サンプル定義」においては、データサイエンティスト自身の確証バイアスの影響でサンプルの選択が不完全になってしまう（つまり、データサイエンティストの立てた仮説に異議を唱える観測値が欠けてしまう）ことがあります。そしてこうした確証バイアスは概して「データや特徴量の抜けもしくは除外」という形を取ることになります

- 「自我消耗」とは、「途方もない数の些細な意思決定を下さなければならない状況」や「同じ作業を何時間も続けなければならない状況」で起こり得る脳の疲労のことで、この状態に陥ると認知的な努力が著しく抑制され、徐々にバイアスを誘発、強化してしまいます
- 自我消耗に陥ったデータサイエンティストは有害なバイアスの影響を非常に受けやすくなります
- 自我消耗に陥っていなくても、自信過剰バイアスの影響下にあるデータサイエンティストは、モデルにバイアスがかかっている兆候があっても、それをはねつけることがあります

たとえデータサイエンティストがこうしたバイアスを回避したとしても、使用するデータそのものにバイアスがかかっていれば、アルゴリズムにバイアスがかかる可能性は依然否定できません。そこで次の章ではデータに含まれるバイアスについて見ていきます。

8章
データがもたらすバイアス

コンピュータ業界に「garbage in, garbage out」という金言があります。超高性能のコンピュータでも「無意味なデータ」を入力されれば「無意味な結果」を返す、という意味で、これはバイアスの場合にも当てはまります。この章では、データの不備がアルゴリズムにバイアスをもたらすさまざまな経緯を見ていきましょう。この種の問題には、データサイエンティストが対処して解決できるものがある一方で、(保険契約の申し込みを処理する保険業者や、ウェブサイトを管理するプログラマーなど)データを生み出す人が対処しなければならないものもあります。

8.1　データがもたらすバイアスの概要

データがアルゴリズムにバイアスをもたらす経緯は少なくとも6種類はあり、きちんと区別しておくことが大切です。6種類それぞれが、アルゴリズムが記述しようとしている実世界の業務プロセス(またはモデル開発のプロセス)の異なる段階で起こり、当然ながら予防や排除の方法も異なるためです。

まずは情報を収集するプロセス(ならびに、その情報を使ってモデリングのためのデータを作成するプロセス)でバイアスを招いてしまうケースで、その原因は次の2種類に分類できます。

- **A-1　主観的・定性的データがもたらすバイアス**――レストランの評価など、人間が作り出す主観的で定性的なデータには自然とバイアスがかかります。この問題の特徴は(たとえば評価をする際のプロセスなど)データを生み出す方法が、それぞれに固有のバイアスを生む恐れがある、という点です

- A-2　**表面的には定量的に見えるデータがもたらすバイアス**――上の主観的な定性的データと同様のプロセスで生成されたデータに定量的な数値が含まれているケースです。たとえば申請書の「所得」というラベルが付けられているフィールドに、銀行の営業担当者自身が記入してしまう、など。そのため、客観的な印象を与えるにもかかわらず、上の場合と同じ問題が生じて「悪さ」をすることがあります

次はデータ自体がバイアスを招いてしまうケースで、その原因は次の2種類に分類できます。

- B-1　**人間自身のバイアスを反映しているデータがもたらすバイアス**――うわべは客観的に見えるのですが、人間自身のバイアスがかかっている言動をデータが反映してしまっているケースです
- B-2　**衝撃的な出来事に大きな影響を受けたデータがもたらすバイアス**――将来的な予測には役立たない1回限りの衝撃的な出来事が「トラウマ」を生み、データに影響を与えてアルゴリズムに著しいバイアスをもたらしてしまうケースです

そして最後は、データサイエンティストがモデル開発のプロセスで新たにバイアスを招いてしまうケースで、その原因は次の2種類に分類できます。

- C-1　**コンセプト的な誤りに由来するバイアス**――「モデルのデザイン」の過程で下した決定のせいで、サンプルの実態が歪曲して表現されてしまったために生じるものです
- C-2　**データの不適切な処理がもたらすバイアス**――データのクリーニング、集計、変換に不備があるなど、データの不適切な処理がバイアスを生んでしまうケースです

バイアスのかかったデータはアルゴリズミックバイアスの最大の原因です。以下で上記6種類について詳しく見ていきましょう。

8.2 A-1 主観的・定性的なデータがもたらすバイアス

「6章 実世界のバイアスがアルゴリズムにどう反映されるか」では実世界のバイアスの中でも最悪なもの――結果（目的変数）に影響を与えてしまうもの――を紹介しました。しかし結果にバイアスがかからなくても、アルゴリズムの入力（予測変数）にバイアスがかかっていることがあります。

たとえば企業向けの貸付では、「経営陣の質」など、対象企業の定性的側面を偏向した視点で評価してしまうことがよくあります。アウトカム（この場合はモデリングのサンプルの企業が債務不履行（デフォルト）に陥ったことがあるか否か）は客観的でバイアスがかかることはありませんが、経営陣の質の評価となると、それこそあらゆる種類の認知バイアスがかかる可能性があります。

ちなみに信用評価の対象企業の「経営陣の質」を、「非常に良い」「良い」「まずまず」「劣る」の尺度で採点する方式をとっている銀行は多数あります。営業担当者がこうした採点を求められると、当然ながら確証バイアスと、（担当者は審査の通過を望んでいますから）インタレストバイアスとが働き、大抵は「非常によい」という驚くにあたらない結果が出ます。私が経験した中で唯一の例外はオーストラリアのとある銀行で、この銀行の尺度にはもうひとつ「並外れて良い」という段階が設けられていました。これはある意味で大変幸運なことでした。なぜかと言うと、対象のオーストラリア企業の経営陣はほとんどが「並外れて良かった」のです。もっとも、営業担当者の目から見て、の話ですが。

しかしこの話にはまだ続きがあります。このオーストラリアの銀行では、与信申請を手作業で審査しており、「並外れて良い」という熱意あふれる評価に出くわすと、決まって審査官が修正を加えていたのです。どのように修正していたか。ある審査官がこう説明してくれました。「経営陣の質なんて、財務諸表を見れば一目瞭然ですよ！」。さて問題です。この審査官はどのようなバイアスの影響を受けていたでしょうか[†1]。

こうしたバイアスのせいで変数が使い物にならなくなってしまえば、もちろんアルゴリズムは「有意性なし」として棄却します。しかし多くの場合、こうしたバイアスは「変数の力を弱める」だけなので、バイアスのかかった評価結果でも棄却されずに

†1 答えはアンカリング効果です。つまり、この審査官は営業担当者が対象企業の経営陣に対して下した評価を独立変数としては削除し、代わりに基本的には（すでに別の変数に反映されているはずの）財務諸表を反映して作成した新たな変数と交換していたので、（議論の余地はあるにしてもほぼ間違いなく）冗長な変数となり、対象企業に対する評価の改善には結びつきませんでした。

入力されてしまい、アルゴリズムに影響が及びます。

このように部分的にバイアスのかかった値が生じる可能性があるのは、一部の社員が他の社員より強いバイアスをもっている時や、データサイエンティストが自我消耗（7章参照）の状態に陥ってバイアスのかかった評価を下してしまった時などです。現に私が実施した調査でも、与信審査官が精神的に疲労すると評価に関わる言動が変わること、とくに2時間以上休憩を取らずぶっ続けで仕事をした時に収集したデータにはバイアスがかかっている恐れがあることを示唆する証拠が見つかっています。

また、ドロップダウンメニューなど、データを作成、収集するためのツールで定性的データ収集用のデータの構造がバイアスを招いてしまう場合もあります。とくにひどいバイアスが生じる恐れがあるのは、データのグルーピング（グループ化のされ方）です。

6章同様、「宇宙人グレイと火星人が共棲する架空の街」を訪れ、具体例をあげて考えてみましょう。グレイたちが経営する銀行が「社会人口学的な」人口区分を明確にしようと、ラベルを割り当てます。意地の悪いことに、火星人を麻薬中毒者や犯罪者と同じカテゴリーに入れて「不適応者」というラベルを付けてしまうのです。こんな非常にザンネンな変数でも、もし他のカテゴリーがうまく機能していれば、このグループ化がアルゴリズムに組み込まれる可能性が高くなり、結果的に火星人には重いペナルティが課される形になって、以後、与信審査をなかなかパスできなくなってしまいます。

バイアスを誘発する要因のうち、より微妙で捉えにくいタイプの例としては「性別が明示されていない専門職のラベル」があげられます（これは多くの言語に共通して見られる現象です）。担当者が自由記述回答を見ながら手作業でカテゴリーにマッピングしていく際、判断の難しい境界線（ボーダーライン）上のケースの分類でバイアスがかかってしまう恐れがあるのです。たとえば性別をめぐる固定観念に沿って「医療従事者」としては「医師」と「看護師」しか用意していない不完全な分類システムで「理学療法士」をマッピングしようとすると、男性理学療法士の大多数は「医師」と同じカテゴリーに、女性理学療法士の大多数は「看護師」のカテゴリーに入れられてしまうことになるかもしれません。

8.3 A-2 表面上は定量的に見えるデータがもたらすバイアス

すぐ前の節では、定性的なラベルに関する主観的な判断にバイアスがかかる経緯を説明しました。さて、「ローン申請者の年収」など、定量的なデータは、元来このような認知バイアスとは無縁なのでしょうか。

その種のデータフィールドは理論上は客観的ですが、実は見掛け倒しであることが多いのです。自分の収入を正確に把握している人など、ほぼゼロと言ってもよいでしょう。あなただって、昨年のボーナスの税引き後の金額を正確に覚えているでしょうか。貯金の利子や付加給付(フリンジベネフィット)（食事券など、給料や賃金以外に給付される経済的利益）、雑誌に依頼されて書いた記事の原稿料やお客さんから受け取ったチップなど、他の収入をすべて常に正確に把握しているでしょうか。

というわけで、この種の情報を収集してみると調査対象者の回答の大半は「概算」にすぎず、そういう意味でバイアスがかかっていると言えるのです。概算という形での回答は、「インタレストバイアス」も誘発します。できるだけ大きな額の融資を受けたいと願うローン申請者はもちろん多いでしょうから、申請書の「所得」の欄に実際より少し多い額を書き込みたくなってもおかしくありません。

米国の行動経済学の第一人者であるDan Arielyはウソに関する研究を広範囲に行ってきましたが、「人間は（悪人でなくても）よくウソをつく」ということが明らかになったそうです。しれっとウソをつき、たとえバレてしまっても、どうしてこのザンネンな計算間違いが起きたのかを「説明」するもっともらしいストーリーを披露するというのです[†2]。ですから数字を切り上げることも、平均を超える所得があった月の金額を突然「標準的な所得額」にしてしまうことも、あり得るのです（年収にしても、所得が最高だった月の額を何の抵抗もなく12倍して記入したりします）。

要するに、データの収集法によってはバイアスが生じてしまう恐れがある、ということなのです。こんなデータでも方向性がズレているわけではないので、有意要因としてアルゴリズムに受け入れられてしまうのが普通です。そしてアルゴリズムを実装してからも同じデータ収集法を使い続けていると、やがてそのバイアスのかかった入力が予測にまでバイアスをもたらしてしまう恐れがあります（たとえば、多額のチップをもらう職業の人はとくに所得の概算を水増ししがちですが、固定給を支給されている税務職員や会計士は実態に即した所得額を正確に算出、報告する傾向があるため、後者のほうが与信審査ではかえって不利になってしまうことがあるのです）。

さらに、入力されるデータとアウトカム（ローン審査での承認など）をアルゴリズムが直接的にリンクしてしまうようになると、「インタレストバイアス」が生じることがあります。これは私の経験ですが、ある銀行の営業担当者が収集した所得デー

†2 Dan Ariely著『ずる――嘘とごまかしの行動経済学』（櫻井祐子訳、早川書房、2014年）

タの度数分布図（ヒストグラム）を見たら、はっきりした分布の山が4つできていました。所得額が欧州通貨単位できっかり500、800、1200、1700の人が飛び抜けて多くなっていたのです[†3]。なぜだろうと思って調べてみると、この銀行の既存のアルゴリズムに階段関数（グラフが階段状になる関数）があることがわかりました。所得が500未満のローン申請者は0ポイント、500から799の申請者は20ポイント、800から1199の申請者は50ポイント、といった具合に採点されていたのです。この仕組みを察知したらしい担当者が、あと少しのところで下限に満たない申請者を見つけると、太っ腹なことに「切り上げ」をして、ポイントを増やしてあげていたわけです。

以上、情報を収集するプロセスでバイアスを招いてしまうケースについて検討しました。次に検討するのは、データのソースに原因があってバイアスが生じてしまう場合で、これまた掘り下げる価値があります。

8.4 B-1 人間自身のバイアスを反映しているデータがもたらすバイアス

まずは、人間自身のバイアスをデータが反映してしまうケースです。客観的な数値と思われるデータ自身が、実は人間のバイアスに汚染されていたものであるというケースは少なくありません。

たとえば賞与（ボーナス）に関わる数字は、従業員の実績を測る客観的な指標のように思えますが、性別にまつわるその組織の根深いバイアスを反映していることがあるといった具合です。このほかにも同じように人間自身のバイアスが反映されたデータはたくさんあるでしょう。

8.5 B-2 衝撃的な出来事に大きな影響を受けたデータがもたらすバイアス

「幼児期に遭遇した衝撃的な出来事による心的外傷（トラウマ）は、その後も長くその人の言動に影響を及ぼすことがある」という心理学的現象は広く知られています。たとえば犬にかまれた人が、生涯にわたって犬に対する恐怖心をぬぐえない、といったケースです。そしてこれと同じことがデータにも起こり得ます。

†3　あくまでも解説のための事例で、数字は変えてあります。欧州通貨単位は、ユーロに先立って、1979年3月13日から1998年12月31日まで、ECとEUで使われていた固定相場制の単位。

ここでも与信のためのスコアリングを例として考えてみましょう。担当者であるあなたは、2016年に発行されたすべてのクレジットカードの過去のデータを収集し、発行後1年間に債務不履行（デフォルト）になったものを確認しました。翌2017年の初頭、オレンジの大規模農園が集中する産地で甚大な自然災害が起きました。超大型ハリケーンに襲われて洪水が発生し、何千もの民家や商業施設はもちろん、オレンジ農園も大半が壊滅的な被害を受けて、日常生活が停止してしまったのです。あなたが勤めている銀行も、いくつかの支店を一時閉鎖しなければなりませんでした。当然、クレジットカードの支払いができなくなった人が多数出ました。2ヵ月間、小切手帳の使用も再発行もできなかった人のほか、職を失って生計の維持が困難になり、被災後、1年経ってもなお貧窮状態の人もいました。さて、この事態はあなたの銀行のアルゴリズムにどんな影響を与えるでしょうか。

当然の成り行きとして、あなたが収集していたデータのうち、この地方で発行されたクレジットカードの多くに「債務不履行（デフォルト）」のマークが付きます。すると、このサンプルにおいて、申請者がこの地方の住人であることを示唆する手がかり――たとえば申請者の職業が「オレンジ農園関連」であるとの情報や、場合によってはこの地方の郵便番号――が「債務不履行に陥る確率の高さ」を示すようになり、これがペナルティとなります。こうして、この自然災害がアルゴリズムのロジックに深い爪痕を残すのです。

翌年、被災地の住人がクレジットカードの発行申し込みをしたら、アルゴリズムはどう処理するでしょうか。幼年期にショッキングな出来事でトラウマを負った人の場合と同様に、意思決定の過程で前述のペナルティが生き続けるため、アルゴリズムは「この地方はまだ被害から立ち直れていない」と思い込み、この地方の住人からの申請の大半（またはすべて）を棄却してしまいます。

ほかにもデータのトラウマを起こすことのある「1回限りの出来事」の事例をあげると、（大抵は特定の支店や特定のルートを介して仕掛けられる）大がかりな詐欺や、（顧客の特定のサブグループだけを標的にしたサイバー攻撃など）データの一部に被害をもたらすIT関連の問題などが考えられます。

関連する問題としては、いわゆる「外れ値」があります。上で紹介した「トラウマを生む出来事」は一度に多数のケースに影響を及ぼし、だからこそ問題視されますが、外れ値は（たとえば、ある特定の業界の総収益の8割を稼ぎ出す国営の専売事業など）平均からかけ離れたケースがアルゴリズムに著しい影響を及ぼすものです。外れ値（統計学では「レバレッジポイント」とも呼ばれています）は、アルゴリズムをこうした特別なケースに近づかせる形で偏向させます。

花の好きな人なら、このバイアスを「サンフラワー（ひまわり）マネジメントバイアス」と呼んでもよいでしょう（通常「サンフラワーマネジメント」とは、太陽を追いかけて刻々と向きを変えていく若いひまわりの花のように、部下たちが組織のトップの意見に付和雷同する関係を指します）。背景で作用しているのが、推定誤差を最小化するべく定量化を図る統計的アルゴリズムです。ひとつだけ、平均的な値から大きく外れた数値があると、その大きな差が、推定誤差の合計を大きく押し上げるので、言ってみればアルゴリズムが「他のデータポイント（若いひまわりの花）がどうであれ、このケース（組織のトップの意見）は何とかしなくちゃいけない！」と考えるわけです(少し大げさな表現になってしまいましたが)。

「3章 アルゴリズムとバイアスの排除」で喩（たと）えに使った「髪の毛の本数を予測するアルゴリズム」をここで再び引き合いに出して説明しましょう。なぜかサンプルに「ゴリラマン」がひとり紛れ込んでいて、たまたまこのゴリラマンの「母国語」がイタリア語だったことから、超高性能のアルゴリズムは、サンプルの中にいた何人かのイタリア人とこのゴリラマンをひとくくりにしてしまいます。こうして「イタリア人は毛深い」という偏見が生まれます。新しい「伝説のバイアス」の誕生、というわけです。

以上、データ自体がバイアスを招いてしまうケースについて検討しました。

次は、データサイエンティストがモデル開発のプロセスで新たにバイアスを招いてしまうケースです。

8.6　C-1　コンセプト的な誤りに由来するバイアス

こんな経験はありませんか——「この本のこのページ、あとで読もう」と思ってコピーして（あるいは写真に撮って）おいたが、あとで見てみたら、ページの一部分が欠けていたので、ストーリーの「キモ」がわからずじまいになってしまった。ここで紹介する「コンセプト的な誤りに由来するバイアス」は、データに対して同様の「悪さ」をします。モデルのデザインが原因でデータの一部が欠けてしまい、それによって生じたデータの欠損がアルゴリズムにバイアスを混入させるのです。

写真の一部が欠けると言っても、欠け方は上下左右、いろいろあり得ます。データの場合も同様で、データの欠けは「行」「列」「時間」で起こります。まず、「行」のデータが欠けるのは、実世界で対象にする母集団の一部インスタンス（観測値）がごっそり省かれてしまった時です。たとえば「7章 データサイエンティスト自身のバイアス」で紹介した麻薬中毒者に関する事例では、研究の担当者が可用性バイアス

（データの入手しやすさ）に影響されて、患者以外の麻薬中毒者を無視する形になっていました。

上のようなケースはそれほど多くはないのですが、よくあるのは「データベース（たとえば銀行の口座管理システム）で母集団全体のデータを入手することが可能であるにもかかわらず、コンセプト的な不備があったために、データベースからデータを抽出する過程で一部が失われてしまう」というケースです。具体例をあげましょう。

あなたは「1990年以降に発行されて現在も有効なクレジットカード」をもとにサンプルを作り、解析を行いました。というのは、1990年よりも前のデータには一部の項目が欠けていたため、全項目が揃っているデータを集めたほうがよいと考えたからです。ところがこの結果、1990年より前に作られて現在も有効な（付き合いのとても長い優良顧客の）クレジットカードのデータは含まれないことになってしまったのです。

次に「列（カラム）」が欠けてしまうケースを見ましょう。ある独立変数が欠けている（または損なわれた）時で、よくあるのが過去のデータを最新のデータで上書きしてしまうケースです。具体例をあげて説明しましょう。

以前、私はあるスタートアップから、こんな依頼を受けました。「弊社は対象者のソーシャルメディアにおける情報の中から特定のデータ（Facebookのステータスやツイートなど）を販売しているが、うちのデータがクレジット・スコアリングのインプットとして使えないか、テストしてほしい」。ところが調べてみると、この会社では「履歴」と「現況」の違いをまるで理解できていないことがわかりました。そもそもデータをアーカイブしていなかったので、私に提示できるものといえば、対象者のFacebookの現在のステータスと、直近5件のツイートだけだったのです。

こうしたデータをクレジットの審査に活用する場合、必要なのは「実家に戻って母と一緒に暮らし始めました」という1週間前のツイートではなく、この家族が1年と11ヵ月前に銀行にローンを申請して承認され、ソーシャルメディアで「サイコーにイケてる家を買った」と宣言したものの、やがてローンが払えなくなってしまった、という情報です。こんな大事な情報を見落としたりすれば致命的ともなりかねません。データフィールドを更新することで、いわゆる後（あと）知恵バイアス（何かが起きたあとに、『そうなるだろうと思った』と、まるでそれが予測可能であったかのように振る舞う心理的傾向）を招く恐れがあります。

この事例で起き得るのは、物事が起きて初めて入手可能になる情報をアルゴリズムに使わせる、という状況です。現時点から1年後に友人に「実家に戻って母と一緒に暮らし始めました」と知らせる顧客は、「現時点」から「1年後」までの間にクレジットカードを発行したとしても債務不履行になるのが落ちだ、などといったことを指摘しても、まったく役に立ちません。この人が「現時点」から1年の間に何をツイートするかなんて知る由もありませんから、この種の情報をクレジットの審査に使うのは土台無理なのです。

ある程度の期間に渡って追跡する際には「時間」が関わってきます。サンプルの観測期間の最初または終わりが切り捨てられてしまう時には問題が生じます。与信のモデリングで、データサイエンティストが特定の期間（たとえば2010年1月から2019年12月まで）に借り入れられたローンに漏れなく目を通し、不払いだった回の有無を示すマークを付けるとします。

これがどういう具合に問題を引き起こすのでしょうか。2010年に借り入れられた5年返済のローンなら、すべての記録がサンプルに含まれるので、2015年に完済または貸し倒れになるまでの状況を漏れなく追跡する形になります。しかし2019年12月に借り入れられた5年返済のローンですと、過去データが非常に短くなり、不払いの回の有無を確認する作業をデータサイエンティストが、たとえば2020年12月に行うのだとすれば、このローンのいわゆる「パフォーマンス期間」はわずか1年となってしまいます。英国の経済学者、ジョン・メイナード・ケインズは「長期的に見れば我々は皆死ぬ」と言いましたが、ローンのパフォーマンスの追跡で判明する不払いの回数は、1年間の記録より5年間の記録のほうが当然多くなります。その結果、このサンプルは「2010年から2013年に有効になったローンのほうが、2019年に有効になったローンよりはるかにリスクが大きい」と示唆するようになってしまいます。この「ローン開始年」に相関するものすべてもリスクを予測するものとなります。なぜならそれが「ローンが有効になった時」の代理だからです。そして新しいバイアスがデータに埋め込まれたことになります。

8.7　C-2　データの不適切な処理がもたらすバイアス

最後は、データの不適切な処理が原因で、本来はバイアスのかかっていないサンプルにバイアスがかかって、「この上なく悲惨」な状況に陥る恐れがあるケースです。

その一例が、データクリーニングの手法にバイアスがかかっている場合です。「4章 モデルの開発」で引き合いに出した「取るに足らない債務不履行」の事例を思い出してください。「丸め誤差」のせいで、顧客は完済したと思っていても厳密には未払分が1セント前後残っている貸付勘定を抱えている銀行はかなりあり、この1セント前後の「未払金」が支払い期限を90日以上過ぎていると、信用リスクモデルに

「債務不履行（デフォルト）」と判定されてしまう、という事例です。こういう「取るに足らないデフォルト」は、サンプルから「掃除」しておくに越したことはないのですが、実は、このような些末なものに「小悪魔」が潜んでいる可能性があるのです。

利息計算ではきっちりと明確な数字が結果として出ます。この結果、特定の「融資金額」と「利率」と「融資期間」の組み合わせの顧客が、毎回毎回、期日内にきちんと返済した場合には、最終的に1セントの「未払金」が必ず残ることになります。もしもデータサイエンティストがこうした「取るに足らない債務不履行（デフォルト）」をもつレコードをすべて削除してしまったとしましょう。すると、ある共通の特性を持ち合わせた優良な口座を残らず削除することになり、結果、「サンプル内でこれと同じ特性をもつローンは、本当にデフォルトになったものだけ」という状況になってしまいます。そしてこの特性の組み合わせが、ある種の債務不履行（デフォルト）の完璧な予測変数となってしまうのです。

この例では、顧客の「優良／不良」を示す指標を、「返済済み」のラベルで上書きすれば、「取るに足らないデフォルト」を簡単に「掃除」できます。とはいえ、データサイエンティストがバイアスを生じさせないデータクリーニング法を見つけるのが至難の業、というケースもないわけではありません。

ところで、同じく「データクリーニングの不備」ではありますが、上の例とはまったく別種のものもあります。少なくとも当初はエラーとしては認識されない「サイレント障害」に分類されるもので、データのマッピングや変換に、古いテーブルを使ってしまった時に起こります。

たとえば今、あなたは人材募集で送られてきた履歴書を自動採点するアルゴリズムを開発しているとしましょう。応募者の出身大学名が重要な変数になると思われるので（「7章 データサイエンティスト自身のバイアス」では「出身大学」が何か別の判断材料の代理（プロキシ）になってしまう、まずいケースを紹介しましたが）、あなたはサードパーティーが提供している大学ランキングを使って、「出身大学」を数値に変換します。これにより、大学をランク（数値）にマッピングするデータ準備工程が生じます。

ただし、一旦このアルゴリズムを実装したら、大学のランキングなどのテーブルは定期的に更新しなければなりません。とくに大学のランキングのように変化するものは更新が欠かせません。怠ると、最新のランキングが正しく反映されないというバイアスがそのアルゴリズムの中でいつまでも生き続けてしまいます。

8.8　まとめ

データが恐ろしい「地雷原」となる経緯としては、少なくとも次の6種類があげられます。

- A-1　**主観的・定性的データがもたらすバイアス**——人間が作り出す**主観的な定性的データ**では、特定の変数にバイアスがかかります
- A-2　**表面的には定量的に見えるデータがもたらすバイアス**——本来、客観的に定義される**定量的**データであるにもかかわらず、その値を設定する過程で主観的な要素が含まれてしまうケースもあり、この時も人間自身のバイアスがデータに反映されてしまいます
- B-1　**人間自身のバイアスを反映しているデータがもたらすバイアス**——客観的なプロセスを踏んで公正に収集された元来**定量的**データであるにもかかわらず、根底にあるプロセスや現象に内在するバイアスが観測値に反映されてしまうことがあります
- B-2　**衝撃的な出来事に大きな影響を受けたデータがもたらすバイアス**——衝撃的な出来事がデータに影響を及ぼし、バイアスをもたらしてしまうことがあります
- C-1　**コンセプト的な誤りに由来するバイアス**——サンプリングの手法にコンセプト的な問題があると、特定の「行」「列」「時間」のいずれかで大きな欠損が発生し、バイアスをもたらしてしまうことがあります
- C-2　**データの不適切な処理がもたらすバイアス**——クリーニング、集計、変換などデータの処理が不適切であると、統計や数値のノイズを介してバイアスが生じてしまうことがあります

しかし残念ながらこれだけでは終わりません。たとえデータにまったく問題がなく、データサイエンティストが上記6種類の危険の回避に成功したとしても、依然アルゴリズミックバイアスが生じる恐れはあるのです。次の章ではアルゴリズムがその性質ゆえに「安定性バイアス」を招いてしまう問題を扱います。

9章
アルゴリズムと安定性バイアス

「2章 人間による意思決定で生じ得るバイアス」では人間自身の認知バイアスを紹介しましたが、中でも大きな役割を果たしていたのが安定性バイアス（stability bias。「現状維持」を図らせることで、認知レベルでも身体レベルでも消費エネルギーを極力節約しようとするバイアス群）でした。ただ、これは人間に限られた現象ではなく、アルゴリズムも安定性バイアスを抱え込んでしまうのです。この章では、そうした「アルゴリズムの安定性バイアス」の中でもとくに重要なものに焦点を当て、どういった状況がそのようなバイアスを招く（悪化させる）のかを次の順序で説明していきます。

1. モデルに内在する不安定性――そもそもこれがなければ、有害な安定性バイアスは生じないのですのが、なぜこれが生じるのかを説明します
2. データに存在しない事例への対処――続いて「データに存在しない事柄をアルゴリズムに教えることはほとんど不可能である」という事実を説明します
3. 反応速度の重要性――さらに、すばやい「学習」ができない場合、アルゴリズムのもつ安定性バイアスを排除する力が大きく削がれてしまう危険があることを説明します
4. アウトカムの判定の際に働く安定性バイアス――最後に、安定性バイアスの排除に関わるまた別の側面、すなわちアウトカムの「良／悪」の判定について検討します

9.1 モデルに内在する不安定性

どのような標本を対象にするとしても、アルゴリズムそのものは、バイアスとは無

縁であることを目指して開発されています（たとえば「1章 アルゴリズミックバイアスとは」で触れた最良線形不偏推定量（BLUE）という概念を思い出してください）。しかし「事情」が変わったらどうでしょうか。

アルゴリズムにはひとつ、基本的な制約があります。それは「サンプルに存在する関係はどれも将来的にも成立するという」暗黙の前提があるという点です。人間自身の安定性バイアスが、個々人の主観に満ちた過去の経験に根差しているのと似ています。

ところが、実世界の物事は絶えず変化しています。変化といっても、形態的、構造的なもの（たとえば、印刷機や電気の発明、工業化、インターネットやスマートフォンの登場で可能になった各種プロセスのデジタル化による、経済、社会、人々の暮らしの構造の劇的な変化など）もあれば、周期的なもの（たとえば周期的に拡大縮小する景気の変動など）もあります。

アルゴリズムが下す決定の背景にある実世界の状況に何らかの変化が生じた場合、アルゴリズムがそれにどの程度対応でき、それをどの程度予想できたはずだったかを調査してみると、この種の変化がアウトカムに及ぼす影響を学習する機会をアルゴリズムが逸してしまったケースが見つかります。その原因を探ってみると、サンプルから特定のタイプのインスタンス（観測値）が削られていたこと（つまりデータテーブルの「行」が欠けていたこと）、もしくは予測変数（つまりデータテーブルの「列」）が不適切であったこと、が判明する時があります。

一般に標本（母集団から抽出するデータの集まり。母集団の部分集合）には、将来そのアルゴリズムに関連してきそうな**あらゆる種類の状況を漏れなく含める**必要があります。たとえば景気循環のような周期的現象なら、サンプルには景気の拡大期も後退期も共に含めるべきです。したがって、サンプルの対象期間を長めにする必要のあるケースが多いということになります。たとえば「典型的な景気循環は7年だ」と想定した場合（というよりも、過去のGDPの伸び率に関するデータに基づいて「典型的な景気循環は7年」ということがわかっているという状況のほうが好ましいのですが）、アルゴリズムの訓練では最低でも7年間のデータを対象にする必要があります（理想を言えば、7年よりはるかに長い期間のデータを使うべきです。というのも、ほかのすべての要素が同じだと仮定して、フルに2回ないし3回分の景気循環のデータを使って訓練をさせると、モデルの安定性が増すからです）。

なぜこのことが重要なのでしょうか。それは種々の関係の中に、特定の周期のどこの時点にいるかで変化するものがあることが、しばしば認められるからです。たとえば、景気後退期には顧客企業の流動資産の換金能力のレベルが債務不履行のリスクの予測変数として大変重要になることが経験上わかっています。そのため銀行は、顧客企業の貸借対照表を分析する時には、通常、流動資産の換金能力を示す数種類の「比率（ratio）」を算出します（ここでは、これら数種類の比率をまとめて「各種比率」と呼ぶことにしましょう）。たとえば「当座比率（quick ratio）」は、現金と、1年未満で現金化可能な他の資産（短期投資や短期債権など）との合計額を、その会社の流動負債の総額で割ることによって得られます。

1回の景気拡大期のデータ（デフォルト率が下がっており、銀行が積極的に融資額の増加に努めている高成長期のデータ）だけを使って開発されたアルゴリズムは、上記の「各種比率」をあまり重視しません。いや、それどころか、一部の比率を「有意性なし」と見なして検討対象から外してしまう恐れさえあります。こんなバイアスのかかったアルゴリズムは、顧客企業の収益が減り、銀行が融資額を低く抑える景気後退期には使い物になりません。企業収益の減少も、銀行による融資額の制限も、多数の企業の流動性危機を招きかねないからです。一方、景気後退期のデータを使って開発されたアルゴリズムは「各種比率」のすべてを重要視するため、景気拡長期のデータのみを使って開発されたアルゴリズムが「有意性なし」と見なした比率を「有意性が高い」と見なし、重要な要素として扱います。

対照的に、景気後退期のデータも拡大期のデータも含むサンプルを使って訓練されたアルゴリズムは、「各種比率」の多くが重要となり得ることを学習するだけでなく、重要となるのがいつなのかも探り当てます。ですから、たとえば直近の四半期のGDPの伸び率を見て特定の比率のウェイトを増したり、特定の比率の「スイッチをオンにする」といったことができるのです。

9.2　データに存在しない事例への対処

過去に起きたことに対しては、上で見たような対策を立てることで対応が可能です。しかし、もしも構造変化が起きて、過去に一度も起きたことのない（したがって開発サンプルに含まれたことが一度もない）状況に、将来アルゴリズムが直面するとしたらどうでしょうか。一概に「対応できる」とは言えません。構造の変化に応じて予測をいかに調整するべきかに関する意味のあるルール（すなわち方向性の正しいルール）を、曲がりなりにもそのアルゴリズムが学習できる状況であるか否かで対応の可否が決まります。

喩え（たとえ）を使って説明しましょう。電卓を思い浮かべてください。過去にこの電卓を使って8,368,703,007,682,335,001の平方根を取った人はひとりもいない、という状況は十分あり得ますが、それでもこの電卓にこの数字の平方根を正しく算出させるためのアルゴリズム（ニュートン・ラフソン法など）をプログラムすることは可能です。しかし負の数の概念が導入される以前の大昔には、誰も「負の数」など知る由もありませんから、たとえ電卓が手元にあったとしても、負の数を処理するアルゴリズムをプログラムすることは不可能です。

実世界における変化の多くは漸進的です。たとえば自動車保険を扱っている会社は、しょっちゅう「新型車」への対応に迫られます。新型車の最初のオーナーから保険料の見積もりを依頼されても、そのモデルが事故を起こす可能性や、よくある類（たぐい）の修理の費用の見積りで参考にできる過去データがありません。ですから型式ごとに過去データに基づいて保険料を算出している会社は困ってしまいます。何の根拠もなく、あるいは最近の「類似」モデルを参考にして、保険料をひねり出す以外にありません。

しかし機転のきくデータサイエンティストなら、モデルごとに不足情報を説明する技術的属性やその他の属性を収集して、この問題を解決します。たとえば以前私が新興国市場向けの自動車保険の価格設定モデルを構築した時には、自動車修理工の人たちからじっくり話を聞き、その国で修理費用を押し上げる要因は何なのかを探りました。その結果、労働力は安いので、最大の要因は「自動車メーカーが現地生産の（したがって安価な）スペアパーツを提供しているか、それともスペアパーツは輸入するしかない（したがって法外に高価である）か」だということを突き止めました。同様にエンジニアたちからも話を聞き、各モデルが事故を起こす可能性を左右する技術的変数（たとえば、車がひっくり返る可能性を左右する、特別に重い部品の位置など）を2つ3つ特定しました。

こうした技術的変数と、現地生産のスペアパーツの入手可能性を示すフラグとをサンプルに加えることによって、過去にその国で販売されたことのない車についても妥当な保険料を算出できるアルゴリズムを開発できました。対照的にライバル他社のアルゴリズムは特定のモデルの過去の損失率だけを予測変数にしていたため、同じブランドの新モデルのデザインが従来モデルと構造的に違っていたり、これまでは現地生産のスペアパーツが地元で入手可能なエコノミーモデルしか販売していなかったメーカーが、スペアパーツを輸入しなければならない高級モデルを市場に投入したりすると、バイアスがかかって（つまり、予測が一貫してズレて）しまうのでした。

もちろん私のアプローチにも限界はあります。従来とはまったく異なる新技術が登場すれば、すべてが白紙に戻ってしまうのです。私のサンプルには電気自動車に関するデータがまったく含まれておらず、ガソリンやディーゼルのエンジンに限定されていたため、そのデータを使って開発したアルゴリズムが電気自動車の保険料を正確に算出できるはずがありません。つまり「構造変化の内容によっては、アルゴリズムが過去の状況に途方もなく偏向して使い物にならなくなってしまう」という点を理解することが重要なのです。

構造変化に対処しようとする際に突き当たる根本的な問題が**アルゴリズムはデータにない事柄の学習を拒否する**という点です。ここで、想像してみてください。あなたは天才データサイエンティストで、世界金融危機の発端となったサブプライム住宅ローン危機が顕在化する1年前の2006年に「住宅価格が下がり始めたから、きっと住宅ローンの債務不履行率がはね上がる」との見通しを立てます。当然の備えとして、住宅価格が下降中の期間も、サンプルの対象期間に加えようとしますが、あなたの勤めている銀行では2000年以降のデータしか保存しておらず、2000年から2006年といえば、住宅価格が上昇の一途をたどった期間でした。

大変なジレンマです。住宅価格が下降していた期間のデータがサンプルにまったくない状態で、「住宅価格の直近の変化」という変数をモデルに追加したりすれば、その変数は多分アルゴリズムに「有意性なし」と判定されてしまったことでしょう。仮にこの変数が式の中に忍び込めたとしても、合理的に予測できることといえば、「ある程度の非線形性（結果が変数とは比例関係にないこと）」と「住宅価格の上昇率がさまざまに異なる複数の年のデータを入力したところで、住宅価格の下降について何を予測するべきかをアルゴリズムに正しく教えられないこと」ぐらいでしょう。

どうしたらよいでしょうか。次にあげるように、どうあがいても身動きの取れない自分に気づくはずです。

- 2000年よりも前にさかのぼってみる、という手が考えられます。米国では1980年代初頭と1990年代に住宅価格が下がった時期がありました。ただ、たとえその2つの時期に焦げついた住宅ローンのデータを銀行の地下室でホコリをかぶっていた紙のファイルの中から見つけられたとしても、あなたのアルゴリズムでとくに重要な役割を果たしている、近年になってから入手可能となった重要な属性の多くは当然入手できず、したがって「データの欠損」となってしまいます。こんな「一貫して欠損しているデータ」を使ったりすれば、アルゴリズムをおそろしく狂わせてしまいかねません
- やぶれかぶれになったあなたは「そんなら合成データを作ってやろうじゃないか」と考えます。手元のサンプルの中から特定のインスタンスを「コピー・ペースト」した上で、住宅価格が下降していた架空の期間のデータをでっち上

げるべく、数値の一部を手作業で上書きしていきます。でもこれはあなた自身のバイアスにはなはだしく彩られた、おそろしく「思惑的」なアプローチであるだけでなく、(信用調査機関の住宅所有者に関する記録に記載されている、クレジットカード破産の事実など)他の属性までそれらしくでっち上げなければならず、(たとえ何とかごまかせたとしても)欠陥もバイアスも満載のアルゴリズムとなってしまうでしょう

要するに**データが入手可能な期間に実際には起こらなかったシナリオを想定してサンプルを拡張しようとしたところで、うまく行かない**ということなのです。

9.3 反応速度(レスポンス)の重要性

アルゴリズムの開発に使った過去データが、将来の周期的変化や構造変化の予測に役立たない場合、機械学習が決め手となります。その学習の速さが物を言うのです。仮に昨日、二冊の本が出版されたとしましょう。一冊は私のこの本。もう一冊は、50世代にもわたってヴェルサイユ宮殿をルイ14世と「共有(シェア)」していたネズミたちに関する、500ページにも及ぶ一大叙事詩です。さあ、あなたが愛用するオンライン書店の「レコメンデーションエンジン(レコメンドエンジン)」は、米国で長年イタリア料理の権威とされてきたMarcella Hazan(マルセラ・ハザン)の初の料理本『The Classic Italian Cookbook』(1976年に出版されて以来、人気を博してきた本)の購入者に、どちらを「オススメ」するべきか、決定を迫られます。どちらがよいか、どうしたら決められるのでしょうか。二冊とも未曾有の傑作です。どちらが売れそうかなんて予想は不可能でしょう。

こんな時に簡単な解決法を提供してくれるのが機械学習です。迅速な学習機能を提供してくれるのです。上記二冊の新刊本が購入可能となる今日は、とりあえず「オススメ」にどちらか一冊をランダムに表示して、それをどの顧客がクリックして最終的に購入したかについてのデータを収集していきます。機械学習を使えば「オススメ」のアルゴリズムをすばやく(一夜のうちに)更新できるので、明日からは「(ネズミが心底好きで、すでにネズミに関する本を30冊以上購入している3人を除く)残りすべての読者がTobias Baer(トバイアス・ベア)の本を購入する」という正確な予測をできるようになります。

この「迅速な学習」という能力こそがアルゴリズムの一大変革であり、これを可能にしたのが、機械学習、柔軟性に富んだITシステム、そしてユーザーの挙動(ビヘイビア)をリアルタイムで記録できるデジタルチャネルの登場です。この能力のおかげで安定性バイアスを大幅に軽減できるようになりました。というのも、構造変化が起きたその瞬間

に、アウトカムがどう変わるかの学習をアルゴリズムが開始し、その成果に沿って予測を調整できるからです。

ただしあいにくこの「データをすばやく更新してアルゴリズムのバイアスを排除する能力」には、満たさなければならない前提条件がひとつあります。それは「反応結果をすばやく表示できなければならない」という条件です。ウェブサイトのレコメンデーションエンジンは迅速に反応できます。ウェブページに今「オススメ」を表示すれば、顧客がそれをクリックしたか否かが即座に明らかになります。ちなみにダイレクトメールを郵送する古風なマーケティング手法にさえ、「2週間から1ヵ月」という、経験則として見込まれるレスポンスがありました。

とはいえ、レスポンスが非常に遅い状況もあります。たとえば与信スコアリングモデルを構築する場合は、(クレジットカードか個人ローンか、など) 商品と市場の種類によって異なりますが、債務不履行（デフォルト）の大半が判明するまでに通常9ヵ月から1年半かかります。つまり (住宅価格の突然の下落などの) 構造変化についてアルゴリズムが学習するのに少なくとも9ヵ月から1年半はかかる、ということなのです。住宅ローンの中には、契約後3年から5年経ってからデフォルトが急増するケースもあります(多くの場合、この現象のきっかけとなるのは優遇税制の終了で、その後の税制変更により住宅ローンのデフォルトのパターンが大きく変わることがあるのです)。ましてや、乳児期に与えられた特定の食品の、高齢期におけるアルツハイマー病発症への影響を調べるとなったら、60年から90年は待たなければ予測変数を得られません。

このように、レスポンスが遅いプロセスのアウトカムを予測するアルゴリズムは、自己修正が容易ではないため、安定性バイアスの影響をとくに受けやすいのです。したがってこうしたアルゴリズムについてはバイアスの管理、予防に関し他のアルゴリズムの場合にも増して注意が必要になります。

9.4　アウトカムの判定の際に働く安定性バイアス

ここまでは、予測変数 (たとえば企業の貸借対照表から得た複数の流動性に関する比率など) とアウトカム (たとえば企業の銀行借入のデフォルトの有無を示す「良／悪」の指標など) の関係の経時変化に焦点を当ててきました。しかし予測に関連し経時変化する問題には、また別の側面があります。それはアウトカムの「良」と「悪」の定義です。

人間には、「良」と「悪」を定義する際、かなり全体論的（ホリスティック）で流動的な見地に立つ、という傾向があります。たとえば「良い食べ物」を定義する時には、味、食感、温度、盛り付け方など複数の側面を勘定に入れますが、それだけでなく「考慮するべき要素」の更新も怠りません。オメガ3脂肪酸についての記事を読んだ直後だと、その含有量が多い食品を少なくとも一時的に必須と見なす、といった具合に、最近では「健康面での効果」も重視するようです。

これに対してアルゴリズムは、あるひとつの明確な目標を掲げます。たとえば検索エンジン最適化のアルゴリズムなら、ユーザーがクリックした特定のリンクを「良」とし、それに固執してしまうかもしれません。人間の目から見て、このアルゴリズムの「良」の定義が明らかに不適切だとしてもです。たとえば、多くのユーザーがリンクをクリックするが、皆が直後に「戻る」をクリックする場合、このリンクがユーザーの望むページへ誘導できていないことは明白です。

多分データサイエンティストは、このアルゴリズムを設計した時、使えそうな指標（メトリクス）をいくつも検討し、クリック率の高いものは、たとえば、ユーザーのそのページでの滞在時間や、ページの有用性に対する主観的な評価など、測定のより難しいアウトカムに相関する、つまりそうしたアウトカムの優れた代理（プロキシ）になると考えたのでしょう。

ところがこのアルゴリズムが実際にユーザーフローの誘導を始めてから、事情が一変する場合もあります。たとえばマーケティング担当者がこのアルゴリズムを悪用して自分たちのページのランクを上げる方法を編み出したとか、スパム発信者がこのアルゴリズムを悪用するための紛らわしいタイトルのページを作成したといったケースです。こうした場合、リンクのクリック率が「質の高いコンテンツ」の代理（プロキシ）として通用しなくなってきたにもかかわらず、典型的な安定性バイアスの例に漏れず、アルゴリズムは相変わらずクリック率の最適化を続け、データサイエンティストがアルゴリズムの目的関数（すなわち「良／悪」の定義）そのものを再検討する日がやって来るまでは、この状況が変わらないというわけです。

9.5　まとめ

この章では、アルゴリズムの性質上、生じ得る安定性バイアスを紹介しました。骨子は次のとおりです。

- アルゴリズムは、「実世界で観測される属性と、過去の経験に基づいた特定のアウトカムとの関係にまつわるルールを編み出し、そのルールを将来に応用する」という仕組みゆえに安定性バイアスを招いてしまうことがあります

- そのため実世界で周期的変化や構造変化が起きると、アルゴリズムが変調をきたして有害なバイアスを生むことがあります
- **周期的変化**がアルゴリズミックバイアスの要因となるのは、開発に使ったサンプルの対象期間が短すぎた場合です（少なくとも1～2サイクルは対象にする必要があります）
- **形態や構造の変化**によって、アルゴリズムに深く刻みつけられている従来のルールが通用しなくなった場合、そのアルゴリズムは使い物にならなくなってしまいます。一方で、その形態や構造の変化が比較的緩やかで、しかも「そうした変化」と「アウトカムとの間で安定した関係を保つ内在要素（メタデータ）」とを結びつけられる場合は、アルゴリズム内部に吸収できる可能性があります
- 将来、比較可能な過去データの存在しない状況が生じることが予想される時、その予想内容をアルゴリズムに織り込むことは、統計的モデル開発の手法から見て非常に難しい、いや、現実的に見て不可能である場合が少なくありません
- アルゴリズムの安定性バイアスを排除する上で効果的なのが、（とくに機械学習による）迅速な更新ですが、それが実現できるのは、決定に対するレスポンスも迅速である場合（つまりアウトカムが月単位や年単位ではなく日単位もしくは秒単位で観測できる場合）に限ります
- アルゴリズムが予測するアウトカムが、より全体論的（ホリスティック）で複雑な概念（たとえば「良／悪」の、より高次の定義など）の代理（プロキシ）にすぎない場合、その代理（プロキシ）と、そのアルゴリズムのユーザーの最終目標の関係は変わる可能性があり、変わった場合は、「良／悪」の定義が招いた安定性バイアスがアルゴリズムに悪影響を及ぼす恐れがあります

ここまでは、アルゴリズムに入力するデータにまつわる制約か、それ以外の場面でデータサイエンティストが行った選択のいずれかに起因するアルゴリズミックバイアスの数々を見てきました。次の章では、アルゴリズム自体がいたずらを働くケース、つまりこれまで紹介してきたものとはまた別種のバイアスをアルゴリズム自体が何の脈絡もなく生み出してしまう経緯を紹介します。

10章 アルゴリズム自体がもたらすバイアス

ここまでの議論では、アルゴリズムを不偏(ニュートラル)である、また事実(ファクト)に基づいたものであるとして扱いながら、意思決定の過程からバイアスを排除するというゴールを目指してきました。したがって、ここまでに見たアルゴリズムに生じるバイアスはどれも、実世界に存在するバイアスや不適切なデータなど、アルゴリズムの外にあるものに由来していました。

一方この章では、アルゴリズムの仕組みや機能を深く掘り下げ、**アルゴリズムが**（データの特定の属性を特定の意図なく選択し）前の章までとは**別種のバイアスを生み出してしまう状況**を紹介します。こういったバイアスの大半は単なる「ノイズ」と見なせますが、時折こうしたアルゴリズミックバイアスが、使われ方によって拡大あるいは促進されてしまうことがあり、その場合の影響は途方もないものになる恐れがあります。

まずはアルゴリズムのエラーについて考え、次に標本(サンプル)サイズやケースのフリークエンシー（頻度）がアルゴリズムにどう影響するかを説明します。その上でさらに深いところを探り、こうした問題点が、機械学習モデルの要(かなめ)として使われることの多くなった「決定木(けっていぎ)による予測（木構造を使って要因を分析し、その結果から予測を行う手法)」にいかに悲惨な影響を及ぼし得るかを説明します。最後に、以上のすべてが示唆する事柄を、倫理的な視点から検討します。

10.1　アルゴリズムのエラー

人間は、二者択一の予測に慣れています。

- 「今日は雨が降るわよ！」
- 「彼女にはこの仕事は務まらない。雇っちゃだめだ」
- 「これ買おうよ。おいしそう！」

これに対して、アルゴリズムは「確率の世界」の住人で、次のような表現のしかたをします。

- 雨の降る確率は83%
- この応募者の勤務状態が採用後1年で「良い」もしくは「良くなった」になる確率は12%
- あなたがこのケーキを気に入る確率は98%

「今日は雨が降るか。答えは**イエス**か**ノー**で」といった具合に表面的には結果を二者択一で表示するよう作られてはいても、ほとんどのアルゴリズムでは、0か1のどちらかを割り振ることは数学的には無理で、代わりに「0.000...1%」から「99.999...9%」の間の数値を割り振っているだけなのです（...の部分には0や9がたくさん並んでいるかもしれません）。

アルゴリズムが意思決定のために使われる場合、推定される確率が「xより大きければ○○をやれ」「yより小さければ○○をやれ」といった決定則が必ず添えられています。「イエスかノーか」の二択の裏には、「予測が誤りである確率がゼロではない」という事実が暗に存在しているのです。晴れると予想された日に雨が降ったり、大学を中退した応募者が超大物になったり、チリソースを塗ってベーコンを挟んだチョコレートスポンジケーキがあなたの口に合わなかったりすることだってあり得ますよ、と言っているのです。

この状況は私たちにある興味深い難問を突きつけます。どんな書類にも抜け目なく免責事項を添える弁護士を相手にするのに似て、私たちがこの種のアルゴリズムの予測結果を取り上げて「ハズレたじゃないか」と非難はできないのです。アルゴリズムはいつだってどこ吹く風で「でも私は自分が予測を誤る確率だって（暗に）お示ししたじゃありませんか」と答えるだけでしょう。現に、先がまったく読めない状況をアルゴリズムが推定する際のデフォルトのアプローチは「最低の評価を与える」というものなのです。言い換えると、「地域の年間平均降水日数は183日」というデータしか使えなければ、何の手がかりもないアルゴリズムは「降水確率は50%」と言い逃れるしか方法はないのです。

アルゴリズムがエラーをしでかしたことを実証したければ、関連するデータ全体を漏れなく見直して、結果の良対悪の数値が、アルゴリズムの予測結果から大きくハズレていることを示すしかありません。

たとえば、あなたの会社ではコールセンターの電話オペレーターを募集していて、応募者が1,000人集まったとします。アルゴリズムはこの人たちのオペレーターとしての業務成績が基準に達する確率は10%に満たないと予測しましたが、あなたはアルゴリズムの表示した結果を読み間違えたか何かで全員雇ってしまいました（こういうことは実際にもあります。私のクライアントの中にも何人かいました。アルゴリズムのアドバイスと正反対のことをしてしまって、あとで気がつくのです！）。しかしいざ蓋を開けてみると、1,000人中870人（つまり87%！）が基準に達したばかりか、1,000人のグループ全体の業務成績は、ほかの75%のコールセンターを上回っていました。こうなれば、あなたも「予測をこんなに大きく外すなんて、このアルゴリズムは役立たずだ」と主張できるでしょう。

このように、アルゴリズムが表示する結果が正しいか否かを確定するのは「数字との戦い」ということになります。そして、これがサンプルサイズやケースのフリークエンシー（頻度）の問題につながります。次にこれについて議論しましょう。

10.2　サンプルサイズとケースフリークエンシーの役割

モデル開発の核心には、「過学習（オーバーフィッティング）（過剰適合）」と「粒度不足」の緊張関係があります。具体例をあげて説明しましょう。

あなたは検索結果に表示される広告の最適化アルゴリズム開発のために、歩行用の杖（つえ）の広告をユーザーがクリックする確率を見積もっています。広告が表示される予定のウェブページの所有者はユーザーの年齢を知ることができるので、あなたは年齢を予測変数にしたいと考えます。

子供が杖を使うことはめったにないので、「杖を使い始める年齢」というものがあるに違いない——このことは直感的にわかります。その上であなたは「さらに、ある年齢を超えると、機能の衰えや病気などで杖よりも歩行器が必要な状態、あるいはまったく歩けない状態になる可能性が高くなるので、一定の年齢を超えると杖の使用率は下がっていく」という仮説を立てました。

もしも米国の全国民のデータが手元にあれば、0歳から少なくとも80歳までの各年齢のデータが100万個以上得られます[†1]。これなら杖の広告をクリックする確率を年齢ごとに算出できるだけでなく、男女別に算出することも可能です。また（あなたが占星術の信奉者であれば、ですが）魚座の人と水瓶座の人が杖を使う傾向を比較することだってできるでしょう。あるいは年齢を日割りすれば（粒度は年単位の場合の365.25倍になります）、たとえば誕生日の前日に杖の検索をする可能性が高まるかどうか、といったことも調べられます。

しかし残念ながら、通常はこれほど豊富なデータは手に入りません。たとえば今あなたは95歳の老人がわずかに3人という小さなサンプルしかもっていないとします。この3人は杖を使っていません。では「95歳の人が杖を使う確率はゼロ」なのでしょうか。いいえ、多分この3人は例外です。そもそも1,000人の95歳の人のうち、杖を使いそうな人は1人もいないとか、100人あるいは997人いそうだとか、断定なんてできるものではありません。つまりこれはサンプルサイズがあまりにも小さすぎて統計的に有意な予測ができない状況であり、これぞまさしく、優れたアルゴリズムを作り出そうと頑張っているデータサイエンティストが日々直面している状況にほかなりません。ではどうすればよいのでしょうか。

アルゴリズムのデフォルトの解決法は「今手元にあるこの元気なお年寄り3人分のサンプルを、他の類似するケースとまとめる」というものです。たとえば96歳の人が2人、94歳の人が5人、90歳から93歳までの人が大勢いるとすると、アルゴリズムはこれをひとまとめにして「90歳以上の人」あるいは「90歳から99歳までの人」というグループを作ったりするのです。

では、サンプルが何人なら統計的に有意な予測ができるのでしょうか。それは、アルゴリズムの対象にする現象が起きる頻度によります。たとえば「90歳から99歳まで」のグループの20%が杖を使う場合、統計手法（ここでは「調整済みワルド検定」）を応用すると、95%の確率で「100人のサンプルのうち杖を使っている人は13人から29人」と言える、という結果が出ます。このように、サンプルサイズが小さくても、少なくとも大筋は十分つかめるわけです（ただし測定結果が5ポイントから10ポイントずれる可能性はありますが）。ただし1万人に1人など、罹患（りかん）率の非常に低い疾患について調べるような場合は、100人のサンプルで該当者が1人見つかる確率はもちろんものすごく低くなります。

ここまでの議論をまとめると、あなたのアルゴリズムについて次のことが言えるわけです。

†1 U.S. Census Bureau (2011), "Age and Sex Composition: 2010", 2010 Census Briefs, May, 2011.

- あなたのアルゴリズムが特定のタイプの人々（たとえば95歳の人々）を正しく見積もれる可能性は、サンプルサイズが大きければ大きいほど高くなる
- 同様に、二者択一の結果が平均するとほぼ半々という状況に近くなればなるほど正しく見積もれる可能性が高くなりさらには、その特定のタイプの人々が出現する頻度が高ければ高いほど正しく見積もれる可能性が高くなる（とはいえ、たとえあなたが米国の全国民のデータをもっていても、114歳の人となると1人か2人しかいないでしょうが）

理想的な状況から離れれば離れるほど（すなわちサンプルサイズが小さければ小さいほど、また、サンプルの「良」と「悪」もしくは「イエス」と「ノー」のアウトカムの比率の偏りが大きければ大きいほど、さらには、対象とする特定のタイプのインスタンスが起きる頻度が低くなるほど）「このケースを、他の多くの（類似しない）インスタンスとひとまとめにしてしまえ」というアルゴリズムにかかるプレッシャーが強まります。

この、データをひとまとめにしてしまうという問題は、とくに**カテゴリー変数**（定量的には表せない「職種」「性別」などを表す変数。「質的変数」とも呼ばれる）にとっては厄介な存在です。「95歳の人々」と「96歳の人々」をひとまとめにするのは、まあ容認できそうにも思えますが、職種で「その他」とされるグループはどうでしょうか。たとえば、ある人が灯油を生成する細菌を開発し、この灯油を少量ずつインターネットで、「カーボンニュートラル」を重んじるキャンパーたちに販売しているとして、この業者は「農場経営者」に分類するべきでしょうか、それとも「エネルギー分野の起業家」でしょうか。あるいは、この人のコストの大半を占めるのが、マーケティング、梱包、配送の費用であることから見て、「小売商」とするべきでしょうか。

どうやら、「頻度が低く標準的でないケース」は、（内容的な類似性に関係なく）「同様に頻度が低く標準的でない他のケース」とひとまとめにされる傾向があるようです。そのため、この予測モデルは（おそらく無関係な準拠集団の挙動（ビヘイビア）をこうした稀なケースに投影するという意味で）バイアスをはらんでしまうのです。たとえば銀行の与信スコアリングモデルがこのキャンプ用灯油の生産者を「農場経営者」に分類したとして、通常の農場経営者は政府から補助金をもらい価格統制を受けているので一般にリスクが低いと仮定すると、この新手のニッチビジネスのリスクを著しく過小評価してしまう恐れがあります。

10.3 決定木による予測

アルゴリズムにもさまざまな種類（構造）があって、当然のことながらそれぞれに強みや弱みをもっています。「3章 アルゴリズムとバイアスの排除」で使った頭髪の本数を予測するための線形回帰分析の関係式をここでも引き合いに出すと、このモデルの構造上の強みは、入手可能なデータを効率的に利用する点です。各入力要素xについて、サンプル全体のデータが使われてパラメータβを推定し、すべての入力要因を検討して、指定されたインスタンスに対するアウトカムの評価を行っています。この結果、稀な属性値をもつ標本（サンプル）に遭遇しても、比較的公平に評価できます。

前述の「キャンプ用灯油の生産者」が銀行にローンを申請し、これを銀行が与信スコアリングモデルに評価させるなら、「農業部門のリスク指標」「流動比率†2」「事業継続年数」の3つの入力要素を使って評価することが考えられます。こうすれば、農業部門だからという理由でリスクが過小評価される形になっても、「流動比率」と「事業継続年数」の数値が小さすぎるという理由でペナルティを課すことになるでしょう。

さて、これよりももったいないデータの使い方をする予測モデリング手法があります。それは決定木やランダムフォレスト（たとえば100以上など、多数の決定木を使うアンサンブル学習アルゴリズム）のような、決定木をベースにしたアプローチで、近年さかんに使われるようになりました。柔軟性が高いため、機械学習の多くの手法の要（かなめ）として使われるようになったのです。

決定木は、母集団の分割を重ねていき、最終的に、細分化された単位ひとつひとつがかなり均質な集団となり、その集団を、開発サンプルで観測される平均的アウトカムが代表するようになるまで続ける、という分類手法です。上記の与信スコアリングモデルがキャンプ用灯油の生産者を評価する事例なら、まずは業種別の分類で、「農業」「製造業」「その他（サービス業など）」に大別し、「製造業」はさらに「流動比率の低い企業」と「高い企業」に分割し、「流動比率の低い企業」はさらに「事業継続年数の長い企業」と「短い企業」に分割するでしょう。

「農業」に関しては、また違うロジックを使うことになるかもしれません。たとえば、まず「農業」に属する企業を「土地や建物など不動産を所有している農場経営者」と「不動産を借りている農場経営者」に分け、さらに前者を「耕種農業（穀物、野菜、果樹、花など植物を栽培する業種）」「畜産業」「その他（細菌由来のキャンプ用灯油の生産者などの「変わり種」をまとめたカテゴリー）」に分ける、といった具合です。

---

†2 流動資産を流動負債で割った比率で、企業の短期的な支払い能力（安全性）を判断するための指標。

問題は「サンプルがあまりにも細かく切り刻まれてしまうこと」です。仮に、対象にするサンプルが10,000社から成るとして、このうち800社が「農業」に分類され、その800社のうち「土地や建物など不動産を所有している農場経営者」が500社あり、「キャンプ用灯油の生産者」もそのうちの1社に分類されたとしましょう。この500社のうち「耕種農業」は230社、「畜産業」は240社で、「その他」となると30社にすぎませんでした。30社などという小さなグループでは、このアルゴリズムは貸し倒れの危険度を有意な形で算出できません（いや、それどころか、あらゆる経験則に照らしても、中小規模の顧客の貸し倒れ実績率が2%から5%の範囲だとして、そもそも最初の10,000社の段階でサンプルサイズが小さすぎるのです）。ですからこの上さらに「流動比率」や「事業継続年数」など他の基準で分割することはほぼ不可能です。

要約すると、次のようなことが起こるわけです。

- 「キャンプ用灯油の生産者」は、業務内容が必ずしも同類とは言えない他の「変わり種」企業とひとくくりにされ、小さなグループを構成することになります
- このグループに属する企業の数がごく少ない上に、決定木による予測はデータポイントを浪費する手法で、データが不足しているため、「流動比率」や「事業継続年数」など他のリスク要因でのさらなる分類は不可能です
- 「キャンプ用灯油の生産者」にはこのグループの平均デフォルト率が割り振られますが、この率がこの会社のリスクを妥当に見積もった数字であるとは限りません

ところで決定木は完全にランダムに予測をしているわけではありません。上の事例では、決定木はメタデータ（たとえば「キャンプ用灯油の生産者」が農業系企業と見なせるとした、データサイエンティストからの情報）を活用しようとしました。それに、分類では目的変数（従属変数）が反映されますから、この会社が最終的にデフォルトに陥ればハイリスク企業に、業績が良ければローリスク企業に分類されるはずです。とはいえ、この種の企業1社だけから同種の企業全体のリスク傾向を導き出すことはできませんし、決定木による予測モデルは「過学習」と呼ばれる誤分類をしてしまう傾向があります。もしもこうした稀なインスタンスを、（たとえばデフォルトに陥ったか否かなど）アウトカムが同じだからという理由だけでひとくくりにしてしまうと、サンプルを使った予測では大変良い結果を出せるのに、堅牢なロジックが根底にないため、将来現場で運用しようとするとまるで役に立たないことがあるのです。

10.4 倫理的な視点から

ここまでは主として稀(まれ)なケースの誤分類について解説してきました。使えるデータの量が少なすぎて統計的な妥当性を推定できないのです。その結果アルゴリズムにバイアスがかかることになります。なぜなら、こうした稀なケースのアウトカムを一般化して、すべての同じようなケースに対して当てはめることになるからです。

しかしこれは次の2つの理由から、大きな問題ではないと言えるかもしれません。

- そもそも上であげたケースが例外中の例外だからです。こういうケースがもっと多くあれば、そのデータの重要性も増しますから、当然アルゴリズムはこうした状況のアウトカムを正しく（バイアスなしで）推定できるはずです
- アルゴリズムが誤りであることを「証明」することは簡単ではありません。アルゴリズムは自身が誤りを犯す（非ゼロの）確率を暗黙のうちに提示していますし、データを追加（サンプルサイズを拡大）しない限り、そもそもデータが少なすぎて、アルゴリズムが推定を大きく外したことを「証明」できないのです

しかしその一方で、次のような深刻な問題を提起できます。

- アルゴリズムが特定の推定値を提示した時（たとえば、ある重罪犯の再犯率を83％とした時）、アルゴリズムはこの推定に対する不確実性の程度は示しません。ですから、「この重罪犯とほぼ同じケースがサンプルに何千件もあったため、この推定の信頼区間は99％（±1％）で、したがってこの種の重罪犯1,000人のうち820人から840人（83±1％）が犯罪を繰り返す確率は命を賭けてもいいほど高い」という場合もあれば、「問題の重罪犯はきわめて稀(まれ)なケースで、83％というのはアルゴリズムがこの重罪犯を、同様にきわめて稀なひと握りの連中とひとくくりにしてひねり出したランダムな結果にすぎない」という場合もあり得ます。そのため、回答としては「わかりません」を提示したほうがよかったであろうケースに対して推定する場合、**全体的には予測精度の高いアルゴリズムが、少し人を惑わせるような役割をすることになる**という議論も成り立つことになります
- アルゴリズムによるランダムな予測が、矛盾するデータポイントの生成を妨げるように影響を及ぼしてしまう場合、ますますその傾向を助長してしまう傾向

が生じる恐れがあります。たとえば大学院への入学の可否を判断するアルゴリズムが、ランダムに女性エンジニアに対するバイアスを生じさせてしまったとしましょう。その結果、女性が大学院で技術系の学位を取得するのを妨げることになってしまいます。しかし、このアルゴリズムが間違っていることを証明するデータは存在しません

思うに、こうした問題はアルゴリズムの用途によって深刻さの度合いが変わる倫理的なものです。たとえばあなたは風変わりなアパートに住んでいて、エレベーターに乗るとアルゴリズムが住人ひとりひとりに合わせて音楽を選んで流してくれるとします。仮にこのアルゴリズムがカントリー歌手のジョニー・キャッシュに対して理不尽な偏見をもったとしても、別に害はないでしょう。

これに対して、人命に関わる決定を下すアルゴリズムとなると、深刻な害を生む恐れがあります。こうしたバイアスごとの深刻さの度合いの問題については「13章 アルゴリズミックバイアスのリスクの評価」で詳しく解説しますが、とりあえずここでは、どんなアルゴリズムでもその性質上、誤分類があり得ること、そして稀なケースほど予測がひどく外れる危険性が大きくなること、それによって深刻な害が及ぶ恐れがあること、を心に留めておいてください。

10.5　まとめ

この章では、稀なケースを適正に評価するようアルゴリズムを訓練するにはサンプルの量が少なすぎる、という場合に、ランダムに生じてしまうアルゴリズミックバイアスに焦点を当てました。骨子は次のとおりです。

- アルゴリズムが推定を行う時には、必ずエラーの確率が存在しています
- アルゴリズムは、（同様の属性値がサンプル中に多数存在する）典型的なケースについては、少なくとも平均値だけでも正しく算出できるよう設計されていますが、稀（例外的）なケースについては、完全に誤った推定結果しか出せない（平均値さえ外してしまう）危険性がとくに高まります
- このような事態が発生するのは、アルゴリズムが例外的なケースを必ずしも関連性のない準拠集団とひとまとめにするから、あるいは、ごく少数の、したがって統計的に有意な予測が不可能な数のデータからアウトカムを引き出してしまう（「過学習」となってしまう）からです

- この種のバイアスは、サンプルサイズが小さい時（より正確には、サンプルのサイズが多様性の割に小さい時）に発生しやすくなります。たとえばサンプルサイズが500,000の場合、属性値のタイプが20程度しかなければ大きいと見なせるでしょうが、タイプが何万もあれば大変小さくなってしまいます
- データが不足しがちなモデリング手法（データの使い方が大変非効率な、決定木による予測手法など）では、こうしたサンプルサイズの問題の影響が大きくなります
- 定義上、この問題に影響されるのは稀な属性値をもつケースだけですが、バイアスの影響が深刻であったり、影響される属性値がサンプルにおいてのみ稀で、今後このアルゴリズムを応用する実世界の母集団では多く見られそうだったりするなら、このタイプのバイアスはやはり要注意でしょう

この章までで紹介してきたバイアスはどれも、「モデルの設計、データの収集、モデル推定のすべてをひとりのデータサイエンティストが担当し、そのモデルに特定のバイアスが生じたことが判明する」という意味で静的（スタティック）（固定的）と言えます。第Ⅱ部の最終章である次の章では、アルゴリズムとユーザーのやり取りの過程でバイアスが動的（ダイナミック）に生じてしまう（途中で変化してしまう）、格別に厄介なソーシャルメディアの世界に潜入します。

11章
ソーシャルメディアとアルゴリズミックバイアス

「第Ⅱ部 アルゴリズミックバイアスの原因と発生の経緯」の最終章であるこの章では、少し趣向を変えてSNSなどのソーシャルメディアに対象を絞り、前の章までで見てきた事柄が、ソーシャルメディアにおいてどのように具現化するかを示します。

SNSでは、ユーザーに向けて他のユーザーの投稿やニュース記事が表示されますが、投稿や記事を選択し、表示の順番やレイアウトを決めているのはアルゴリズムです。その他のソーシャルメディアにおいても、アルゴリズムが同じような役割を演じています。したがって、このアルゴリズムにバイアスがかかっていれば、ユーザーが違和感、不快感を抱くほど著しい歪曲(わいきょく)を招いてしまうことがあるのです。

また、ソーシャルメディアにおけるアルゴリズミックバイアスは固定的なものではなく、アルゴリズムとユーザーとの相互作用によって、場合によっては時間の経過とともに悪化してしまいます。

この章の目的は、次の2点を具体例を介して説明することです。

- 各種のアルゴリズミックバイアスが相互に作用、増強し合うものであること
- アルゴリズミックバイアスが固定的なものではなく、動的(ダイナミック)に変化するものであること

説明は次の手順で進めます。

1. アルゴリズムがソーシャルメディアにおいて投稿や記事の「フロー」をどう形成しているのか、また、そのフローにアルゴリズミックバイアスがどう影響するのかを説明します

2. ユーザーが投稿や記事を選択する際、ユーザー自身の「アクション志向バイアス」にどう影響されるのか、そしてそれがアルゴリズムによる投稿や記事の選択にどう影響するのかを説明します
3. 上記1.および2.の中から、ソーシャルメディアでのアルゴリズミックバイアス対策に直接関連する部分をピックアップし、それが示唆することを紹介し、アルゴリズミックバイアスの排除法に触れます（より詳しくは第Ⅲ部と第Ⅳ部で解説します）

それではまず、アルゴリズムが投稿や記事のフローを形成する様子から見ていきましょう。

11.1 ソーシャルメディアにおけるアルゴリズムの影響

モデル（アルゴリズム）を設計（デザイン）する過程でいかに多くのバイアスが生じ得るかについては、「4章 モデルの開発」と「7章 データサイエンティスト自身のバイアス」で解説しました。この章で取り上げるソーシャルメディアのケースでは、予測の対象となる目的変数（従属変数）の定義と特徴量（フィーチャー）の選択の重要性が浮き彫りになります。

ランク付けの裏事情

ソーシャルメディアのニュースのフローなど、表示項目を選択するアルゴリズムは、項目がクリックされる確率によってランクを決めることが少なくありません。こうしたモデル（アルゴリズム）のデザインには次のような興味深い「裏事情」があります。

- あえて厳しい言葉を使うと、ニュース項目の内容はランク付けの基準とはまったく関係がありません。見出しや付随する画像などによって決まります
- そのため、モデルのデザインでは「ある項目がどのくらいユーザーの目を引くか」に焦点を絞り、目を引かれた項目についてもっと知りたいという気持ちをユーザーの中に掻き立てようとします（視覚や聴覚で感知した情報の大半をふるいにかけて捨ててしまう人間の脳の働きを思い出してください）

たとえば、あなたが愛用しているSNSのアルゴリズムが、あなたには「cat」という単語が使われている記事をよくクリックする傾向があることを「察知」したとします。そんな時に「Cat and mouse games in Rotterdam（ロッテルダムのイタチごっこ）」という見出しの記事があったとして、アルゴリズムはこれをニュースフィードのランクの上位に入れて表示します。案の定、あなたの脳は「cat」という単語を含むこの記事に反応し、さらに「games（ごっこ）」という表現に出くわして「これ、面白そう、読む甲斐ありそう」と脳内報酬系にもスイッチが入ります。というわけであなたはこの記事をクリックするわけですが、一見して「密輸犯の新手の策略を探り出そうとするロッテルダム港の税関職員の絶えざる努力」に関する記事だとわかり、すぐ「戻る」ボタンをクリックします。

これとは違うアルゴリズムであれば、結果はまるで違ったものになっていたでしょう。たとえばユーザーがひとつの記事を読むのに費やす時間を基準にするモデルなら、疑いなくロッテルダムの税関職員の記事は下位に落とすでしょう（代わりにペット全般、とくにネコのかわいい習慣を紹介する「モフモフちゃんたちの儀式」の記事を上位にもってくるはずです）。

また、ユーザーがそれぞれの記事からどれだけ「学んだ」かを予測しようとする超高性能なアルゴリズムも登場するかもしれません。ただしこの種のモデルにはリアルタイムのフィードバックが可能なウェアラブル脳スキャナーが必要で、そういうデバイスが普及する日が来るのはまだ先のことでしょう。それまでは、記事に関する「いいね！」や「コメント」「共有（シェア）」といったアクションが、予測基準の有用な代理（プロキシ）になるかもしれません。

特徴量の選択

すでに見たように、モデル（アルゴリズム）のデザインにおいて、特徴量（フィーチャー）の選択はとても重要です。ソーシャルメディアに関係するデータの基本は言語（自然言語）で書かれたテキストですから、特徴量の候補としてはまず、単語が思い浮かびます。しかし、どの言語にも膨大な数の単語があるので、単語の出現（たとえば「cat」の出現）をフラグで示すだけでは、統計的な処理が困難な、使えないアルゴリズムになってしまいます。

そこでデータサイエンティストは代わりに重要な特徴を浮かび上がらせるために「アグリゲート特徴量」を生成します。たとえば、「ユーザーがクリックした直近の50の記事の少なくとも20%で言及された、感情に訴える単語」といった複数の特徴量を集約したものや、「ある特定の動物への言及」といった際立った特徴を探し出します。

こうしたアグリゲート特徴量をどうデザインするかが、重要な鍵となってきます。

たとえば、あるデータサイエンティストが「ニュース記事の（右傾、左傾という意味での）政治的傾向は、記事のクリック率を左右する重要な要因だ」と考え、記事の右傾／左傾の度合いを −1 から +1 までの尺度で示す複雑な意味的な測定基準を作ったとします。さて、このアルゴリズムの全体のデザインは到底良いとは言えず、これ以外にユーザーの選択を把握するための特徴量がほとんどないと仮定してみましょう。

こんなアルゴリズムを使ったら、どういうことになるでしょうか。このアルゴリズムがランク付けで頼れるものといえば「それぞれの記事の右傾／左傾の度合い」しかありませんから、（たとえば英国の左派の国会議員の中に「Cat」という苗字の人がいたり、いい加減な基準のためにCatlin（キャトリン）という名前を「cat」の変化形のひとつと誤解したりしたために）これまでユーザーが左寄りの記事をクリックした率がいくらか高くなっていれば、極左傾向の記事まで上位に入れかねません（さらには、Cat議員のフォロワーになれとオススメまでしてしまうかもしれません）。

この局面でも、データサイエンティストは選択を迫られるのです。たとえば対象項目の「面白さ」を基準にすると、クリック率やエンゲージメント（愛着や思い入れ）は予測できるでしょうが、「綿密な調査によって得られた豊富な事実で裏付けされてはいるものの事務的（ドライ）な記事」を除外してしまう恐れがあります。さらに言えば、「面白さ」を基準にしているアルゴリズムにとっては、風刺記事と虚偽報道（フェイクニュース）の区別がつきにくく、結果的に両者を織り交ぜて多数表示していくうちに、ユーザーがフェイクニュースさえ「事実」だと誤解するようになる恐れがあります。

モデル開発に関わる上のような問題の形成と深刻度にデータサイエンティストの選択がいかに影響するかを、もう少し掘り下げてみましょう。たとえば、データサイエンティストが採用する特徴量としては次のようなものが考えられます。

- 対象の項目がユーザーの期待にどの程度応えられるものであるか
- ニュース記事がユーザーの視点をどの程度変えられるか
- 特定の視点のユーザーに対する露出度がどの程度不足しているか

こうした要素がアルゴリズムにどのように（悪）影響を与えるのかを考えてみましょう。

対象の項目がユーザーの期待にどの程度応えられるものであるか

まずは「対象項目がユーザーの期待にどの程度応えられるか」ですが、アルゴリズムをユーザーの期待に沿わせれば、当然ユーザーの確証バイアスを助長することになります。(すでに何度か引き合いに出してきた「宇宙人グレイと火星人が共棲する街」を再訪すると）たとえばグレイ向けの新聞で、火星人がグレイに暴力をふるった事件ばかりを報じているとどういうことになるかは、心理学者でなくてもわかるでしょう。

ニュース記事がユーザーの視点をどの程度変えられるか

ユーザーの考え方をできるだけ変えさせるようアルゴリズムを最適化する、というのは、一番「有益」で一番「有用」なニュースを特定するすばらしい手法のように思えるかもしれませんが、実はそうではありません。ユーザーの考え方を最大限に変えるようなアルゴリズムの最適化は、人心を巧みに操るアプローチにすぎず、「変化のための変化」としてユーザーの視点を変えようとするアルゴリズムにほかなりません。実際、母集団の視点を変えようとする時に最初の取っ掛かりとするべきは「大半のユーザーが中道の視点をもっている分布区域」だ、と信じているデータサイエンティストが作るアルゴリズムは、本質的にものすごく目立ち、ものすごく恐ろしいフェイクニュースを選ぶことで視点の二極化を図ります。というのも、中道の視点を変えるには二極のどちらかに偏らせるしかないからです！

特定の視点のユーザーに対する露出度がどの程度不足しているか

次は「特定の視点のユーザーに対する露出度がどの程度不足しているか」です。これを測定すること自体は、より良くより十分な情報をユーザーに提供し、ユーザーが「エコーチェンバー現象（閉鎖的な環境でコミュニケーションを繰り返すことで、特定の信念が強化されてしまう状況)」から脱するのを助けるという点で有益のように思えます。しかし、データサイエンティストは無数のトピックを前にして（情報が不足しているトピックは何か、少し考えてみるだけでも、「12世紀の楽器のデザイン」や「芳香剤の化学的製法」など、それこそ無数に浮かんできます)、どのトピックに対する露出度を計測するべきなのかを決めなければならず、その選択がやはりユーザーへの情報提供のしかたを大きく左右することになります。もしもデータサイエンティストが「重要なトピック」のリストから「気候変動」を故意に除外し、その事実が公(おおやけ)になったら、どんな健康上、安全上の問題に向き合わなければならなくなるか考えてみてください。

ここでのジレンマは、Richard Thalerが著書『実践行動経済学——健康、富、幸福への聡明な選択』（藤真美訳、日経BP、2009年）で指摘しているように、実世界における同様の状況で、「ソーシャルメディアのフィードのために項目を選択するデータサイエンティストは『選択(チョイス)アーキテクト』になる」という点です。すなわち、データサイエンティストは意思決定に際し、選択可能なオプションを提示して、冷静な判断ができるよう情報提供をする役割を負うことになります。こうした人たちに「不偏不党」でいる（常に公平中立の立場に立つ）という選択肢は存在しないのです。

それに、たとえ善意あふれる選択アーキテクトであっても、思わぬ問題を招くことがあります。たとえば、「わかりやすい」ニュース記事のほうが役に立つ、という説は信頼できそうに思えますが、「わかりやすさ」の絶好の代理(プロキシ)となるのは「簡潔さ」なので、ここでも「綿密な調査の結果を踏まえ、いくつもの図表で自説を補強している記事」を除外してしまうというバイアスが生じかねません。

同様に「記事のジャーナリスティックな堅牢性を示す指標」は賢明な特徴量のように思えます[†1]が、重要な概念的問題を指摘している哲学的な記事[†2]は除外してしまう恐れがあります。

致命的なフィードバックループ発生の恐れ

クリックの挙動(ビヘイビア)の予測モデルを構築する際のデータの選択については、あともうひとつ、見過ごせない問題があります。過去の複数のバージョンでリンクを選択し並び替えた際のクリックの挙動に基づいてアルゴリズムに改良を重ねていくと、致命的な「フィードバックループ」が生じる恐れがある、という問題です。

ユーザーがニュースなどのフィードから項目を選んで読む時には、デフォルトの「方向」があるのが普通です。つまり、主要な言語では例外なく垂直のリストを上から下へとたどります。もしも水平のバーに項目を並べるとしたら、当然、アラビア語なら当然右から左へ、英語なら左から右へたどるでしょう。

そうなると興味深いアーティファクト（不適切な統計処理によって現れたパターンなどの不自然な結果）が生じます。仮に（疲れた、電話が鳴った、前述のCat議員ではなく本物の猫(キャット)がキーボードに乗っかってきた、といった理由で）どのユーザーも限られた数の項目にしか目を通さず、項目がランダムに並んでいるのだとすると、統計

†1　たとえば、かなり高度なアルゴリズムなら、ひとつの事例にのみ焦点を当てた、事実による裏付けの乏しい「目立ちたがり」な記事と、綿密な調査を行った上で、大量の事実と図表、信頼に足る情報源からの無数の引用を使っている記事との違いを見分けられるかもしれません。

†2　たとえばNassim Nicholas Talebは著書『身銭を切れ――「リスクを生きる」人だけが知っている人生の本質』（千葉敏生訳、ダイヤモンド社、2019年）で、経済学者を「スケールが大きくなると複雑性が幾何級数的に増大する点を見過ごしている」として批判していますが、これなどはまさしく、引用等の数は乏しくても洞察と含蓄に富んだ議論でしょう。

的にクリックされる確率がもっとも高いのは一番上の項目で、下へ行くほど確率が下がっていくという効果が生じるのです。この効果はさらに「ユーザーは多くの場合、項目が順番に並んでいるものと期待するため、一番初めの項目はとくに重要または関連性が高いと無意識に思い込む」という第2の心理学的効果によって補強されます。

結果的にどうなるかというと、「ドジな」アルゴリズムが単なる偶然で、catに言及しているニュース記事を優先し始め、その種の記事をニュースフィードの最上位に置くようになると、やがてはそのデータがネコに関する記事なら何であれクリック率を押し上げるようになり、最初は単なる偶然であったアルゴリズムの挙動が、自分の中だけで物事を終わらせて満足する「自己充足的」な予言となり、これでまたひとつ新たなアルゴリズミックバイアスが誕生、ということになります。

11.2 ユーザーの役割

こうしたフィードバックループに関連して注目する必要があるのが「アルゴリズミックバイアスの発生に関わるユーザーの役割」です。ひとくちにユーザーといっても3種類あります。

- ソーシャルメディアの利用者（つまり読み手としてのユーザー）
- 自分たちの考えや記事を広める手段としてソーシャルメディアを利用している人々
- コンテンツを作成者から読み手へ届け、広める媒体として収益を得る、ソーシャルメディアの資産の所有者や管理者

どのタイプのユーザーも、アルゴリズミックバイアスの発生に寄与する可能性があり、実際に寄与してもいます。

ユーザーがソーシャルメディアで遭遇するのは、言うまでもなく「2章 人間による意思決定で生じ得るバイアス」で紹介したバイアスのすべてです。そしてユーザーがソーシャルメディアを閲覧する時のやり方は、祖先である原始人が食べ物を探して歩く時のやり方とさして変わりません。原始人の場合は、ここで木の実の赤い色に惹きつけられたかと思うと、あちらではまだ新しい糞や足跡を見つけて獲物が近くにいそうだと色めき立つ、といった具合ですが、ソーシャルメディアのユーザーは、同様にアクション志向バイアスの影響下で、どこをクリックするかを一瞬のうちに決めてしまいます。

アクション志向バイアスのうち、ソーシャルメディアとの関係がとくに深いのは奇異性効果（奇妙、奇抜な物事が記憶に残りやすい、という傾向）です。たとえば私がLinkedInで公開しているブログのタイトルなどはその好例と言えるでしょう。ただトピックを要約しただけの素っ気ないタイトル（たとえば「多国籍銀行の大規模な信用リスクモデル——データ不足のジレンマをどう解決するか[†3]」）より、どういう内容の記事なのかわからない謎めいたタイトル（たとえば「クレカの不正利用の検知に関して、ダ・ヴィンチ作品の4億5,000万ドルでの落札が示唆すること[†4]」）のほうがクリック数が多くなります。読者の皆さんも、後者のほうがずっと面白そうだと感じたのではないでしょうか。

安定性バイアスの中ではアンカリング効果（先行する情報や印象的な情報が基準となり、その後の判断がそれに影響されるという効果）の作用が顕著で、リストの筆頭にあがっている項目をユーザーにクリックさせる作用を及ぼします。単にその項目がリストのトップにあるというだけで、重要だ、流行（はやり）のものだ、とユーザーは思い込んでしまうのです。

パターン認識にまつわるバイアスもユーザーに影響を及ぼします。過剰な量の情報でもなんとか処理しようと頑張る脳に、ソーシャルメディアにあふれ返る大量の項目がのしかかるのです。ほかにテキサスの狙撃兵の誤謬（ごびゅう）（データの中に、ありもしないルール（パターン）を見出してしまう人間の脳の誤り）や固定観念（ステレオタイプ）の影響もあり得ます。（たとえば前述の「グレイに対する火星人の暴力的な言動」など）特定の見出しを2つか3つ意図的に選択するだけで、さまざまな偏見を簡単に吹き込めるのです。さらに確証バイアスも作用します。既存の視点に基づいて項目をふるい分けし、まだ小さな「芽」にすぎない偏見でも繰り返し繰り返し選択、表示していけば、人々の心に深く植え付けられます。

こうした認知バイアスと連携して作用するのがインタレストバイアス（自らの興味（インタレスト）の重視）です。ソーシャルメディアを閲覧するというのは気晴らしのための活動で、ユーザーの狙いは大抵、ひと息入れたり楽しんだりすることです。しかしニュース記事を読んで、嬉しくなったり笑ったり、あるいは少なくとも自分の視点の正しさが確認できたりして、気分が明るくなる時もあれば、恐喝の記事を読んで怖くなったり、自分の信念に相反する内容の記事を読んで認知的不協和（2つの相容れな

†3 https://www.linkedin.com/pulse/wholesale-credit-risk-models-how-multinational-banks-can-tobias-baer?trk=portfolio_article-card_title

†4 https://www.linkedin.com/pulse/what-450-million-da-vinci-auction-means-credit-application-baer?trk=portfolio_article-card_title

い考えや態度を自分の中に同時に抱え込むことで居心地の悪さや不快感を覚えている状態）に陥り、気が重くなったり、など不快になる時もあります。ソーシャルメディアを閲覧する目的が「リラックスして楽しむこと」である時、脳は自然と、脳内報酬系を作動させることが期待できる項目を優先します。狩猟と採集で命をつないでいた私たちの祖先が、新たな食料源を見つけるたびに脳内報酬系の反応を実感していたのと変わりません。同様のメカニズムで、落ち込んでいる時や神経症などで苦しんでいる時には、危険に関する記事や不安を裏付ける記事に無意識に惹きつけられます。

インタレストバイアスが誘発する確証バイアスは、空恐ろしくなるほど強くなることがあります。ウィニペグ大学の心理学の教授であるJeremy Frimerが行った実験では、「感情的な振れ幅の大きな話題（この実験では同性婚）に関する議論に参加してくれれば謝礼を払う」という条件で協力者を募集したものの、大半の人は謝礼をあきらめて激しい議論には参加しないことを選択したそうです[†5]。

この実験は認知的不協和にどの程度まで耐えられるのか、いわば「値札を付ける」実験でした。人はあることについて自分なりの考えを固めると、脳がそれにしっかりカギをかけ、その考えを変えることには激しく抵抗します。この現象の背後に見え隠れするのが「吟味だの評価だのはエネルギーを使う。何かしらメリットがあるなら別だが、同じことを何度も考え直すなんてエネルギーの浪費でしかない」というマザーネイチャーの「省エネ第一」の思惑です。どうやら脳は認知的不協和による不快感を生み出すことで、エネルギーの無駄遣いを防いでいるようなのです。自分なりの考えを決めたのに、相反する証拠を突きつけられたら、苦痛を感じますよね。マザーネイチャーはこう言っているのです――「耳を貸すんじゃないよ！ 決めた道を進んだらもっとひどい苦痛を味わう、っていうんなら話は別だけど」。こういう時、確証バイアスは最強となります。

ユーザーに影響を及ぼすことにかけては「ソーシャルバイアス」も引けを取りません。たとえば集団の規範に逆らいたくないという欲求に突き動かされると、ユーザーは「お偉いさん」の考えや言動を報じる記事を珍重しがちです（だから「大統領によると……」で始まる見出しのほうが「トバイアス・ベアによると……」で始まる見出しよりクリック数が多かったりするのです。私だって冴えた頭脳の持ち主かもしれませんよ！）。

ただし、ニュース記事を選択する際のユーザーの行動には、「マイクロレベル」だけ

---

†5 J.A. Frimer, L.J. Skitka, and M. Motyl, "Liberals and conservatives are similarly motivated to avoid exposure to one another's opinions", *Journal of Experimental Social Psychology*, 72, 1-12, 2017.（https://www.sciencedirect.com/science/article/abs/pii/S0022103116304024）

でなく「マクロレベル」でもバイアスがかかります。「マイクロレベル」は個々の記事を選ぶ段階、「マクロレベル」は、どのニュースサイトをひいきにするか、定期購読（サブスクライブ）するかを決める段階です。またまた宇宙人グレイと火星人が共棲する街に舞い戻って、もしもあなたが「火星人党」の熱心な党員なら、当然、敵対政党であるグレイ党ではなく火星人党のニュースを定期購読するはずです。すると「エコーチェンバー現象」が生じます。つまり、ある問題について独特の、しかもしばしばごく狭量な見解を共有し、そうした見解は永続させる一方で、反対意見はシャットアウトするニュースフローを生み出す、そんな人々から成る仮想コミュニティを、ソーシャルメディアが作り上げるのです。

さて、ユーザーの挙動（ビヘイビア）をある程度の期間にわたって観察すると、バイアスのまた別の重要な一面が浮かび上がってきます。（どのシャンプーを買おうか、どの政党に投票しようか、誰と結婚しようか、など）人が何かを決めようとする時には「吟味の段階」「決定の時」「決断後の段階」があるという点です。

「吟味の段階」では、選択肢について理解することを望みます。とくに脳が「楽しんでいる状態」で（つまりユーザーが「心配事を抱えて上の空」の状態ではなく、時間的制約もなく、リラックスしていて）、確証バイアスを自ら抑制できる時には、「目新しさ」を追求します。

「決定の時」が近づくと――そして何より、これまで重ねてきた「吟味」に疲れ果てて――ユーザーは選択肢の評価を迫られます。これがまた骨の折れる認知的作業なので、各種バイアスが救いの手を差し伸べようとするわけです。しかしいったん心を決めるや、前述のように脳がそれにしっかりカギをかけ、その決断を変えることには激しく抵抗し、その後のさらなる「思案」は確証バイアスが極力抑え込みます（と言っても、この決断の正当性を疑う気持ちがどんどん高まって認知的不協和を消し去り、確証バイアスを突き崩してしまうまでは、の話ではありますが）。このような「吟味の段階」と「決定の時」の身近な事例としては、配偶者に裏切られた人の心の動きがあげられます。不倫の明らかな兆候が山ほどあるにもかかわらず目をそむけ続けてきた夫（妻）が、やがて確たる証拠に直面して相手の裏切りを認めざるを得なくなり、感情を爆発させる、といった心の動きです。

とはいえ、確証バイアスの場合もご多分に漏れず、人それぞれの性格に左右されます。たとえば「神経症的人格」の人は危険の兆候はないかと始終周囲をうかがっており、判断の誤りを「危険」と見なすこともあります。そのため過去に自分が下した決定を見直したいと思い詰めることがあります（そのせいで周囲の人々を怒らせてしまったり、どうしていいのか自分でわからなくなってしまうこともあります）。

こうしたユーザーの挙動（ビヘイビア）や、ユーザー自身に内在するバイアスを利用するのは、なにもアルゴリズムだけではありません。ユーザーの決断に影響を及ぼすことに関心をもつさまざまな人（たとえばシャンプーのメーカーや政党、あるいはあなたと結婚したいと思っている人）も同様で、こういう人たちがアルゴリズミックバイアスを、また新たなレベルへと引き上げることがあります。

ユーザーは最良の決断を下したいと考え、あくまで心的エネルギーを節約するためのショートカットとしてバイアスを利用するだけであるにもかかわらず、また、アルゴリズムはバイアスを回避するための統計的原則に従っているだけであるにもかかわらず、ユーザーの決定に影響を及ぼしたがっている人々が、自分に有利になるようバイアスを利用する方策を講じたいとの誘惑に駆られるのです。

ここで少し前にさかのぼり、各種バイアスに関する説明を読み直してもらえば、ソーシャルメディアのニュース記事や投稿を操作して、前述のバイアスの大半（もしくはすべて）を発動させる手法がいくつか思い浮かんでくるはずです。たとえばニュース記事の見出しや写真には「奇異性効果」を狙ったものが多く見受けられます。これより多少「おとなしい」のが「新手のものであること」を強調する手法で、たとえば一般消費者向けの商品のマーケティング担当者が製品ページに「NEW」と大きく赤で書き、新製品（や成分を一新した商品）であることを強調して売り込むなどしています。

また、ウェブサイトに料金を払って自社製品をリストのトップに置いてもらうというのは、アンカリング効果を発動させる簡単な手法ですし、有名人の「私も愛用しています」といった推薦の言葉を添え、その製品が大人気であると謳（うた）うのは、ソーシャルバイアスを発動させるためによく使われている手法です。

とはいえ、ソーシャルメディアのフィードに載せる項目をアルゴリズムが選択している場合はどうなのでしょうか。一般読者に影響を及ぼそうとしている第2のユーザー（自分たちの考えや記事を広める手段としてソーシャルメディアを利用している人々）は2つのハードルに直面します。ひとつはそのアルゴリズムに自分たちの項目を選択させ、それにできる限り高いランクを割り振らせなければならない点、もうひとつは、それをクリックしてもらうようユーザーの気を引かなければならない点です。このようなアルゴリズムの使い方は従来とはまるで違う新しいものです。つまり、アウトカムを予測する手法としてのみならず、望みどおりのアウトカムを引き出す項目（ここではソーシャルメディアの記事や投稿）を生み出すためのガイド役としても使うわけです。

たとえば、ソーシャルメディアのウェブサイトで使われているアルゴリズムが

「cat」の関連記事のランクアップを狙って次のような操作をしているとします。

- 「cat」という単語が見出しに含まれているたび、見出し画像にネコが写り込んでいるたびに、それぞれ10ポイントをその記事のスコアに加算
- 「cat」という単語が記事の本文に含まれているたびに1ポイントを加算
- ネコ以外のペットに言及したり画像を載せたりしているたびに1ポイントを加算

このアルゴリズムを使って、前述の密輸を見破るコツを市民に教える記事（「Cat and mouse games in Rotterdam（ロッテルダムのイタチごっこ）」）を広めたいと望むオランダの税関を後押しするにはどうしたらよいでしょうか。簡単です。見出しを「Mr. Cat explains how copycats let the cat out of the bag.（キャット氏、模倣犯が馬脚をあらわす経緯を説明）」とするなど、「cat」という単語やネコ画像をできるだけ多く盛り込めばよいのです。

こんな風にアルゴリズムを操作するのではなく、きちんと費用を払ってソーシャルメディアのユーザーにアクセスし、ユーザーのアクション志向バイアスを利用して影響を及ぼすことも、もちろん可能です。こちらの戦略を実践したのが、かつて存在した選挙コンサルティング会社、Cambridge Analytica（ケンブリッジアナリティカ）で、同社は（5つの因子で性格を診断する「OCEANモデル」[†6]に基づいた）心理統計学的なスコアを使って、Facebookのユーザーの「いいね！」から行動プロフィールを抽出していました。そして英国の欧州連合離脱の是非を問う国民投票や2016年のアメリカ合衆国大統領選挙の際、あらかじめ蓄積しておいた情報に基づいて、ユーザーに影響を与えられるような（EU離脱やトランプ候補を支持する）広告を掲載していたのです[†7]。

（ソーシャルメディアのフィードに載せる記事や投稿を選択するだけのものも含めて）多数のアルゴリズムが非公開なのは、上記のような「巧妙な群衆操作のリスク」があるからです。ただし、アルゴリズムを非公開にして秘密を守るというのは「言うは易く行うは難し」です。というのも、記事なり投稿なりを大量に作成し、どれがランクで最高位になるかを系統立てて測定すれば、非公開のアルゴリズムを結果から逆算する「リバースエンジニアリング」のためのデータが得られ、これを使えば非公開

†6 Openness to experience（開放性）、Conscientiousness（誠実性）、Extraversion（外向性）、Agreeableness（協調性）、Neuroticism（神経症傾向）の頭文字。

†7 https://www.theguardian.com/technology/2017/may/07/the-great-british-brexit-robbery-hijacked-democracy

のアルゴリズムがどう決定を下すのかを予測する別のアルゴリズムを構築してしまえるからです。十分なデータがあれば、「非公開の」アルゴリズムのほぼ完璧な写し(レプリカ)を構築することも不可能ではありません。

一般ユーザーとしては、自分が期待も評価もしていないコンテンツを読むよう仕向けられたらもちろん不快に思うでしょうし、ソーシャルメディア上の情報の発信源のひとつが大いに怪しいとなれば、すぐさま大挙してほかへ移るでしょう。すると第3の利害関係者、すなわちソーシャルメディア関連の資産(たとえばソーシャルメディアのサイトなど)の所有者や管理者が大急ぎで乗り出してきます。自分たちのサービスにユーザーをいつまでも惹きつけて引き続き利益を得たいと望んでいる人々です。

この時、この人たちはアウトカムをどのように変えればよいのでしょうか。自分たちのソーシャルメディアのアルゴリズムに、情報の発信源の作成者が不当な方法で(たとえばフェイクニュースを流すなどして)影響を及ぼそうとした場合、これを妨害する手だてを見つける必要があります。必然的に、もうひとつ新たなアルゴリズムが生まれる可能性があります。(たとえば「どう見てもこれは怪しい」と思うほど「cat」という単語が高頻度で出てくるなど)記事が「不正に変更された」可能性や、あるいは不正な操作をすることで知られる人物や団体の投稿である可能性を評価するアルゴリズムです。こうなれば、そう、お察しのとおり、ほどなく「アルゴリズムの軍拡競争」が勃発、と相成るわけです。この手のことは、きっと皆さんも関連分野である検索エンジン最適化にまつわる論争(Googleやオンラインのショッピングサイトなどの検索エンジンの検索結果を不正に操作する手法をめぐる論議)ですでに耳にしているのではないでしょうか。

え? アルゴリズミックバイアスがここまでエスカレートするなんて、と頭がクラクラし出した? いえいえ、私は読者の皆さんを混乱させようとしているわけではなく、問題の核心を明確にしようとしているだけです。問題の核心とは、つまり、アルゴリズミックバイアスは「あるひとつの式に存在するちょっとした問題点」などではまったくなく、複数の要因が絡まり合って生じた「システムレベルの問題」だという点です。要するに、これはアルゴリズムの中にあるスイッチをひとつ、カチッと切り替えるだけで解決できるような単純な問題ではなく、システムの仕組みそのものを変えなければならない複雑な問題なのです。

11.3 システム変更の必要性

米国の心理学者Philip Zimbardoは著書『ルシファー・エフェクト――ふつうの人

が悪魔に変わるとき』（鬼澤忍他訳、海と月社、2015年）で、スタンフォード大における心理学実験の舞台となった「実験監獄」や、イラク戦争下で実際に大勢の捕虜が虐待されたアブグレイブ刑務所などを引き合いに出して、人を悪に走らせる「元凶」を探っています。そして人（や社会、マスコミ、集団）には、残虐な行為をしでかした者を（まわりに悪影響を与える）「腐ったリンゴ」だとして非難する一方で、何の悪意ももたなかった人がシステム（与えられた肩書など）によっては「腐ったリンゴ」のような言動をするようになってしまう現象を無視する傾向がある、としています。上記「スタンフォード監獄実験」で強い権力を与えられ変貌していった看守役とアルゴリズムには類似点があります。どちらも問題の元凶だと見なされやすく、おかげでシステムのより深いところにある根本的原因を見逃す危険性がある、という点です。

さて、この章では前の節までで「アルゴリズムがソーシャルメディアでバイアスを生み、強化し、永続化させるメカニズム」を明らかにしました。また、世界一悪意のないアルゴリズムにさえもバイアスを埋め込もうとする2つの強力な「勢力」があることも紹介しました。

ひとつはユーザー自身です。自分に偏見があることを暴(あば)く情報にさらされて苦痛を味わうくらいなら謝礼を辞退しても一向にかまわないと言ってのけるほど強烈なバイアスをもっています。そしてもうひとつの「勢力」は多大な経済的利益を得る第2の関係者（自分たちの考えや記事を広める手段としてソーシャルメディアを利用している人々）で、アルゴリズムの「目をくらます」ニュース記事を作成する意図をもち、そのための手法を自在に操ることができます。

というわけで、この問題を解決するには、個々のアルゴリズムだけに焦点を当てるだけでは不十分で、システムそのものに目を向けなければなりません。次に具体策を（手始めに4つ）あげておきます。

- リストの順位が影響を及ぼし得ることを常に念頭に置き、表示するべき項目をアルゴリズムが関連性の順に20件なり50件なり選んだら、ウェブサイトが項目の表示順序をランダム化するようにします。こうすると、最上位から項目をクリックしていく傾向のあるユーザーのフィードバックループを断ち切れます。これは、システムを微調整するだけで、バイアスの少ないより良いデータを生成できることを実証する事例のひとつです
- 「選択アーキテクト」としての自分の役割を自覚し、「クリック率を極力上げよう」といった単純な目標を、多層的なアプローチに切り替えます。多層的なアプローチとは、たとえば、まずはトップ記事を選ぶとしても、続いて明確に

「反対意見」とラベル付けした項目を追補する、といった手法です。少なくとも「探求」の段階では、この種の項目を求める読み手もいるのです

- ユーザーにとって何が最良なのかを保護者的視点で決めようとするのではなく、ユーザーにも問題解決の一部を担ってもらうべく権限を与える手法もあり得ます。たとえば、フェイクニュースの可能性のある項目のフィルタリングの厳格さや、反対意見を意図的に表示させる度合いをユーザーがサイトの「設定」で選べるようにします。また、フェイクニュースの可能性が高いことが判明した項目を、ただアルゴリズムが排除してしまうのではなく、「フェイク？」といった警告ラベルが添えられた形で閲覧できる選択肢を用意してもよいでしょう
- アルゴリズムの意図的な操作——とくに金銭的な利益を目的とする意図的な操作——に対処するべきなのは、ソーシャルメディアのプラットフォームの所有者や管理者だけではありません。従来型の虚偽広告や誹謗中傷を取り締まる法律や機関があるのと同様に、ソーシャルメディアのニュースフローを駆動するアルゴリズムの信頼性を、しかるべき法律と機関が守り、規制するべきでしょう

11.4 まとめ

この章では、ソーシャルメディアという文脈（コンテクスト）に焦点を絞ってアルゴリズミックバイアスを解説し、その中で、システムの種々の要素が絡まり合ってアルゴリズミックバイアスを生み出している経緯を浮き彫りにしました。骨子は次のとおりです。

- 統計的な式はユーザー自身のバイアスや利害関係者の個人的関心と「結託」することがあり、（アルゴリズムが単独でバイアスを招いているケースとはまた別に）そうした「結託」によってアルゴリズミックバイアスが生じてしまうケースは多々あります
- 1枚の紙に刻まれたミシン目によって、力が加えられた場合にその紙が裂ける可能性がもっとも高いラインがあらかじめ決まってしまうのと同様に、モデルのデザインにおけるデータサイエンティストの選択によって、そのアルゴリズムにもっとも生じやすいバイアスのタイプが決まってしまうことがあります
- モデルのデザインに関わる選択の際にデータサイエンティストはジレンマに直面します。行動経済学で「選択アーキテクト」と呼ばれる者になる状況で、実

行可能な選択肢に「バイアスゼロの状態」は含まれず、異なる方向へ作用する複数のバイアスの中から、ましなものを選ぶしかないのです

- アルゴリズムを経時的に改良していく場合（とくに機械学習のアルゴリズムではこれが普通です）、当初は小規模であったバイアスを時の経過とともに増幅させてしまうフィードバックループが生じる危険性があります
- ソーシャルメディアのユーザーは、アルゴリズムの経時的改良が重ねられていく過程で、自身が抱えるバイアスをアルゴリズムに反映し、これが事実上、上記の「ミシン目」を裂く力として働きます
- 人はソーシャルメディアを使う際、アンカリング効果、奇異性効果、ソーシャルバイアスなど多種多様な認知バイアスに影響されますが、中でも影響が大きいのは確証バイアス（確かな証拠を探したくなる傾向）であると考えられます
- こうした各種のバイアスに対処しようとする時、ユーザーは不快感を抱くことがあります（認知的不協和）。ユーザーの言動には容易には変えられない、非常に強い方向性があり得るのです
- 一方、建設的な要素としては「確証バイアスはユーザーが決定を下さなければ生じない」という点があげられます。つまりユーザーは、関心のあるトピックを「探求」する段階では、バイアスを排除するための方策を受け入れる余地がある、ということです
- 自身の投稿をランクの上位につけるようアルゴリズムを操作したいと望む人々や、ソーシャルメディアサイトの所有者や管理者などの利害関係者は、ユーザーの言動とアルゴリズムの相互作用に強引に影響を及ぼす方法を知っています。特定のバイアスを強化し、他のバイアスを弱体化もしくは排除するようにアルゴリズムを操作するのです

以上の過程で明らかになったのが「アルゴリズミックバイアス対策で多層的な取り組みが必須であるワケ」です。交通事故を減らすためには、自動車に関わる技術の改善や、交通法規に関するドライバーの訓練、道路の整備、といった広範な取り組みが必須です。同様にアルゴリズミックバイアスを低減する上でも、技術（アルゴリズム）、ユーザー、組織の責任者、法制度といったさまざまなレベルでの広範な取り組みが必須です。

その具体的な進め方を、後続の第Ⅲ部と第Ⅳ部で詳しく論じていきます。まず第Ⅲ部ではアルゴリズムのユーザーがバイアス対策を講じるための手法を詳しく解説し、最後の第Ⅳ部ではより技術的なレベルに踏み込んでデータサイエンティストのた

めの方策を紹介します。

この章ではソーシャルメディアという文脈でアルゴリズミックバイアスを解説しましたが、この文脈での「ユーザー」の定義は比較的明確で限定的なものでした。最初に「ソーシャルメディアを利用する人々」があげられますが、これに劣らずコンテンツの作成者も「ユーザー」と見なせます（ただしこの「ユーザー」は、第1のユーザーとはソーシャルメディアのコンテンツのフローを挟んで対極に位置します）。さらに、また別の文脈ではアルゴリズムの所有者でさえ「ユーザー」と見なせます。銀行業務を例に取ると、（従来は生身の人間である行員がすべての意思決定を担当していましたが）現在では金融機関としての銀行をアルゴリズムの「ユーザー」と見なすのが普通です。

このような事情があるため、この先の各章では「ユーザー」という単語を、「特定の目的を達成するためにアルゴリズムを駆使する人々」と「所定の意思決定の文脈でアルゴリズムのアウトプットにさらされる人々」の両者を含む、ごく広範で包括的な意味合いで使っていきます。

第III部
ユーザー視点のアルゴリズミックバイアスの対処法

第Ⅰ部と第Ⅱ部の内容を箇条書きでまとめてみましょう。

- アルゴリズムはその仕組みゆえに、バイアスのさまざまな発生源にさらされる
- バイアスは実在し、時に著しい弊害をもたらす
- アルゴリズミックバイアスは実世界のバイアスに根差している場合が多い

この第Ⅲ部では、アルゴリズムを使う人々（ビジネリーダーや政府の官僚など）と、アルゴリズムの使用に関する意思決定を担う人々（企業の法令遵守責任者（コンプライアンスオフィサー）や規制当局者など）が、アルゴリズミックバイアスをいかに感知、対処、防止し得るかを紹介していきます。

第Ⅲ部は次の6つの章で構成されています。

12章 アルゴリズムを使うべきか否か

そもそもアルゴリズムを使うべきなのか、それとも他の手法をとるべきかの選択について概説します

13章 アルゴリズミックバイアスのリスクの評価

意思決定に関連して発生し得るアルゴリズミックバイアスのリスクの程度を評価する方法を概説します

14章 一般ユーザーによるバイアスの回避策

アルゴリズミックバイアスに対する自衛策の概略を紹介します

15章 アルゴリズミックバイアスの検出方法

アルゴリズミックバイアスの具体的な診断方法を紹介します

16章 管理者の介入によってバイアスを抑止する方法

アルゴリズムに深く根差したバイアスに対処するための経営戦略を紹介します

17章 公平公正なデータの生成法

アルゴリズムのユーザーが、公平なデータを生成することによって、アルゴリズミックバイアスの排除にいかに大きく貢献できるかを説明します

12章
アルゴリズムを使うべきか否か

これから説明するように、ビジネスユーザー向けのツールや手法の多くは「**データサイエンティスト**向けのアルゴリズミックバイアス対策」を補足するものですが、この本では、まずこの章から始まる第Ⅲ部で「アルゴリズムを利用する**ユーザー**向けの対策」を紹介し、続く第Ⅳ部で「**データサイエンティスト**向けの対策」を紹介します。

ただし、ここですぐにアルゴリズミックバイアスの問題には踏み込まず、まずは一歩下がって、「私たちの究極の敵はバイアスそのものである」という点を強調したいと思います。アルゴリズミックバイアスの管理と排除に焦点を絞るだけでは、次の2つの点で不十分なのです。

- アルゴリズムを使うべきではないケースがある——アルゴリズムのないところにアルゴリズミックバイアスは生じません。強盗に遭いたくなければ「夜、いかがわしい地区の暗い路地には足を踏み入れない」が効果的戦略のひとつとなりますが、同様にアルゴリズムを使うべきでないケースがあるのです。こう考えると、アルゴリズミックバイアス対策の範囲が大きく広がります
- 相対的な見地に立って他の選択肢と比較検討する必要がある——とはいえ、バイアスがかかっているからという理由でアルゴリズムを使わない道を選んだとしても、決定を下さなければならないことに変わりはありません。釜ゆでになりそうだったカエルが釜から飛び出したものの火の中に落ちてしまった、ということにならないよう注意しなければなりません。代替策のほうがはるかに悪いこともあり得るのです。ですからアルゴリズミックバイアスについては、相対的な見地に立って他の選択肢と比較検討する必要があります。「諸悪の中で最小の悪」として「多少バイアスのかかったアルゴリズム」に甘んじなければならない場合もあるのです

そこでまずはアルゴリズムで解決できる決定問題（判定問題）をより広い視点から解説します。続いてアルゴリズムの効果が、アルゴリズミックバイアスというリスクに勝るのかどうかを評価するためのシンプルな枠組みを紹介します。

すぐ前の章の最後で触れたように、ここからは「ユーザー」という言葉を、「特定の意思決定に影響を及ぼすためにアルゴリズムを駆使する人や組織」と「アルゴリズムのアウトプットの対象者（承認を要請している個人や企業など）」を含む、広い意味で使っていきます。

12.1 アルゴリズムを利用する程度

基本的に、この本で取り上げているような統計的なアルゴリズムは、異なる人々の扱い方を差別化するための手段として使われます。

もっとも単純な方法

アルゴリズムを利用せずに済ませる（もっとも単純な）方法（代替策）としては、次のようなものが考えられます。

- 全員を同等に扱う――たとえば、対象のウェブサイトを訪れる人ひとりひとりについて、もっとも有益な推薦本は何かをいちいち予測するか、「手抜き」をして対象のウェブサイトを訪れる人全員に、たとえばTobias Baer（トバイアス・ベア）のこの本を推薦してしまう
- ランダムに決める――たとえば、求人に応募してきた2人の中から1人をくじで選ぶ

どちらも模範的な手法とは言えませんが、アルゴリズムにひどくバイアスがかかっている時には、案外「あり得ない方法」でもないのです。かつて私のクライアントに、ランダムな数のほうがまだまし、と思えるほどパフォーマンスの悪い与信スコアリングシステムを使っている会社が4社ありました。どの会社のアルゴリズムも、訓練に使ったデータもしくはアルゴリズムへの入力にひどくバイアスがかかっており、パフォーマンスに支障が出ていたのです。また、メキシコの複数の空港の税関では「十分な情報を得た上での意思決定（インフォームド・ディシジョン）」の実現を目指して、旅客手荷物のX線検査装置を2007年に導入しましたが、それまでは旅客を無作為に選んでの検査を続けていま

した。

もちろん大抵は、ただ「サイコロを振る」よりましな意思決定法がたしかに存在します。複雑なアルゴリズムの代替策としてもっともよく使われているのが「人間による判断」と「単純な基準」です。

人間による判断

人間が判断するのは、アルゴリズムが登場する前から存在する方法です。すでに述べたように、「人間による判断」では人間自身のさまざまなバイアスがかかるので、アルゴリズムより悪い（アルゴリズムの場合よりさらに強くバイアスがかかる）ケースが少なくありません。

逆に「人間には新しい状況を論理的に評価する能力がある」という良い面もあります。たとえば火星人の乗った空飛ぶ円盤がメキシコの空港に着陸したとします。人類史上初の出来事です。はたしてこの空港の税関は、この空飛ぶ円盤に関税を課すべきか否か。それを判断できるアルゴリズムなど、この時点であるはずもありませんが、人間なら「これは個人用の電動装置だから輸入税はかからない」という的確な（？）判断を下せます。

さらに、人は機械の下した決定より**人間の下した決定を受け入れる確率のほうが何倍も高い**、という興味深い心理的現象もあります。この説はEUデータ保護規則（GDPR）にも織り込み済みで、GDPRは「合意、契約、もしくは加盟国の法律により明示的に許可されている場合を除き、データ主体は、個人に法的効果を生じさせるか、または同様の重要な影響を及ぼす、自動処理にのみ基づく決定の対象とならない権利を有する」と規定しています。ここで留意するべきなのは、この規則に「意思決定に対する人間の影響が、実体のある有害なバイアスをもたらすことを裏付ける十分な証拠がある場合を除き」との例外が明記されていない点です。どうやら欧州の立法者の間でも、ついつい人間による意思決定を信頼してしまう自信過剰バイアスが働いているようです。

単純な基準に基づくアルゴリズムの利用

アルゴリズムの極端な簡易版とも言える方策です。非常に透明性が高いので、生じ得るバイアスは明白で、オープンな議論の対象となり得ます。

税務当局による納税申告の審査を例に取ってみましょう。担当者が手作業で審査する納税申告はもはやほんの一部になった、というお役所でも、創設間もない会社が初めて行う納税申告については漏れなく手作業で審査する、という慣行を続けているケースが時にあります。これは（議論の余地はあるにしてもほぼ間違いなく）スタートアップの起業家に対する偏見（バイアス）ですが、「初めて納税申告をする会社はとくに間違いを犯しやすいから、このように別扱いをする根拠はある」というのは、それなりに納得の行く（また、経験的に正当性が立証済みの）判断でしょう。

ハイブリッドなアプローチ

上の2つのほかに、上記の代替策をアルゴリズムと併用するという「ハイブリッドアプローチ」もあります。アルゴリズムを、「人間による判断」や「単純な基準」と組み合わせるわけです。

たとえば納税申告の審査なら、まずアルゴリズムを使って申告内容に不正のありそうな申告に印（フラグ）を付け、これに（人間の）審査官が優先順位を付けて一部だけ監査します。銀行なら、まず与信スコアリングアルゴリズムを使って与信審査の申し込みを「承認」「拒絶」「グレーゾーン」の3グループに分類し、担当者が「グレーゾーン」のケースだけを審査します。

多くの場合、さらに数値基準を使えば、決定則を微調整できます。たとえば小口融資を手作業で審査するのでは手間も費用もかかるので、最初に「グレーゾーン」に分類されたもののうち、小口融資の申し込みは自動的に拒絶します。税務署の場合、高額所得者の納税額は（議論の余地はあるにしてもほぼ間違いなく）税収に大きく響くので、高額所得者の申告は漏れなく税務調査官が簡単に審査して監査の必要性を判断するとよいでしょう。なお、この際にはスコアから算出した脱税の確率が参考になります。税務調査官にとってはこの確率が「アンカー」となり、「金持ちはみんな悪党」といった思想的信条など、人間自身のバイアスを抑制する効果が得られるはずです。

システム設計上のオプション

次に、バイアスのかかったアルゴリズムの影響を避けるために「アルゴリズムのみによる意思決定」の代替となり得るアプローチを3つ紹介します。

- **回避**——バイアスを補って余りある大きな利点がないアルゴリズムは完全に回避する、というアプローチです。アルゴリズムを使うとバイアスが生じてしまうが、そのバイアスは代替策なら回避できるという場合、あるいはアルゴリズムのバイアスが代替策の弱点とは比較にならないほどの悪感情を引き起こし、アルゴリズムの効果が帳消しになってしまう場合に使えます

- **限定**——アルゴリズミックバイアスのリスクや影響が代替策のそれより小さくなる「安全な」ケースから成るサブセットだけを対象にして、アルゴリズムを限定的に使うというアプローチです
- **順次併用**——まず「アルゴリズムによる選択」を行い、続いて「人間による確認」を行うアプローチです。このアプローチは、アルゴリズムのアウトカムは（被告人に有罪判決を下すなど）厳格になるが、代替策なら（推定無罪の被告人を無罪放免にするなど）それほど厳格にならないといった、決定問題の扱いが非対称な場合に適します。アルゴリズムには穏当な扱いを選ぶ権限だけを与えておき、厳格な扱いを選ぶ際には必ず人間が事前にその是非を確認するようにするといった運用が考えられます

というわけで、アルゴリズムのパフォーマンスが代替策のそれと比較してどの程度良いか悪いかを把握しておく必要があります。そのための評価法を次の節で紹介しましょう。

12.2 アルゴリズムの効果の評価法

バイアスを（ある程度）もつアルゴリズムを採用するか、あるいは代替策を採用するかの基準となるのは「精度が上なのはどちらのアプローチか」です。そのためには精度の評価方法を決める必要があります。

エラー率

精度を測る際の簡単な指標は**エラー率**です。ある顧客が債務不履行になるか否かや、刑期を終えた犯罪者が出所後、再び罪を犯すか否かを「YES／NO」の2択で予測する「二分決定」の場合、エラー率は過去データを使って測定します。

たとえば、ある銀行が1年前に与信スコアリングモデルで採点したすべてのクレジットカードの発行申請に関するデータを集め、それぞれの顧客がその後債務不履行に陥ったか否かを追跡調査します。その上で、代替策によって実際に下された決定に関するデータを集めるか[†1]、もしくは仮に代替策を使ったら過去のケースについて

†1 米国の投資の世界には「モンキーポートフォリオ」という用語があります。『ウォール・ストリート・ジャーナル』の株価欄めがけてサルにダーツを投げさせ、刺さった銘柄を組み合わせた（つまり無作為に抽出した銘柄で構成した）ポートフォリオは、プロのファンドマネージャーが運用するポートフォリオに負けないパフォーマンスを見せる、という考え方です。どちらが勝ったか、察しはつくでしょうが。

どのような判断を下したかのシミュレーションをすれば、アルゴリズムのパフォーマンスと比較できます。

ヒット率

次は**ヒット率**で、これは2種類のエラー率を組み合わせた測定基準です。銀行の例で言えば、拒絶した顧客がその後（別件や別の銀行で）債務不履行に陥ったケースと、承認した顧客がその後ローンをきちんと返済したケースには「正しい判断」のラベルを付け、承認した顧客がその後債務不履行に陥ったケース（検知漏れ）と、拒絶した顧客がその後（別件や別の銀行で）債務をきちんと返済したケース（誤検知）には「誤った判断」のラベルを付けます。

このケースは少々複雑で、この章で扱う範囲を超えているのですが、重要なのでもう少し補足します。
すべての金融機関に拒絶され、融資を受けられない顧客が、「自分がローンを返済すること」を実証できないことは明白です。反証がないので、「この人には融資するべきではない」というアルゴリズムの評価は正しかったと主張することは可能です（さらに言えば、他のすべての銀行も同意見らしいとの事実は、この仮説を支持する証拠と見なせます）。
しかしこの判断（結果）は、このタイプの顧客に対するバイアスを永続化させてしまう恐れがあります。そのため、この種のバイアスを排除するためのデータ生成のコツを後続の章で詳しく解説します。

ただし、ヒット率を使う測定基準には弱点が2つあります。

- どちらのタイプの「誤った判断」も同じ重みでカウントしてしまう点――2つのタイプの経済的損失の度合いが大きく異なるにもかかわらず、です。債務不履行に陥った融資1件による損失は、優良顧客の融資申し込みを1件拒絶したことによる損失の何倍にもなるのが普通です
- アルゴリズムがアウトカムの確率を算出する場合、ヒット率は、万一の場合を見越して「融資拒絶のライン」（たとえばローン申請の承認と拒絶を分ける基準のひとつとなる、デフォルト確率の上限など）を設定してあるか否かに依存します

ジニ係数

上記の「アルゴリズムがアウトカムの確率を推定するケース」に備えて、統計学者の間では、アルゴリズムによるアウトカムのランク付けの出来不出来を測定するための、しかるべき基準が開発されてきました。(世界中の銀行のためにさまざまな基準を策定している)国際決済銀行が調査報告書でとくに推奨しているのがジニ係数です†2。「ジニ」なんて、お酒の名前みたいですが、実は考案者であるイタリアの統計学者、コッラド・ジニにちなんで命名されたものです†3。

0は「完全にランダムなスコアであること(つまり誰の場合でも同じであること)」を意味します。「むなしい」ということでは、アルコール分ゼロのウォッカと変わりません。これに対して100は「完璧な予測であること」を意味します。水晶玉を使う天才占い師なら完璧な予測が可能かもしれませんが、ある程度不確実性のあるアルゴリズムが実世界の現象を予測する場合、ジニ係数は100には達しません。たとえば、小企業が債務不履行に陥る確率を評価するといった難しい決定問題では、ジニ係数は35から70の範囲になります。

コルモゴロフ=スミルノフ検定(K-S検定)

よく似た基準で、人気の点でもジニ係数に負けないのがコルモゴロフ=スミルノフ検定(K-S検定)です†4。

アウトカムのシミュレーション

とはいえ、一番のオススメは、意思決定のためのアルゴリズムや代替策を実際に応用した場合の経済的なアウトカム(すなわち損益)をシミュレートしてみる、という手法です。銀行のケースを例に取って、仮にジニ係数が非常に高い(つまり文句なしの予測能力を備えた)アルゴリズムがあるとします。大抵は見事なパフォーマンスを披露するのですが、(おそらく「ビッグ・イズ・ビューティフル[大企業や大きな政府など、大きいことが良いことだとする考え方]」のバイアスがかかっているせいでしょう)巨額の融資を評価する時にだけ苦戦します。わずか2、3口であっても、この

---

†2 Basel Committee on Banking Supervision, "Studies on the validation of internal rating systems". *Working Paper No.14*, 2005.

†3 訳注:ジニ係数は通常0から1の値を取るように計算するのが一般的なようです。著者はその値を100倍したものを用いていると思われます。

†4 スミルノフ(Smirnov)は、ウォッカのブランドであるスミノフ(Smirnoff)と音が似ています。人気なのは、そのせいかもしれません。

アルゴリズムが承認した巨額の融資が焦げついて損失を出せば、これまでにこのアルゴリズムがより小口の融資で積み重ねてきた収益がすべて帳消しになってしまう可能性は十分あります。アルゴリズムのこうした経済的影響を予測するには、融資の申請に関する過去データを入手し、（利ざややや延滞料など）ビジネスパラメータを2つ3つ設定して計算させる必要がありますが、たとえこういうシミュレーションが大まかで未熟なものであっても、「目からウロコ」の結果が得られることがあるのです。

アルゴリズムのパフォーマンスが劣る場合

すでに述べたように、アルゴリズムは本来バイアスがかからないように設計されているのですから、（ジニ係数や、より入念な経済分析によって評価すれば）一般的にはアルゴリズムのほうが、人間による判断や、単純な基準（ベンチマーク）に頼る場合よりも良い結果を出せると期待できるはずなのです。では、人間による判断や単純な基準よりもアルゴリズムのパフォーマンスが劣るのは、どういう場合なのでしょうか。

- アルゴリズムには均質なデータが大量に必要です。比較可能なケースが最低でも数百は必要で、機械学習の高度な手法なら数百万ものケースがないと威力を発揮できません。使えるデータの量が少なかったり、データが均質でなかったりすると、過学習になって思わしい結果が得られないのです。最悪の場合、パフォーマンスが（論理的推論が可能な）人間の判断より劣ってしまうことがあります
- 意思決定の担当者（人間）が、電子的には得られない情報（たとえば、相手のボディランゲージなど、質的な要素）を使える立場にある時には、情報の点で優位に立つため、アルゴリズムよりパフォーマンスが高くなることがあります。この事態がとくに起きやすいのは、人間による判断という代替策が「人間自身に内在するバイアスの排除」という明確な目的に沿ってデザインされている場合や、担当者が同様の意思決定をすでに何百回もこなしてきた経験豊富な人物である場合です

アルゴリズムが自身に内在するバイアスのせいで、人間による判断よりもパフォーマンスが劣る場合、**コスト**と**スピード**の点で意思決定の自動化にどこまで投資可能か、検討する必要もあるでしょう。アルゴリズミックバイアスで生じ得る代償（コスト）が小さく、アルゴリズミックバイアスの影響を人力で軽減しようとすると経費がかさみすぎる、という場合、バイアスのかかったアルゴリズムでも経済面ではやはり「最良の選

択肢」なのかもしれません。

12.3　まとめ

この章では、意思決定に関わるモデルの全体構造（アーキテクチャ）のデザインについて解説した上で、意思決定のためのアルゴリズムにバイアスがかかっている場合、どのような代替策をどこまで使えるかを紹介しました。骨子は次のとおりです。

- バイアスが皆無のアルゴリズムなど実現不可能、と思える時には、アルゴリズム以外の意思決定の手法と置き換えるべきか、それとも併用するべきかを検討する必要があります
- 決定問題に関してすぐに採用できる代替策としては「すべてのケースを同等に扱う」「必要な選択をランダムに行う」「人間による判断を使う」「ごく単純な（したがって透明性の高い）基準を使う」などがあげられます
- 意思決定の代替策、とくに人間による判断は、アルゴリズムよりさらに悪い（つまり、もっとバイアスがかかってしまう）ことがよくあります。そのため、どの代替策を使うかは、常にパフォーマンスを比較して決めるべきです
- ジニ係数は、二分決定のための代替策の精度を比較するのに適した測定基準です。また、誤検知と検知漏れで生じ得る経済的コストを分析する手法は、さまざまな代替策のエラーを比較する上で非常に有効です
- 経験上、アルゴリズムは均質なデータが大量に（つまり数千という規模で）得られる時、最大の成果をあげます。データが非常に少ない時（過去データが100件から200件のレベルにも達しない場合）や、意思決定の担当者が（通常、質的な）追加情報を考慮できる場合には、人間よりパフォーマンスが劣ることもあります

とはいえ、たとえこうして普通はアルゴリズムのほうが代替策より良い結果を出せるとわかっても、アルゴリズミックバイアスの問題が払拭されるわけではなく、アルゴリズミックバイアスに起因する法的リスク、世間的イメージが損なわれるリスク、ビジネスリスクは依然として存在します。そこで後続の章ではアルゴリズミックバイアスへの適切な対処法に焦点を当てます。

13章
アルゴリズミックバイアスのリスクの評価

前の章では、「アルゴリズムのみ」のアプローチが決定問題の解決策として代替策(「人間による判断」「単純な基準」「くじで選ぶ」など) より優れているか劣っているかを判断する際に基盤となる知識を紹介しました。「十分な情報を得た上での意思決定（インフォームド・ディシジョン）」を行うための情報です。

前の章で説明したように、経験上、多くの場面でアルゴリズムのほうが代替法より優れた判断を下します。とくに人間による判断では往々にしてアルゴリズムの場合よりも多くのバイアスがかかるため、アルゴリズムを使ったほうがエラーが少なく、速度、費用の両面で勝るのです。とはいえ、意思決定にアルゴリズムを導入することで、「新たなバイアス」という代償を引き受けなければならなくなる場合もあります。

既存のアルゴリズムに何らかのバイアスがあるか否かを分析的に突き止める方法は「15章 アルゴリズミックバイアスの検出方法」で紹介しますが、これはあくまでもアルゴリズムが完成してからの話です。これに対して、もしも今「自分は特定の意思決定を念頭に置いて、そのためのアプローチをデザインしている段階にあり、私の中ではアルゴリズムは選択肢のひとつにすぎない」という状況にあるなら、実際に時間や労力や資金を投入してアルゴリズムの開発を進める前に、アルゴリズミックバイアスのリスクを理解しておく必要があります。ただ、ひとくちにアルゴリズミックバイアスのリスクと言っても、大きなリスクが伴う状況と小さなリスクが伴う状況がありますから、この章ではそれを見分けるコツを概念的なレベルで説明していきます。

一般に保険会社では損害の「頻度」と「深刻度」を個別に評価することでリスクの定量化を図りますが、アルゴリズミックバイアスのリスクに関しても同様の個別評価が有効です。アルゴリズミックバイアスが生じる頻度を高める要因と、アルゴリズミックバイアスが生じた場合にその深刻度を高める要因を、それぞれに考えていきましょう。

13.1 損害の深刻度の評価

バイアスのかかったアルゴリズムがもたらす損害の評価法の中には、もちろん「倫理的判断」も含まれます。ただ、事業上の意思決定に関しては、多くの場合、リスクを経済的見地から定量化する必要があります。アルゴリズミックバイアスがもたらす経済的損失を悪化させる要因を以下にあげます（倫理的判断は規則や世論によって影響される範囲で反映されることになります）。

- **法的リスク**——バイアスが個人に対する差別や違法な事例を引き起こしてしまった場合のリスクです。大抵は法規によって、越えてはならない一線が明確に引かれています（たとえば性別や年齢による差別）。そうした法や規則に違反すると、多額の罰金を課されたり、営業免許が取り消されたりすることがあります
- **レピュテーションリスク**——法的リスクとは対照的に、急に変わることもある、あいまいで「グレーな」ラインです。完全に合法的なアルゴリズムによる差別であっても、もしも世間の人々から不公平だと見なされ、しかもそのアルゴリズムにバイアスがかかっていることを裏付ける証拠がソーシャルメディアなどで拡散されたりすれば、評判（レピューテーション）を落とし怒りを買う恐れがあります
- **モデルのパフォーマンスリスク**——これは純然たる**事業上のリスク**です。アルゴリズムのバイアスが悪循環の引き金となってしまった、あるいは母集団が特定の層（アルゴリズムが損失を招いてしまうバイアスをもっている層）にシフトしてしまっていた場合など、アルゴリズムに期待していたのとは逆の結果を招いてしまうことがあります

以上のようなリスクを定量化しようとする時、組織の「リスク選好度（risk appetite）」に左右されることが少なくありません。リスクを負ってでも冒険しようとする強気な組織は、あえて違法すれすれの行為も辞さず、（たとえば「この手のバイアスなら世間にバレないだろう」といった具合に）危険を承知でレピュテーションリスクを冒そうとすることがあります。対照的に慎重な組織はしばしば安全第一の姿勢を貫いて法の適用範囲から決してはみ出さず（法律を裁判所よりさらに厳格に解釈し）、どんなレピュテーションリスクでも最小限に食い止めようとします。

そしてリスクは、モデルのパフォーマンスを頻繁かつ迅速に測定することで部分的にでも低減できます。測定によって意思決定の結果に有害なバイアスの影響が認めら

れれば、すばやく修正できるのです。

こうしたリスクの評価では、自社の事業上の具体的な状況で、法律や事業、評判に関連してアルゴリズミックバイアスが影響する範囲を、きちんと読み取り、評価しなければなりません。

リスクが非常に低い事例としては「売り込みのためのコンテンツをどの顧客に送るかを、典型的なマーケティングモデルを使って決める」という状況があげられます。たとえば、あなたはオンライン書店を運営していて、Tobias Baer（トバイアス・ベア）が書いたこの本を売り込むにはどの顧客にメールの広告を送るべきかをアルゴリズムを使って決めるとします。こんなワクワクドキドキするトピックの広告なら間違いなく誰もが読みたがるはずですが、仮にあなたのアルゴリズムが過去に編み物の本を2冊以上購入した人を差別し、ソックスを手編みするようなおばあちゃんたちならアルゴリズミックバイアスになんて興味ないに違いない、と決めつけたとしても、オンライン書店の屋台骨が揺らぐことは、まずないでしょう。選択肢を「無害な」ものに限って最適化すれば、アルゴリズム（とくに機械学習によって作られる低コストのアルゴリズム）は、ほぼ欠点ゼロで相当な威力を発揮してくれることが期待できます。

その一方で、アルゴリズムの利用法の中には、著しいマイナス効果を生む恐れのあるものもあります。中でも物議をかもしがちな利用領域が「刑事訴追」です。犯罪の容疑者を保釈するか否か、受刑者を仮釈放するか否かといった判断は、統計モデルの対象に適する典型的な「判断問題」であり、人間が判断をするとバイアスがかかる恐れがあることを裏付ける証拠も多数あがっています。しかしこの統計モデルのアルゴリズムに何であれバイアスが潜んでいれば、これはもう明白に公平性と民主主義の原則に対する重大な違反ですから、アルゴリズムが特定のケースの「特異な」事情を考慮しないデザインになっているのであれば、健全な議論によってそもそもこの種の判断をアルゴリズムにどこまで任せるべきなのかを検討するべきでしょう。

今のところほとんどの社会が（人間による）裁判という意思決定プロセスを選択していますが、調整の行き届いたアルゴリズムが裁判官の判断に含まれ得るバイアスの排除に役立つなら、それによる拘束力のない推奨を裁判官が判断材料のひとつにするというハイブリッドなアプローチが、なお良いかもしれない、との主張もあり得るでしょう。

これ以外にバイアスの代償が大きくなる可能性のある領域が、「信用供与」と「医療」です。まず信用供与についてですが、たとえば米国では厳しい規制が敷かれており、保護対象の顧客層に対する差別は民主主義の理想に反するだけでなく、重い罰則の対象にもなります。アルゴリズムが保護対象の顧客層を差別するリスクがほんのわずかでも存在する場合、アルゴリズムの使用許可は「データサイエンティストは違法な差別が生じないことを立証できなければならない」といった条件付きにするとよいかもしれません。このことは、データサイエンティストがモデリングの手法と使用データを選択する際に重要な意味をもち得ます。

次はバイアスの代償が大きくなる恐れのあるもうひとつの分野、医療についてです。たとえば「この患者は○○の処置を施すべき典型例だ」というのが大半の医師の見立てであったにもかかわらず、その「必須の」処置にアルゴリズムが異を唱え、その結果その患者が死亡したとなれば、甚大なレピュテーションリスクを招く恐れがあります。ですから、たとえアルゴリズムがきわめて高い信頼度を示して（たとえば、ある処置が失敗に終わる確率は99.9%だ、などとして、その処置を含まない）治療プロセスを提案しても、意思決定の担当者が「この状況ではこの処置が標準的な治療法だ。これを否定したりすれば許容しがたいレピュテーションリスクを（そしておそらく法的リスクまで）招きかねない」と判断してこの処置を推し進めることもあるわけです。

一方、事業上のリスクの規模は通常、関係する金額によって決まります。大半の金融機関がアルゴリズムによる自動化で、取り扱い金額（貸付金額、投資金額、請求金額など）の上限を設けているのはこのためです。金融機関によっては、こうした金額の上限を調整して客観的なリスク緩和効果を得るという、より高度な方法をとっているところもあります。たとえば、担保価格の融資金額については上限を調整する一方、金融投資については「予想最大損失額（value-at-risk）」など、より複雑なリスク指標（メトリクス）を使う、といった方法です。貿易金融では、高リスク国が関与するか否か、当事国間に過去の取引実績があるか否かなどの単純な基準を併用することによって、アルゴリズムのみの判断と一線を画しています。

13.2 バイアスの傾向の評価

アルゴリズムに有害なバイアスがかかる可能性（頻度）は、バイアスの影響の深刻度とはまた別の問題です。損失の傾向（すなわち有害なバイアスがかかる可能性）と損失の深刻度のどちらをまず評価するべきかは「その時々の都合」で決めてかまいませんが、最終的に行動方針の決め手となるのは大抵は損失の深刻度なので、これを先に評価するほうが効率的でしょう。

アルゴリズムにバイアスがかかる傾向を包括的に評価するには、当然ながら「2章 人間による意思決定で生じ得るバイアス」で紹介したアルゴリズミックバイアスを漏れなく調べなければなりません。しかしとりあえず「お急ぎの簡略版」として実用的なチェックリストを提案します。具体的には次の3点を確認します。

- このアルゴリズムは（採用に関わる意思決定で性別や人種による差別があったなど）過去にバイアスの悪影響を受けたことがわかっている実世界の（人間による）意思決定の代替策として使うものか
- このアルゴリズムを開発するために使った過去データはサンプルサイズが非常に小さかったか（たとえば200件未満、あるいはデータサイエンティストが通常使うサンプルのサイズの10分の1にも満たない、など）——中には比較的堅牢なモデリング手法もあります（たとえばロジスティック回帰なら600件のデータから成るサンプルでも可能です）が、決定木（けっていぎ）による予測など、機械学習の手法によっては、600件などという小さなサンプルサイズでは威力を発揮できないものが多いのです
- このアルゴリズムの開発に使った過去データに大きな欠陥はないか——具体的には、サンプルを選択する段階でバイアスがかかったとか（たとえばバイアスをもっていることが疑われる人々によって選択された、など）、サンプルの他の構成要素とは異なる挙動（ビヘイビア）を示しそうな、母集団の特定のサブセグメントが抜けている、あるいはデータを収集した時の状況が、将来予想される状況と大きく異なる、といった欠陥です

この3つの問いに対する答えがひとつでも「イエス」であれば、バイアスがかかるリスクは高くなります。これが示唆するのはどういうことでしょうか。それは、バイアスの深刻度が無視できるほどわずかである場合を除き、まずはバイアスを排除するための明確な対策をとる必要がある、ということです。

具体的には、バイアスのかかっていないデータを収集できるよう実験を行い（これが後続の章のテーマです）、有害なバイアスはすべて排除したと確信をもてる場合に限りアルゴリズムを導入する、といった対策です。これができなければ、100%アルゴリズム駆動の意思決定プロセス以外の、より安全な選択肢がないか、検討するべきです。

13.3 まとめ

この章では、対象のアルゴリズムにバイアスがかかるリスクを、将来を見越して定

量化する方法を紹介しました。骨子は次のとおりです。

- バイアスが生じたら直面しなければならない損失の深刻度と、アルゴリズムにバイアスがかかる可能性（頻度）の両方を評価する必要があります
- 損失の深刻度を高める要因は、法的リスク、レピュテーションリスク、モデルのパフォーマンスのリスクです
- 損失の深刻度の評価には、事業に関する知見とリスク選好度を反映させます（リスク選好度は、最悪のシナリオの「最悪度」を低くするような働きをします）
- バイアスがかかる可能性が高いことを示唆する指標の「御三家」は次のとおりです

  1. 人間のバイアスが（アルゴリズムの学習に利用される）過去のアウトカムに存在する
  2. 統計的に不安定な状態の原因となりそうなほどのデータの不足（サンプルサイズが小さすぎる）
  3. バイアスの要因となり得るほどの過去のデータの欠陥

- 損失の深刻度が無視できるほどわずかなら、重大な懸念は生じないかもしれず、その（バイアスのある）アルゴリズムを使用してもかまわないかもしれません。ただし将来、そのバイアスを低減もしくは排除するためのアップデートを行うとよいでしょう
- 損失の深刻度が中程度なら、「経済的コスト」と「アルゴリズムの利点」を天秤にかけて検討し、そのアルゴリズムを現場で使用する前にバイアスを排除する対策を講じたほうが良いと判断することもあり得ます
- 損失の深刻度が高い場合、アルゴリズミックバイアスを排除するためにあらゆる対策を講じなければなりません。そのようにしてアルゴリズミックバイアスを極力排除したあとに残った部分がたとえごく小規模であっても、決定プロセスのアーキテクチャによっては、アルゴリズムが下した決定を人間が確認するといった、さらなる安全策が求められることもあり得ます

この本をここまで読んだ方なら、アルゴリズミックバイアスを見る目が変わって、微妙なニュアンスまで理解できるようになったはずです。つまり、アルゴリズムを「白か黒か（善か悪か）」の視点で見るのではなく、アルゴリズムには利点もあればリ

スクも代償もあること、バイアスのかかったアルゴリズムでも「アルゴリズムなし」の状態よりはましな時もあることを、理解したはずです。また、時としてアルゴリズミックバイアスを排除するのが不可能な場合もあることも理解しているはずです。そこで次の章では、バイアスのかかったアルゴリズムが引き起こすダメージを最小限に食い止めるための対処法を紹介します。

14章
一般ユーザーによるバイアスの回避策

前の章では、対象のアルゴリズムにバイアスがかかっているのかいないのか、かかるとすればどの程度かかりそうなのか、リスクを評価するコツや手法を紹介しました。そしてこう結論づけました。

> ある程度のリスクが認められるアルゴリズムでも、その利点と経済的コストとを天秤にかけて、(たとえば「人間による判断」など、さらにひどいバイアスがかかり得る)他のアプローチよりはまだましな決断を下せる、と見なされるケースが多い。

これは、死の病の特効薬のうち、深刻な副作用を伴うものの場合とよく似た状況です。ですからこの章では、ちょうど医師が副作用を軽減する方法を模索するような感覚で、アルゴリズミックバイアスから身を守る方法を紹介していきたいと思います。

14.1 一般ユーザーによる回避の取り組み

専門家以外の人、つまり一般ユーザーがアルゴリズミックバイアスの問題を回避しようとする時、どのように取り組めばよいのでしょうか。一般ユーザーの場合、「十分な情報を得た上でのアルゴリズムの活用」がもっとも重要な「防衛線」となります。

参考までに、情報通の消費者(インフォームドコンシューマー)、つまり、十分な情報を得た上で食料品を購入し消費する一般消費者を思い浮かべてみましょう。ごく一般の消費者ですから、栄養学の専門家でもなければ、食品の健康リスクを理解するのに必要な医学的、生物学的知識を持ち合わせているわけでもありません。おまけに、何が身体に良くて何が悪いのか、ニュースサイトなどで「最新情報」を探ってみると、専門家でさえ、どういう食べ物が身体にどういう作用を及ぼすのか、まだまだ模索中なのではないか、という印象を受けてしまうことがあります。とはいえ、「十分な情報を得た上での意思決定（インフォームド・ディシジョン）」を実践するための大まかで基本的な経験則がないわけではありません。たとえば食物繊維は身体に良いけれど、砂糖の摂りすぎは良くない、「栄養バランスの良い食事」は栄養にまつわる大失敗を予防する最善策だ、といったことを私たちは知っています。

逆に消費者としてやってはいけないのが、おいしいからといって無闇に買ってしまうこと。そんなことをすればジャンクフードの食べすぎになるのが落ちだ、と私たちは知っています。また、広告を無闇に信じ込んではいけない、ということも知っています。というわけで、情報通の消費者（インフォームドコンシューマー）に不可欠な習慣は、読むこと、つまり食品の成分表示や栄養に関する記事を読むことです。

この本をここまで読んだ皆さんが、すでに「アルゴリズムの情報通（インフォームド）のユーザーへの道」に足を踏み入れていることは言うまでもありません。その流れで、私が読者の皆さんに習慣として身につけてほしいことを3つ紹介していきます。

14.2　身につけるべき習慣1　訊いて訊いて訊きまくる

第1は、ただもう訊いて訊いて訊きまくることです。

たとえばあなたがデータサイエンティストに与信スコアリングアルゴリズムの作成を依頼しているなら、その人を質問攻めにするのです。何であれ、知りたいことは残らず訊いて、あなた自身が理解を深めてください。データサイエンティストなんて腹黒い連中だとか、どうせいろいろ隠し事をするのだろうとか、決めてかかるのはいけません。あなたがそんな態度だと関係がこじれて、データサイエンティストの側でも身構えるばかりです。逆に、好奇心の命じるままに質問をして、活発に対話を進めていきましょう。

たとえば「アルゴリズムの『アウトプットを読む』とは、具体的にどういうことなのですか」と訊いてみましょう。そして「最新の与信スコアリングモデルなら、債務不履行に陥る確率が0.03%という超優良企業をピンポイントで選り抜くこともできるんですよ」といったことを教えてもらったら素直に驚きを表せばよいのです。また「その与信スコアリングモデルは、どうして私たちが作成する詳細な『クレジットメモ』を参照しなくてもそんなすごい成果を上げられるんでしょうか」「財務諸表を改ざんする会社があったらどうなるんですか」とも訊いてみてください。

そしてこれからが大事な質問です（さりげなく、ポーカーフェイスで訊いてみましょう）。

- 「このアルゴリズムにはどういうバイアスがあり得ますか」
- 「アウトプットにとくに注意が必要なのはどういう状況の時ですか」
- 「アルゴリズムを狂わせる要因はなんですか？」

このように質問攻めにする目的は「対象のアルゴリズムが実世界で直面するかもしれない難問や、そのアルゴリズムの最大の弱点となり得る事柄をデータサイエンティストによりよく理解してもらうこと」です。この目的が達成できれば、データサイエンティストは次のバージョンのアルゴリズムの改善について考えるだけでなく、監視（モニタリング）状況の改善や営業上の成果の保護のために、アルゴリズムの利用に明確な制限を課する提案をしたりするでしょう。あなたとデータサイエンティストの関係は、あなたが相手の目に「批判者」や「敵」ではなく「パートナー」として映るようになるにつれて生産的なものになってきます。

あなた自身がデータサイエンティストであるかのように振る舞ったり、データサイエンティストでないことに怖気づいたりするのは禁物です。あなたの存在がもたらす付加価値は「データサイエンティストとはまったく異なる非技術系の視点が、データサイエンティストの統計の専門家としての視点を補う」というものなのですから[†1]。

14.3 身につけるべき習慣2 推定値ではなく「不明」のラベルを付けさせる

さて、私が読者の皆さんに習慣として身につけてほしいことの第2は「十分な根拠がなくてアルゴリズムが有効な予測をできないのはどのケースなのかを把握しておき、そういうケースに関しては、アルゴリズムに推定値を表示させるのではなく『不明』のラベルを付けさせるよう、データサイエンティストに依頼すること」です。アルゴリズムに正直に「不明」と表示させるのではなく、常に（単なる母平均や乱数も含めて）最良の推定値を表示させるというやり方は、致命的な問題になりかねません。

†1 古いジョークがあります。掃除機のセールスマンが業界最新鋭の商品を携えてとある農家を訪れ、技術的な利点を並べ立てほめそやした挙げ句、ダストパックに入っていたホコリを床にぶちまけ、「これからこれを吸い取ってご覧に入れます。少しでも吸い残しがあれば、この私がスプーンですくって食べて見せます」と豪語しました。するとその家の主人は販売員にスプーンを渡して尋ねました。「うちにゃ電気が来てないってのに、掃除機をどうやって動かすんだか」

ここで留意すべきなのは、単純なアルゴリズムだと入力フィールドの値がひとつ欠けただけでもエラーを表示することが多い、という点です。これが役立つことも時にはあるのですが、こういう状況でもまだ有用な推定値を出せることが多いため、高度なアルゴリズムはいわゆる欠損値の補完（imputation）を行い、これが逆にすべての入力値が欠けている時でも推定値を表示してしまうというエラーにつながるわけです。

これに対して、特定のケース（複数）に「不明」のラベルを付けるというのは二重に賢いやり方です。まず、（人間の介入や従来型の決定則の応用も可能になるなど）優れた「混成型の（ハイブリッドな）意思決定プロセス」が可能になるという利点があります。また、当てにならない推定値がアンカー（先行情報）となり人間のユーザーにバイアスがかかってしまう現象を予防する効果もあります。

アルゴリズムが推定値を示した途端、この数字が独り歩きを始め、この数字が完全にランダムなものであることが明白な時でさえ、最終決定権をもつはずの「人間による判断」に無意識のうちにバイアスがかかってしまう危険性があるのです。しかもこのバイアスは出力の書式によってさらに強まることが少なくありません。たとえば2.47%というアウトプットは、単なる母平均であっても、人間の側では非常に正確なもののように感じてしまうのです。アルゴリズムはおそろしく大雑把な推測でさえ「丸める」ということをしません。人間のユーザーの警戒心を十分に掻き立てられるアウトプットは「不明」だけです。

14.4 身につけるべき習慣3 意味のある数値を報告してもらう

そして第3の習慣は「監視（モニタリング）リポートには常に意味のある数値を記載してほしいとの要望をデータサイエンティストに伝えること、また、万事が順調に運んでいるか否かをあなたが評価する上で役立つと思う指標（メトリクス）がほかにあるなら、そのメトリクスの値も報告書に加えるよう図ること」です。

健康を維持するには、食事の栄養に気を配るだけでなく、健康診断も定期的に受けて万全を期す必要があります。検査でたとえばコレステロース値が高ければ、それが食習慣を見直すきっかけになったりします。同様に、アルゴリズミックバイアス（や、アルゴリズムに関わる他のさまざまな問題）の存在を把握する上では、監視結果が非常に役立ちます。いや、監視がいかに重要かはいくら強調してもし足りません。ですから次の章でアルゴリズムの監視のしかたを詳しく解説します。とりあえずここでは、監視報告は意味のあるものでなければならないという点を肝に銘じてください。

「意味のあるもの」とは具体的には次の状況を指します。

1. どのメトリクスの値も、あなたにとって何らかの意味のあるものでなければならない（そうでなければ時間の無駄でしかありません）
2. すべてのメトリクスの結果をあわせて見た場合、網羅的になっていなければならない
3. 監視の結果報告は、重要な洞察につながるものでなければならない（たとえバイアスの存在を明示する値がひとつあったとしても、それが「OK」を示唆する他の1,000件の結果に埋もれているようでは、効果も期待薄でしょう）

したがって、優れた報告書とは、とくに次の2種類の状況であなたの注意を引くようになっているもの、と言えます。

- 「安全」あるいは「OK」と見なせる値域に収まらない数値がある
- 数値が大きな変化を見せた

これは実を言うと、私たち人間の脳が「危険はないか」と絶えず周囲に気を配る時の手法にほかなりません。つまり、常ならぬものや大きな変化がないか目をこらす、という手法です（「2.3 アクションン志向バイアス」で説明した「奇異性効果」を参照）。

ここで、かつて私のクライアントであった銀行の経験談を紹介しましょう。監視の効果が実証された経験です。家を担保にして借りるローンであるホームエクイティローンのパフォーマンスを測定する有力なメトリクスのひとつで「ビンテージカーブ」と呼ばれている因子（ファクター）が2005年に、大きな変化を示唆しました。2005年といえば世界金融危機の2年前のことです。つまりこの因子は、やがて襲ってくる大津波をこんなに早い段階で察知し、警告信号を発したのです（この事例は次章15.3節の「キャリブレーションの評価（M3）の実践法」で再度取り上げます）。

14.5　無知の知

アルゴリズムのユーザーは、以上3つの習慣をすべて身につければ、別に技術的知識がなくてもアルゴリズミックバイアスのリスクに関する情報をしっかり仕入れられ

るだけでなく、明確な解決法を模索する意欲や道筋も得ることができます。

データサイエンティストとの対話によって把握したアルゴリズミックバイアスに伴うリスクや限界は、事業者、モデリング担当者の双方がとるべき予防策に活かせます。事業者側の予防策としては（特定のタイプのケースや、アルゴリズムの利用に関する他の弱点の）人間による再確認などが、また、モデリング担当者側の予防策としては、データの修正、特定の変数の削除、特定のメトリクスに焦点を絞った監視、などがあげられます。このようにして効果的な監視を実践することで、新たに生じつつあるバイアスも、既存のバイアスのうち悪化しつつあるものも、共に突き止められます。

最後にもう1点。上で推奨したうち、第2の習慣（アルゴリズムが有効な予測をできない時には、それをいさぎよく認めさせ、「不明」のラベルを付けるようにさせる、という習慣）は、3つの中では一番馴染みの薄いものでしょう。ソクラテスの"ἓν οἶδα ὅτι οὐδὲν οἶδα"（無知の知）という言葉を考えると、やや皮肉な手法とも言えそうです。デルフォイの神託で下った「アテネで一番の知者はソクラテス」というお告げを弟子から知らされたソクラテスは、その意味を明らかにするべく、アテネの高名な人々を訪ね歩きます。すると皆、何も知らないのに知っていると思い込んでいる様子なので、ソクラテスは「この私は自分が何も知らないことを自覚している（無知の知）、したがってあのお告げは本当なのかもしれない」と考えるに至りました。

この本がアルゴリズムの「知ったかぶり」を正せるとよいのですが……

14.6　まとめ

この章では、アルゴリズムの「一般ユーザー」が、技術的な専門知識がなくてもアルゴリズミックバイアスのリスクに対処できるようにするため、身につけるとよい3つの習慣を提案しました。骨子は次のとおりです。

- 「一般ユーザー」はアルゴリズムのリスクや弱点について議論し、理解することで、適切な予防策を講じられるだけでなく、実世界のビジネスに関する洞察によって**データサイエンティストを支える思考面でのパートナー**にもなれます
- ビジネスユーザーにとって禁物なのは、データサイエンティストを身構えさせて率直な議論を不可能にすることと、実世界のリスクを現場の生の言葉で話し合うべき時にデータサイエンティストが技術的な専門用語を持ち出すのを許してしまうことです。ビジネスユーザーとデータサイエンティストが円満に議論

を進められる環境は、双方にとって非常に大切なのです

- アルゴリズムの弱点とバイアスの危険性についての議論でこなすべき実用面での課題のひとつに「アルゴリズムのアウトプットをやめ、代わりに『不明』のラベルを付けるべきケースの、客観的な判定基準を特定すること」があります
- ユーザーに対して「不明」のラベルを表示するべきすべての箇所で、数値の出力を止めることは、バイアスのかかった値がアンカー（先行情報）となり人間のユーザーにバイアスがかかってしまう現象を予防する上で必須です
- アルゴリズムの弱点とバイアスの危険性についての議論でこなすべきもうひとつの実用面での課題は「自社独自の監視体制を定義すること」です

次の章では監視についてさらに掘り下げ、アルゴリズムの既知の弱点が大惨事につながるのを防ぐ先を見越した（プロアクティブな）監視のほか、コンセプト的には健全に見えるアルゴリズムに予期せぬバイアスが潜んでいる場合にそれを探知する手法やコツを紹介します。その次の章では、より広い視野に立ち、バイアスのかかったアルゴリズムに対処するための経営戦略を紹介します。

15章 アルゴリズミックバイアスの検出方法

前の章で「アルゴリズムを管理する上で中心的な役割を果たすのが監視（モニタリング）です」と指摘しました。しかしアルゴリズムの監視は驚くほど油断のならない作業なのです。そのことを巧みに表しているのが次のRon DeLegge IIの言葉です。

> 統計の99%をもってしても、物語（ストーリー）全体の49%しか語れない[†1]。

だからこそ、報告書に記載された意味のない数字に踊らされてバカげたことを言ったりしたりするケースが跡を絶たないのです。たとえ悪意のない場合でも、まずいやり方で算出もしくは解釈された数字が、人を著しく誤った方向へ誘導してしまうことがあります。そこでこの章では、ユーザーの視点に立って、アルゴリズミックバイアスの有無を監視する最適な方法を包括的に解説します。

ところでこの章では、肩肘張らずに楽しく読んでいただけるよう、酒癖の悪い調理師、モルモット料理、ビール、火星人街を題材にするなど、私なりに工夫をしたつもりです（まあ、アルゴリズムの監視についての章であることに変わりはありませんが)。「オレはアルゴリズムの監視なんて死ぬまでやらん」との固い信念がある人は、気軽にこの章を飛ばしてくださってかまいません（が、そんなことをしたら思わぬお楽しみを逃すかもしれません)。

15.1 アルゴリズムの監視とは

まず、アルゴリズムの監視とはどのようなプロセスなのか、その概要を説明しま

†1 Ron DeLegge II, *Gents with No Cents, 2nd edition*, Half Full Publishing Group, 2011.

しょう。

監視は定期検診のようなもの

私は常々、アルゴリズムの監視(モニタリング)とは医師による定期検診のようなものだと考えています。健康診断を受ける人がまだ自覚していない健康上の問題はないか、お医者さんが（血液中のコレステロールレベルを調べるなど）標準的な測定基準に従ってチェックするのが定期検診です。もっとも、すでに何らかの問題を抱えている人の場合、（たとえばてんかんを患っている人なら、投薬の1回分の適量に変化がないかを確認するなど）その人向けの特別なチェックを行い、新たに灯った「黄色信号」があれば精密検査（たとえば怪しげなホクロの組織検査など）を行います。

アルゴリズムにとっての「定期検診」、つまり監視を行う際には、対処しなければならない難題が2つあります。ひとつは「6章 実世界のバイアスがアルゴリズムにどう反映されるか」で紹介した、「実世界に存在するバイアスがアルゴリズムにも反映されてしまうことがある」という問題です。こうしたケースを、「アルゴリズム自体がバイアスを誘発または悪化させるケース」としっかり区別する方法を見つけなければなりません。影響も対策も大きく異なるからです。

監視の際に対処しなければならない難題の2つ目は、機械学習の導入によって監視作業が相当複雑になった点です。その理由は2つあります。

- 機械学習モデルは、より単純な従来型のアルゴリズム（ロジスティック回帰など）に比べてはるかに複雑で透明性も低い
- 機械学習モデルは人間が作成したモデルよりはるかに高頻度で更新できる（たとえば1日に1回。リアルタイム学習なら1日何度でも）

こうした事情が、監視体制の整備を阻む壁として立ちはだかっています。技術革新の例に漏れず、アルゴリズムの開発法の最先端は監視手法の最先端よりもはるかに速く、はるかに先へと進化しているのです。

というわけで、この章では、まず「15.4 有意性と正常範囲」までの節で、アルゴリズムの監視の基礎を紹介します。続いて、「15.5 根本原因解析」で、監視の過程で浮上した、バイアスと見られるものの根本的な原因を解明する手法やコツ（たとえばアルゴリズミックバイアスと実世界のバイアスの比較）を説明します。そして最後に、ブラックボックス型の機械学習モデルや頻繁に更新されるアルゴリズムに適した監視手法を提案します。

監視体制の整備

アルゴリズムを監視（モニタリング）する目的は「起こる可能性の高い問題を警戒し、必要に応じて警鐘を鳴らすこと」です。同様の働きをするのが身体の「痛み」で、私たちはたとえば足の裏に突然痛みを感じたら、何か尖ったものを踏んだりしてケガをした可能性を疑います。

監視は次の3つのステップから成るプロセスです。

1. 追跡対象とする指標（メトリクス）とその「正常範囲」の定義——とくに後者は重要で、これを怠ると無意味な結果しか得られません
2. 選択したメトリクスの値を定期的に算出、報告するプロセスとルーティンの構築
3. レポートの確認、正常範囲を外れる結果の出たメトリクスの特定・評価、対策の決定

しかし現実には、以上の要件を半分も満たせていない定期レポートが多く、何ページにもわたって無意味な数字が並んでいるだけなので、現場担当者にはわけがわからず、そのため何の対策もとられず、結果的に明らかな「黄色信号」の数々が見過ごされています。

メトリクスの向き

メトリクスを定義する際には、メトリクスの向きも考慮します。メトリクスには「フォワードルッキング（前向き）」と「バックワードルッキング（後ろ向き）」の2つのタイプがあります。意思決定のためのアルゴリズムは通常、予測のためのもので、結果がしばらく後に判明する事象について予測をします。つまり、真実が明らかになるのは（いつも、ではないにしても）多くの場合、将来なのです。

たとえば私の作ったアルゴリズムが、ある顧客が申請していた1年間のローンを承認したとして、その顧客が期限内に返済するかどうか、結果が判明するのは1年後のことです（ただし顧客が借入を断念したら、その顧客がこのローンを返済するかどうかは当然「わからずじまい」となります。顧客の返済確率を私のアルゴリズムがあまりにも低く見積もったため、利率が高くなりすぎ、怒り狂った顧客が悪態をつきながら店舗を出て行ってしまったといったケースがこれに当たります）。

事業上の決定をするためにアルゴリズムを使う時には、フォワードルッキング・メトリクスを利用できます。たとえば今月のすべてのローン申請の承認率を計算し、そ

れを目標範囲（ターゲットレンジ）と比較するといった具合です。

これに対してバックワードルッキング・メトリクス（実績を基にするメトリクス）は、問題が生じた場合に、それをもっとも端的に示す指標ではあるものの、少し待たないと（つまり実際に結果が判明してからでないと）測定できません。たとえば今月承認されたすべてのローン申請の1年後の債務不履行（デフォルト）率を算出し、それをローン開始日の予測結果と比較するという作業は、1年経ってからでなければできません。

バックワードルッキング・メトリクスの抱える大きな問題は、意思決定のプロセスでデータにバイアスがかかることが多い、という点です。ローンの申請者の返済状況に関するデータは、承認された申請者に関するものなら1年後に入手できますが、拒絶された申請者に関するものは入手のしようがありません。同様に、自分が採用した販売員の販売実績は測定できますが、不採用にした販売員の販売実績となると、データの生成など不可能です。アルゴリズムのパフォーマンスをきちんと分析し、あるクラスのケースを拒絶したことで生じたバイアスを探知するためには、拒絶したケースのデータを見つける方法を考え出さなければなりません。「拒否推論（リジェクトインファレンス）」と呼ばれるものです。

時に、外部のデータで有用なものを見つけられることがあります。たとえば、ある銀行が拒絶したローンの申請者が、ライバル銀行に申し込んで承認されたローンを完済したか否かに関する情報を信用調査機関から入手できたといった場合です。あるいは、自分たちが拒絶した申請者のサンプルをランダムに選び出し、人為的に「承認」してみて、どうなるかを見る、という形でデータを自分なりに生成せざるを得ない場合もあります。後者については「17章 公平公正なデータの生成法」で詳しく説明します。

単純なメトリクスと高度なメトリクスの併用

メトリクスには、単純なものと、より高度なものがありますが、以下ではこの両者を組み合わせます。どのメトリクスにも（とくに単純なメトリクスには）限界があります。ただ、上で引き合いに出した「医師による定期検診」の喩（たと）えを忘れず、「黄色信号」はあくまでも警告にすぎないこと（おかしい所があるかもしれないけれど、問題があると100%断言できるわけではないこと）をわきまえてさえいれば、限界のある単純なメトリクスでも価値は大いにある、と私は考えています。

15.2 代表的なメトリクス

この節では、監視（モニタリング）に利用する代表的なメトリクスを紹介します。私は次の4つのメトリクスを頻繁に用いています。このうち2つはフォワードルッキング・メトリクス、残りの2つはバックワードルッキング・メトリクスです。わかりやすいようにM1からM4の記号を割り当てておきましょう。

- 分布分析（M1。フォワードルッキング・メトリクス）
- オーバーライド分析（M2。フォワードルッキング・メトリクス）
- キャリブレーションの評価（M3。バックワードルッキング・メトリクス）
- ランク付け（M4。バックワードルッキング・メトリクス）

まず、それぞれのメトリクスの概要を紹介しておきます。詳しい説明は、「15.3 各分析の実践」を参照してください。

分布分析（M1。フォワードルッキング）

最初に説明するメトリクスは、フォワードルッキング・メトリクスのひとつである「分布分析」です。あるバイアスに特定の属性が関連しているとの仮定を立て、その属性に関わるアルゴリズムのアウトプットの分布状況を分析します。

たとえばローンの申請者を性別や年齢、居住する都市などで分類し、それぞれの承認率を算出します。その結果、たとえば男性の承認率が40%なのに女性はわずか3%だったら、ひどいバイアスがかかっている可能性があります。

ただし（あえて繰り返しますが）「バイアスがかかっている**可能性がある**」と言っているだけで、十分納得の行く理由が背後にあることもあります。たとえばあなたが乗客の体重で運賃を決めている格安航空会社を経営しているとしましょう。太った乗客は痩せた乗客より航空燃料を余計に使うでしょうし、機内で飲み食いする量も多いでしょうし、（飛行機の座席を廃止してベンチにしたとして）ベンチの専有面積も痩せた乗客よりは多いでしょうから、あながち理不尽な料金設定法とも言えないはずです。この場合、もしも男性の平均的なチケット料金のほうが女性のそれより高かったら、男性に対する差別と言えるでしょうか。男性のほうがおしなべて女性より重い、というのであれば差別にはなりません。体重がきっかり165ポンド（74.8キロ）の乗客だけから成るサンプルを見てみれば、性別に関係なくどの乗客にもまったく同じ料金が課されているはずです。

というわけで、この「分布分析」という手法はあくまで「はじめの一歩」にすぎず、バイアスがかかっている可能性をチェックする手っ取り早い浸せき試験（ディップテスト）（液体の中に先端を少しだけ浸す形式の試験）なのです。有害なバイアスがありそうだと思う理由があるなら、「次なる一歩」として、より入念な分析を行えばよいでしょうし、行うべきです。

オーバーライド分析（M2。フォワードルッキング）

「アルゴリズムが下した決定を人間が検証するため」「意思決定の影響を受けた人々が不服を申し立てることがあるため」といった理由で、意思決定のプロセスが必然的に何らかのオーバーライド（「無効化」あるいは「覆（くつがえ）し」）を引き起こす場合に使える手法です。

絶対的なレベルで、オーバーライド率が高いという状況はアルゴリズムに問題がある可能性を示唆する最初の兆候であり、深掘り（ディープダイブ）分析（セグメントごとのオーバーライド分析あるいは根本原因解析）によって、オーバーライドが特定のグループのケースに集中しているか否かがわかる可能性があります。

また、もしもオーバーライドの過程でその理由が意味のある形で記録されていれば、モデルへの入力やモデルのロジックのうち、とくにどれがバイアスを引き起こしているのかを特定できることさえあり得ます。

たとえば、仮に私の銀行では採用のプロセスで、履歴書の審査はアルゴリズムに任せているものの、スコアが境界線上（ボーダーライン）にある応募者については人事部の複数の担当者に審査させているとします。そしてこの担当者は、アルゴリズムが「アイビーリーグ（米国東部の名門私立大学8校）」以外の大学を出た応募者にペナルティを課したと思われる件の大半で、アルゴリズムの「拒絶」の判断を覆したと記録していたとします。この状況から見て取れるのは「このアルゴリズムがアイビーリーグ出身者を不当に優遇している可能性」です。

キャリブレーションの評価（M3。バックワードルッキング）

私が推奨する「バックワードルッキング・メトリクス」は、「キャリブレーションの評価」と「ランク付け」です。まずキャリブレーションを見てみましょう。

キャリブレーションとは、観測されるデータに合うようにモデルのパラメータを調整することです。アルゴリズムがやるべき仕事（予測）をきちんとやっているかどうかを調べる、いわば「リトマス試験紙テスト」で、予測値を実際のアウトカムと比較します（したがって「バックワードルッキング・メトリクス」になります）。

すでに述べましたが、アルゴリズムは**平均して**正しいものになることに狙いを定めています。アウトカムが2値(バイナリ)のイベントで、そのためそのイベントが起こる確率はひとつのケースだけでは概念的にさえ検証できない時には、とくにそうなります。

したがって、バイナリのイベントに関しては、アルゴリズムが提示した平均確率を、実際に判明した結果から算出した確率と比較します。たとえば1,000件から成るローンのポートフォリオについて、アルゴリズムが予測した平均デフォルト率が2.3%だったとすると、これは1,000件中23件が債務不履行に陥る可能性があるということです。ところが実際に債務不履行に陥ったケースがなんと472件もあったとすると、このアルゴリズムはどこかに重大な問題があることになります。

連続的なアウトカムに関しても、同様に予測とアウトカムを比較します。たとえば私のアルゴリズムが、有名なイタリアのサッカーチームの選手ひとりの頭髪の平均本数を107,233本だと予測し、実際に1本1本注意深く数えた結果から算出した平均本数が107,234本なら、私のアルゴリズムは「きわめて正確」と言えるでしょう。

ランク付け（M4。バックワードルッキング）

4番目のメトリクスは「ランク付け」です。ランク付けもバックワードルッキング・メトリクスですが、キャリブレーションの評価とは大きく異なります。「12章 アルゴリズムを使うべきか否か」で説明したように、統計的アルゴリズムの目的は、さまざまに異なる人々の扱い方を区別するための、事実に基づいた公平な基準を提供することです。ランク付けで決まる「ランク」がこの基準になります。

仮にあなたは人の髪の毛を買い入れてカツラにして売るという商売をやっており、入手する髪の毛の本数次第で収益が決まるとしましょう。この場合、どの人の頭髪も107,233本と推定するアルゴリズムは無用の長物です。それぞれの人の髪の毛の多さ（少なさ）を知る必要があるわけですから。バイナリのアウトカムのランク付けの優劣を測定するためのメトリクスとして（これも12章で）「ジニ係数」を紹介しました。

15.3 各分析の実践

次はもう少し掘り下げて、（問題を引き起こす「悪魔」が潜んでいる局面である）上記の各分析手法の「実践」の際に役に立つコツを紹介していきましょう。続いて、それぞれのメトリクスの「正常範囲」を見定める方法、つまり特異事例の追跡調査としての「根本原因解析」を行うべき潮時を見定める方法を紹介します。その中で、上であげた基本的な分析手法の代わりに使えるメトリクス（基本的な分析手法の弱点を補うメトリクス）も、いくつか紹介します。

この本の第Ⅲ部の対象読者はアルゴリズムのユーザーで、その大半はデータサイエンティストではありません。それに第Ⅲ部は統計学の専門書のような内容でもありません。そのため、ここでは統計学の専門的な内容に踏み込むことなく、（Excelなど）表計算ソフトのような基本的なツールでできる分析や、ユーザーがデータサイエンティストに依頼できるタイプの分析に限って提案していきます。

分布分析（M1）の実践法

まず分布分析について説明します。なお、この本では「分布分析」を「やや緩（ゆる）い意味」で使っている点に留意してください。

多項アウトプットの場合

まず多項アウトプット（「次にどの本を推奨するか」など、アルゴリズムが特定のカテゴリーの値からひとつを選んで提案する場合）に関する分布分析においては、各カテゴリー値の相対度数を計測することになります。そしてひとつの表にまとめられないほど項目が多い場合は、たとえばまず上位5つだけをあげ、残りは（「フィクション」と「ノンフィクション」など）カテゴリーでまとめるといった形でレポートを作成します。

連続的なアウトプットの場合

連続的なアウトプットの場合は（平均値や中央値など）単独の測定基準で要約できるので、多くの場合ユーザーにとってはとても把握しやすい、という利点があります。

たとえばオンライン書店のアルゴリズムが推奨する本の平均価格が下降傾向を示したら、店主は不安に駆られるでしょう。「安価がよい」とするバイアスがかかっているため、手をこまねいていたら店がつぶれてしまうかもしれません。

場合によっては、（本の価格帯を5つ設けるなど）値域を複数設定し、この複数の価格帯に属するケースの百分率分布を時系列で追跡するほうが有意義な場合もあるでしょう。たとえば中間価格帯の本の推奨率が下がってきているのに対し、超低額価格帯か超高額価格帯の本の推奨率が上がってきたら、1冊当たりの平均価格は一定でも、「尋常ではない状況」ということになりますが、それがこの書店にとって有利なのか不利なのかはケースバイケースです。

このように複数の値域を設定して測定結果を継続的に報告する手法で、その時々のデータの最小値と最高値を明示すると大変参考になります。いわゆる「外れ値」がバイアスの原因や症状である場合があるからです。

バイナリアウトプットの場合

バイナリのアウトプット（「YES／NO」の二者択一）の場合、選択肢としては割合の算出（単一のメトリクス）に目が行きがちですが、世の中を白と黒に分ける単純な視点の裏に実は第3のカテゴリー（「どちらとも言えない」）が潜んでいる、という状況に目を光らせるべきかもしれず、3つのカテゴリーを設定したほうがはるかに有意義かもしれません。

たとえばローンの返済状況の追跡調査で、開始から1年後に返済が60日から89日滞っている顧客が大勢いるという状況。こうした顧客は数字の上では（まだ）債務不履行に陥ってはいませんが、「優良」顧客とは到底言えません。

測定結果の解釈

各分析方法の実践法の途中ですが、測定結果の解釈について留意点を述べておきます。

何事につけても「簡潔」を第一とするにしても、何を測定するべきなのか、測定結果をどう解釈するべきなのかはきちんと押さえておかなければなりません。そのため、常に頭に入れておいてほしい4つのコンセプトを紹介したいと思います。

- フローとストックの違い
- 統計的有意性
- バイアスに関係のない属性を利用した統計的有意性の確認
- マテリアリティ（重要性の原則）

フローとストックの違い

まず第一に、今焦点を当てているのが「フロー（一定期間内に流れた量）」なのか「ストック（ある時点で貯蔵されている量）」なのかをきちんと区別することがきわめて重要です。ローンのポートフォリオを例に取って考えてみましょう。この場合の「フロー」は、新規に始まったローン（つまりこのポートフォリオに合流してきたもの）、そして「ストック」はこのポートフォリオを構成する、開始日がさまざまに異なるローンの全体です。住宅ローンなど期間の長い融資では、相当な年月が経過しているものもれば、開始後まだ日の浅いものもあるはずです。

前のほうで少し触れましたが、「ストック」は統計的なアーティファクト（不適切な統計処理によって現れたパターンなどの不自然な結果）を招くことがあるので油断がなりません。たとえば昨日が開始日であったローンが「支払い期限を90日超過する」ことは理論上あり得ません†2。

対照的に、開始後5年が経過している一群のローンに関しては、これまでに債務不履行に陥る機会が多数あったわけですから、デフォルト率ははるかに高いはずです。こうした古いローンを新しいローンと比較してもまったく意味がありません。リンゴはリンゴと比較しなければ。だからこそ私はいつも「フロー」を分析することを推奨しているのです。

統計的有意性

常に頭に入れておいてほしい第2のコンセプトは「統計的有意性」です。想像してみてください。今晩あなたが帰宅したら、5歳の息子さんの部屋がきれいに片付いていました。なんでも息子さんが自分で掃除したのだそうです。息子さんは突如「清潔の大切さ」に目覚め、「ちらかった部屋」はもはや過去のものとなった？ そうであってほしい、とあなたは思うでしょう。でも本当にそうなのでしょうか。その後も毎晩毎晩、息子さんの部屋がきれいに片付いているようなら、「うちの息子はフツーの子とは違う、スバラシイ子なんだ」と思えるようになるかもしれませんね。

同じことがデータについても言えます。こちらは息子さんとは違って、アイスクリームを買ってもらいたいとか、外泊を許してほしいといった下心から、あなたのご機嫌を取るようなことはしないでしょうが、偶然良く見えたり悪く見えたりすることがあるのです。「あることが何度起これば、これは本物の変化なのだと思えるか」という質問に対する洗練された回答、それが「統計的有意性」です。

実際のデータを使ってこの「統計的有意性」を調べようとする時に頼りになるのが、あなたのお抱えデータサイエンティストです。2つの平均値を比較したいだけなら、**t検定**を使えば、平均の差が単なる偶然である確率を調べられます。

この本は仮説検定に関する本ではありませんし、第Ⅲ部の対象読者は統計の専門家ではありません。したがってt検定の片側検定をするべきなのか、それとも両側検定をするべきなのかとか、z検定のほうがよいかといった詳細には、ここではあえて踏み込みません。ユーザーの皆さんが現場の実情にもっとも適した検定法を選ぶためには、信頼できるお抱えデータサイエンティストに相談し

†2　「90日超過」は「滞納中」のラベルを付ける際の代表的な基準です。

たほうがよいと思うからです。
幸い、問題の方向を確認したい時には、こうした検定のどれもが有用で、本当に疑わしい場合には警告を発してくれます。卵が腐っているかどうかは、左右どちらの鼻の穴で嗅いでも、鼻先3cmのところへかざしても30cmのところへかざしても、確かめられますよね。同様に、どの検定でも効果があります。

たとえば履歴書の審査を担当しているアルゴリズムが、先週は5人の中から3人（60%）も女性を選んだのに、今週は7人の応募者の中から女性たったひとり（わずか14%）を選んだだけだったとしましょう。これは「アルゴリズムに有害なバイアスが生じた」ということなのでしょうか。判断の難しい問題です。今週は先週と比べて女性が選ばれる割合がかなり下がったものの、合格者の女性が2人減っただけと考えれば、単なる偶然なのかもしれません。

あなたのお抱えデータサイエンティストなら、Excelでt検定を行い、1分もしないうちに結果を出してくれるでしょう。たとえば結果が「p値（有意確率）20%」だったとします。これが意味するのは「もしもすべてが変わらず、このアルゴリズムが以前と同じ確率で女性を採用し続けるなら（こうした、2つの状況の間に差がないとする仮説は「帰無仮説（きむかせつ）」と呼ばれています）前回とまったく同じ数字が出る確率は20%」ということです。つまり、p値は「観測された差が偶然によって出た確率」を示していると考えればよいでしょう。統計の専門家ならp値が5%から10%以下でなければ問題にしません。ましてや「高度に有意」となると、p値は1%とか0.1%を下回るようでなければなりません。つまり、わずか5人だの7人だのの履歴書を審査すること自体が、統計的な観点から見れば無意味なのです。

p値は、どのぐらいの量のデータを蓄積すれば有意な分析ができるのか（たとえば履歴書審査を担当するアルゴリズムの審査通過率を調べたい時に、応募者のデータを「蓄積」する期間を、1日にするべきか1週間にするべきか、あるいは1四半期にするべきか、など）を見極める際にも役立ちます。

ちなみに、何であれ観測回数が30回に満たないと、「まぐれ」と「本物の傾向」の区別が大変難しくなるという、ごく大雑把な経験則があります。（この経験則は社会科学の分野では事あるごとに使われてきて、心理学で言う「再現性の危機[†3]」を招い

†3 論文に記載されている方法で実験を再現しようとしても同じ結果が出ないことが多いという、科学における方法論的な危機のこと。詳しくはウィキペディア（https://ja.wikipedia.org/wiki/再現性の危機）などを参照。

た経緯もあるのですが、まあ、ここでは私を信用してください[†4]。サンプルサイズはどんな場合でも大きければ大きいほどよいので、私は通常、最低でも100件は集めるようにしています。ですからたとえば1ヵ月なら30～50件、1四半期なら100～200件集められるという時、データの収集期間としては1四半期のほうを選びます。

バイアスに関係のない属性を利用した統計的有意性の確認

測定結果の解釈について常に頭に入れておいてほしい第3のコンセプト「バイアスに関係のない属性を利用した統計的有意性の確認」は、統計のちょっとした魔術とも言えます（これについても、お抱えデータサイエンティストの手を借りる必要があります）。単純な母集団の平均を使うより、はるかに効果的にアルゴリズミックバイアスを掘り起こせます。

格安航空会社の例をここでも使いましょう。乗客の体重で運賃を決めている、あの風変わりなスタートアップの格安航空会社です。とはいえ、飛行距離や、（出発日の前日とか3週間前といった）購入時期による割引の有無、チケット予約時の空席の数も、もちろんチケット料金を左右します。そして前にこの例を引き合いに出した時には「この航空会社は男性を差別しているのでは？」という懸念もありましたよね（ちなみにこの会社の役員は全員が女性なので、この点がなおさら気になります！）。

この会社の経営者であるあなたが、男性を差別などしていないことを証明したいのであれば、チケット料金を算出するアルゴリズムを公開して、乗客の性別が料金計算を左右していないことを誰もが検証できるようにすればよいでしょう。ただし、この会社の営業担当は（これまた全員が女性で）電話や空港のカウンターで航空券を販売する際、割引をする権限を与えられています。そこであなたのお抱えデータサイエンティストは、最終的に乗客が支払うチケット代の実態を明らかにするべく、「アルゴリズムのアウトプット」と「乗客の性別」という2つの変数だけを使って回帰（リグレッション）分析を行います。これによって、どちらの因子（ファクター）でも最終的なチケット代を有意に予測できることが立証できれば、あなたの会社が男性を差別していることを裏付けるかなり有力な証拠となります。

この例では、アルゴリズム自体に問題があるのではなく、会社がチケット販売の担当者に割引の権限を与えていることがアルゴリズムのアウトプットを左右している、との実情が判明しました（男性客はチケット販売担当の女性の機嫌を損ねまいとして

†4 もしくは、J. Cohen, "A Power Primer", *Quantitative Methods in Psychology*, 112(1), 155–159, 1992の、サンプルサイズに関する解説を参照してください。信頼に足る解説です。

ゴリ押ししなかったけれど、女性客はしぶとく値切った、とか？）。これは重要な発見です。このようにアルゴリズミックバイアスではなく、「混成型の（ハイブリッドな）意思決定」の採用によって許されている（人間による）判断がバイアスを招いているケースは多々あります。「2章 人間による意思決定で生じ得るバイアス」で紹介した人間自身のさまざまなバイアスを思い起こせば、驚くには当たらない現象です。

ただ、あなたの航空会社で価格設定を担当している部署が、情報開示には及び腰で協力的な姿勢を示してくれません。広報部も「（上述の）客観的な要因は別として、乗客の属性への配慮なんて一切していません」と主張し、アルゴリズムの公開を断固拒否しました。しかし、ある大手旅行会社が、あなたの航空会社から購入したチケットに関するデータをもっており、これを使えばある程度の統計的分析ができそうだということが判明します。

この状況であなたのお抱えデータサイエンティストにできるのは、まず「乗客の性別」以外に入手できるすべての因子を使ってチケット料金を予測する価格決定モデルを構築することです。これは事実上、あなたの航空会社の価格決定アルゴリズムの「リバースエンジニアリング」とも言えます。このモデルの予測値を「チケットの客観的な価格」と呼ぶことにしましょう。次に、この「客観的な価格」と「乗客の性別」という2つの因子を使って重回帰分析を行い、乗客が払う価格を算出します。ここでも価格を説明する上で「性別」が有意な因子であるか否かを突き止めようとしているわけです。この場合のチケットは券売機で購入したものでしたので（上記旅行代理店が航空会社のコンピュータに問い合わせて、航空会社側の人間が関与していないことを確認しました）、この航空会社のアルゴリズムが事実上、男性を差別していることを裏付ける証拠が手に入りました。注目してほしいのは上の文に事実上と添えて意味を限定した点で、その理由は「『性別』が価格決定アルゴリズムへの直接的な入力かどうかや、影響が間接的なものかどうかがわからないから」です。

マテリアリティ（重要性の原則）

さて、第4（最後）のコンセプト「マテリアリティ（materiality）」についてです。私はこれに触れずに「有意差」を論じることはしたくありません。有意差は防御の最前線です。有意でない現象は「まぐれ」や「ノイズ」であるリスクが高いので、意思決定の判断材料にするべきではありません。

しかし裏を返せば、人は時に「有意な」結果に色めき立って、その影響の重要性の低さを見過ごすことがある、とも言えます。とくにデータセットが非常に大きい時、ごく小さな絶対的相違でも統計的に有意になることがあります。たとえば、データサイズが十分あれば、男性客のチケット代の平均が女性客のそれよりも23セント高いだけでも、あるいは、空きポストの補充における女性応募者の採用率が77.1%、男性応募者のそれが77.3%と僅差でも、その小さな差が統計的に有意となり得るのです。

このような状況で考えなければならないのは、こうしたごく小さな相違を修正しようとすることが、本当にもっとも有効で最良の時間の使い方なのか、という点です。この点をとくに慎重に検討するべきなのは、「より明白な相違がないという事実が、このシステムに重大な欠点がないこと、また、この小さな相違は望ましくない影響をもたらしはするものの修正はおそらく非常に難しいこと、を物語っている」と思われる場合です。これが「白か黒か」で割り切れる問題だと言っているわけではありません（仮にあなたが人口10億の国の首長であるなら、77.1%と77.3%の差の影響をこうむる女性は100万人にも及びます）。ここで私が言いたいのは「バイアスの存在を示唆する有意な結果を受けて措置を講じる前に、そのバイアスの重要性も考え合わせ、時間と労力をかける価値のある影響の大きなバイアスなのかどうかをきちんと把握し、『十分な情報を得た上での意思決定（インフォームド・ディシジョン）』を下すべきだ」ということなのです。

オーバーライド分析（M2）の実践法

測定結果の解釈に関する留意点が間に入りましたが、各種分析の実践法に戻りましょう。上で「分布分析（M1）」について検討しましたので、次は「オーバーライド分析（M2）」の実践法です。

オーバーライド分析では次の3点を検討します。

1. オーバーライドの絶対レベルが高すぎないか
2. このアルゴリズムに問題があることを示唆していそうな「ホットスポット」（オーバーライドが集中している箇所）はないか
3. このアルゴリズムの問題を示唆する理由（リーズン）コードはないか

オーバーライド率の「良し悪し」を判定するための絶対的な基準（ベンチマーク）はありません。ただ、有害なバイアスの排除、コストの削減、プロセスの高速化などを目的としてアルゴリズムを使う場合は「アルゴリズムは大抵の意思決定を正しく下せる」と期待してよいでしょう。したがってオーバーライド率は20%までが望ましいというのが大雑把な経験則と言えそうで、現実には5%を大きく下回るケースをよく見かけます（たとえば高性能の与信スコアリングモデルなどがそれに当たります。この場合の「高性能」の定義については、次の「ランク付け（M4）の実践法」の説明を参照してください)。通常、危険の最初の兆候は「オーバーライド率の急上昇」、第2の兆候は「安定してはいるが、比較対象となり得る複数の状況に照らして予期できるレベルを大幅に上回るオーバーライド率」です。

次に、2番目の「ホットスポット」について考えてみましょう。ホットスポットの特定法は2通りあります。ひとつはセグメントごとに(たとえば「男性」「女性」ごとに)オーバーライド率を調べ、顕著に高まっているセグメントを見つける、という原始的なやり方です。日頃よく知っている限られた数のセグメントを対象にバイアスの集中箇所を見つけたい、という時には簡単で実用的な手法と言えます。もうひとつの特定法は、対象のセグメントについてはあまり詳しくないという時に、お抱えデータサイエンティストに頼んで、オーバーライド率がもっとも高まっているセグメントを決定木を使って特定してもらう、というものです(利用可能な他の変数を総動員して、オーバーライドが起きたかどうかを示す「イエス/ノー」のフラグを調べる統計的モデルです)。決定木によって、オーバーライドの集中箇所が明確に可視化されるのです。たとえば「申請者が150歳超の火星人で、空飛ぶ円盤の所有数が3台超の時、申請の90%超が審査担当者によってオーバーライドされている」といった具合です。

このようなホットスポットは、それ自体がバイアスの証拠となるわけではないものの、調査の出発点と見なせます。たとえば「このアルゴリズムは上記クラスの火星人の申請をすべて拒絶している」という実情が明らかになるかもしれません。そしてその理由は、第II部で紹介した問題のひとつかもしれません。モデルの訓練に使ったデータにバイアスがかかっていたとか、その特定のクラスの申請者がデータ全体に占める割合が非常に小さいとかで生じ得る問題です。このような時には、アルゴリズムの要修正箇所をピンポイントでデータサイエンティストに指摘できます。もちろん、現場担当者の偏った判断が原因となっていることもあり得ます。アルゴリズムにはまったく問題がないかもしれず、解決策は「オーバーライドに関わる決定の担当者のトレーニングをより徹底する」というものになります。

次に、理由(リーズン)コードの分析ですが、これは意味のあるリーズンコードを収集するための構造に大きく依存します。

ローン申請を例に取って考えてみましょう。私は過去に、信用調査機関に報告された「ごく少額の滞納」を根拠に与信スコアリングアルゴリズムが決定した「拒絶」を、審査担当者がオーバーライドするのをたびたび目にしてきました。このアルゴリズムは「神経過敏」に陥っていると思われます。つまり、ある申請者がすでに別の銀行から多額の借入をしており、その返済が遅れていると、これを明白な警告サインとして受け取ってしまうのです。

ところが信用調査機関に照会してみると、（しばしば1米ドル未満の）ごく小額のものを除き、あとはすべて期限内に返済しているケースが少なくありません。こうした些少な残余額の大半は、信用リスクとはまるで無関係なものです。端数処理で生じたシステムエラーもあれば、（顧客が口座を解約したにもかかわらず、銀行が口座手数料をもう1ヵ月分請求した、など）些細な額をめぐる見解の相違で顧客が支払いを拒否した件もあります。

この種の「滞納」を、「ダミー」と呼ばれる方法を使う非常に稚拙なやり方で——つまり、**いかなる**滞納があっても「イエス」となり、それ以外はすべて「ノー」となる2値変数を使って——捉える与信スコアリングモデルが少なくありません。私はオーバーライド分析でこの問題を見つけると、ダミーの代わりに、合理的な基準（ベンチマーク）（たとえば顧客の負債総額など）で滞納レベルを計測する連続型変数を使うよう銀行にアドバイスしていました。このような変数を使えば、些末な額の滞納に異常にこだわるバイアスを排除でき、その一方で多額の滞納をきちんと把握して、しかるべき警鐘を鳴らせます[†5]。

ランク付け（M4）の実践法

キャリブレーションの評価（M3）の詳しい解説に入る前に、まずはランク付け（M4）について説明しておきましょう。統計の初心者が比較的高度なキャリブレーションについて理解しようとする際に役立つと思うからです。

この章の前のほうでも触れましたが、バイナリのアウトカムのランク付けの優劣を評価するための基準「ジニ係数」を「12章 アルゴリズムを使うべきか否か」で紹介しました。これによく似ていて、人気の点でも劣らないのがコルモゴロフ＝スミルノフ検定（K-S検定）です（これについても12章で触れました）。

K-S検定は見た目も感触も（そして0から100までのスケールを使うという点でも）ジニ係数とよく似ていますが、同じアルゴリズムを対象にして計測した結果は、K-S検定のほうがやや低くなり、時には10から15ポイントも低くなることがあります（たとえば、ジニ係数が50の時に、K-S検定の結果が37〜42といったところです）。どちらの基準も、アルゴリズムの予測値と実際のアウトカムが判明している時に使います。

私自身が好んで使っているのはジニ係数です。K-S検定では基本的に予測値とアウ

†5　このような現象が起こるのは、本当は優良な顧客に対してまで警鐘を鳴らしてしまう、変数の「過敏性」によって予測能力が弱められてしまった結果です。

トカムの分布で単一点（つまり、そのアルゴリズムが「本領を発揮できる点」）を測定するのに対して、ジニ係数ではありとあらゆる予測値を勘案するため（非常に背の低い人の頭髪の本数を予測するなど）そのアルゴリズムの予測能力が低くなる範囲での許容度が厳しくなります。ジニ係数とK-S検定の結果にいくらか差が出る現象もこれで説明できます。どちらのメトリクスも同じように有用ですが、どちらか一方だけを選んで常にそちらだけ使うことを強く推奨します。こうすれば、アルゴリズムのベンチマークテストでリンゴとナシを比べてしまう事態を防げるからです[†6]。

なお、（頭髪の本数など）連続的なアウトカムにジニ係数やK-S検定を使っても意味がありません（ジニ係数とK-S検定はバイナリのアウトカムを対象とするものだからです）。さらに悩ましいのが、この場合に、ジニ係数とK-S検定のように的確で満足の行く測定基準がないという点です。

相関関係を調べるメトリクスには、外れ値（他のすべてのケースからかけ離れたただひとつのケース）によって過度にバイアスがかかってしまう傾向があります（たとえばサンプルに、遺伝子の異常のためにものすごく密度の高い頭髪をもった巨体の人物がひとり含まれていた、といった状況を思い描いてみましょう）。私が経験上、非常に実際的で有用だと見なしているのは、「十分位数」あるいは「十分位群」でデータのバラつきを見るという手法です。十分位数は大変有用で、一連の観測値を下位から上位の順で十等分して並べた時に、境目にある（9個の）数値のことです（十等分ではなく、四等分、あるいは五等分することもあり、それぞれ四分位数（しぶんいすう）、五分位数と呼ばれています）。実のところ、等分したデータの塊ひとつひとつが有意義である限り、いくつに等分してもかまいません（私の経験則は「100から200件でひと塊」です。覚えておくと役に立つかもしれません）。また、このようにして十等分されたデータの集団（グループ）は、下から順に第1十分位群、第2十分位群、...、第10十分位群と呼ばれます。

この十分位群のうち、予測値が最低のものと、予測値が最高のもののアウトカムの平均の比率を算出します。例をあげて説明しましょう。たびたび引き合いに出してきた「毛髪の本数を予測するアルゴリズム」を1,000人のサンプルに応用したとします。頭髪の本数が最少の100人の予測範囲は47,312本から63,820本、頭髪の本数が最多の100人の予測範囲は153,901本から178,888本でした。この2つの100人のグループに

†6 バーゼル銀行監督委員会が2005年5月に公開した報告書 No. 14「Studies on the Validation of Internal Rating Systems」を参照。アルゴリズムのランク付けの優劣を評価する際によく利用されているメトリクスと、より難解なメトリクスを広範に評価したもので、ここでもジニ係数とK-S検定を「もっとも有用」と評しています。

ついて、それぞれの実際の頭髪の本数の平均を計算したところ、51,123本と181,309本でした[†7]。この2つの値の比率を求めると3.5で、これが意味するのは「第10十分位群の頭髪の本数の平均は、第1十分位群のそれの3.5倍」ということです。この重要な（したがって有用な）差は、実生活のさまざまな用途に使えます。たとえばこの「毛髪の本数を予測するアルゴリズム」が、頭髪の本数に従って顧客に支払う金額を決めているカツラ屋さんの役に立つことは言うまでもありません。

こうして十分位群や十分位数（あるいは四分位群［数］なり五分位群［数］）を利用して検討するという手法は、いろいろな意味で有用です。十分位群ごとにバイナリのアウトカムのジニ係数を算出する手法はキャリブレーションの評価で役立ちます（次の節を参照）。また、予測値の低い人々のグループや予測値の高い人々のグループなど、グループ単位で調べるという手法は、根本原因解析で役立ちます。たとえば頭髪の本数の予測値が非常に高かったグループに焦点を当てて、そのグループに属するケースを何件か調べてみる、あるいはその人々を実際に訪ねてみる、といった具合です。

「分布分析（M1）」の場合もそうですが、「ランク付け（M4）」が真価を発揮するのは、結果を基準（ベンチマーク）に従って評価してからのことです。たとえば（これはあなたの市場に信用調査機関が存在すると仮定しての話ですが）あなたが「通常、小規模事業者向けの優れた与信スコアカードのジニ係数は60〜75の範囲内である」と承知しているにもかかわらず、あなたの銀行のジニ係数が30〜40であるなら、このスコアカードに問題がある可能性が否定できません。小規模事業者に対するバイアスや、（前述の）信用調査機関に報告された「ごく少額の滞納」にまつわる問題が原因かもしれません。あるいは、お抱えのデータサイエンティストが、データソースに対してもっているバイアスが原因かもしれません（たとえば、小規模事業所の経営者が個人の普通預金口座用に使っている銀行のアプリの使い方などといった、きわめてマニアックな、しかし特定のセグメントに対しては非常に重要なデータソースの可能性もあります）。加えて、ランク付けのパフォーマンスが急落したら、それも大変参考になります（懸念の元でもありますが）。こうした場合、個々のセグメントを精査する意味はあるでしょう。

さて、母集団をさまざまなセグメントに細分化し、セグメントごとにアルゴリズム

---

†7 「第10十分位群の平均値が、アルゴリズムの予測の最高値を上回ったこと」に気づいた人はいませんか。よくできました！ これはとくに外れ値がある時に起こりがちな現象で、例の密度の高い頭髪をもった人も間違いなく上位10%に含まれはしたものの、アルゴリズムはこの人の頭髪の本数をかなり少なく見積もってしまった模様です。よくある現象ではありますが。

のランク付け機能を計測してみると、かなりの差が出ることがよくあります。たとえば、かつて私のクライアントの小規模事業者向けの与信審査モデルのジニ係数が、あるセグメントでは50なのに、別のセグメントでは12にしかならなかったことがありました。ジニ係数50というのは私が見聞きした中ではベストとは言えないものの、貸付業務で利益を生むには間違いなく十分な数字です。これに対してジニ係数12というのは、いわばフロントガラスに新聞紙を貼り付けた車を運転するようなものです。この車のボンネットに飛び乗ってきたゴリラが、さらに屋根へよじ登ろうとしても、新聞紙ごしに足の裏が黒っぽく見えるのを除けば、あとはまるきり見えません（遠回しな表現で私の言いたいことが伝わらないといけないので、はっきり書いておきましょう。**ジニ係数が12なんていうアルゴリズムを使い続けて、「サイコロを振るよりはまだましだから」なんて安心していてはなりません！**）。

このモデルの不備の原因は「欠損値の不適切な処理」でした。入力としては、申請企業の事業構成や信用調査機関の報告書など、さまざまなものを使っていたのですが、これまでに融資を申し込んだ経験がなかったため信用調査機関のデータがない申請企業が一部にありました。そのようなケースに対して、このモデルはこうした企業の信用取引歴について「命取りになるほど悪くはないが、並みである」という愚鈍な仮定をしてしまったのです。そのため、多くの優良企業が不当に差別されることになり、この銀行の優良企業への貸付能力が大きく損なわれていたわけです。幸い、私たちが行った簡単な分析でこのバイアスの存在が明らかになったので、この銀行は信用取引歴のない申請企業向けに、バイアスのないアルゴリズムを新規作成し、この問題を解消しました。

ただしここでは「セグメントごとに分けるという手法は、ある程度までしか有効でない」という点を強調しておかなければなりません。その理由は「ジニ係数で測定できるのはアルゴリズムの**識別能力**だけれども、この能力は基礎データのアウトカムのバラつきがあってこそのものだから」です。たとえば「ある人がこれまでに罪を犯したことがあるか」を判定するアルゴリズムを私が構築したとします。そして警備の厳重な刑務所の受刑者を母集団としてこのアルゴリズムをテストしたら、ジニ係数はどのくらいになると思いますか。なんと「ゼロ」なのです！ なぜでしょうか。まず受刑者の「過去に罪を犯した確率が最低」の第1十分位群を見てください。このグループで罪を犯したと予測される受刑者は何人いるでしょうか。言うまでもなく「100%（全員）」です（冤罪で服役中という例外がひとり、ふたりいるかもしれませんが）。次に「過去に罪を犯した確率が最高」の第10十分位群を見ても、罪を犯したと予測される受刑者は「100%（全員）」です。このように「犯罪者である」という傾向にバラつきがない状況では、アルゴリズムは識別能力を発揮できないのです。

実世界での事例もあげておきましょう。かつて私があるクライアントの依頼を受けて新たに構築した与信スコアカードを、そのクライアントが現場で使い始めた時のことです。このアルゴリズムを使えばこの銀行の貸し倒れは40%以上減るだろうと私は見積もっており、現実にもそのとおりになったのでクライアントは大喜びしていました。ところがその後、このクライアントが開始後まだ日の浅いローンを対象にしてこのアルゴリズムのジニ係数を算出してみたところ、アルゴリズムの構築直後に計測された値から15ポイントも低くなっていたため、衝撃を隠せませんでした。しかし説明は簡単につきました。（貸し倒れ総額の40%を占める）最悪の申請企業を除外すると、私のアルゴリズムが「承認」した残りの申請企業ははるかに均質になるため、そのグループだけに対象を絞る形になった場合のこのアルゴリズムの識別能力ははるかに低くなるのです。

話をわかりやすくするため、もう一度、10個の十分位群すべてを思い浮かべてみてください。このうち、もっともリスクが低い十分位群のデフォルト率が0.2%、もっともリスクが高い十分位群のデフォルト率が43%だったとします。そして、もっともリスクが高い十分位群に属する申請者を拒絶することに決めました。すると残りは9個となり、その中で「最悪」な十分位群のデフォルト率は12%でしたが、これも拒絶することにし、次なる「最悪」のデフォルト率はさらに低く、わずか5%でした。それでも結局、トップレベルの十分位群の申請だけを承認することに決め、これなら大変安全なセグメントですから、ジニ係数が0に近くなる可能性が非常に高い、というわけです。

このことから、「サブセグメントのジニ係数が低いという状況」は有用な「黄色信号」ではあるものの、問題の存在を裏付ける確たる証拠にはならない、と言えます。

「12章 アルゴリズムを使うべきか否か」でも述べたように、私は**ヒット率**や**誤検知／検知漏れのエラーテーブル**を使う手法があまり好きになれません。どちらの手法でも、アルゴリズムのランク付け能力を、「どこに承認／拒絶の線引きをするべきか」という完全に独立した意思決定の良し悪しと混同してしまうからです。とはいえ、過去に（同じアルゴリズムを使い、どこにせよ、あなたの組織が引くことに決めた線に基づいて）正しい判断が下せたのかどうかだけが知りたいという場合には、この2つのメトリクスも役に立ちます。

キャリブレーションの評価（M3）の実践法

「十分位群」（あるいは四分位群、五分位群、...）を使う方法を理解していただけたと思いますので、実践法に戻り「キャリブレーションの評価」に移りましょう。キャリブレーションでは、観測されるデータに合うようにモデルのパラメータを調整します。キャリブレーションの評価で外せないのが、「全体的なキャリブレーションの問題」と「個々の十分位群のキャリブレーションの問題」をきちんと区別することです。

最上のレベルでは、あなたが自由に使えるデータベース全体で、アウトカムを予測と比較することができます。この時も「分布分析」の場合と同様に「フロー」と「ストック」のうち「フロー」（たとえばローンの「開始年」）に焦点を当てることを強く推奨します。とくに「ビンテージ分析」は大変便利なので、ここであえて紙面を割いて紹介する価値が大いにあります。

「ビンテージ」というのは元来ワインの世界で生まれたコンセプトで「収穫年」を意味し、「ビンテージもの」とは「当たり年に収穫されたブドウを原料にした良質のワイン」を指しますが、ここで紹介するちょっとした統計的分析もビンテージもののワインに負けず劣らず極上であるからこそ、その名を借りることになったのかもしれません。そんなビンテージ分析は、リンゴはリンゴと、ブドウはブドウと比較できるよう、コーホート（統計因子を共有する集団）を作成する手法です。狙いは、同じ期間に決定されたケースだけをひとくくりにすること（「期間」は1日でも1週間でも1ヵ月でも1四半期でも1年でもかまいません）、また、ビンテージ間でアウトカムを比較する時には、常に発生後の経過期間が同じアウトカムに照準を定めることです。メール広告なら、たとえば今日のメール広告が2週間後あるいは3週間後にもたらしたアウトカムを見る、住宅ローンなら、開始年ごとに分類したローンに焦点を当て、その5年後のデフォルト率を見る、といった具合です。

では、この手法でわかることは何でしょうか。まずは複数のビンテージの経時的変化を追跡調査して、一貫した傾向を探し出します。たとえば、あなたの製品のインターネット広告の1日のクリック率を追跡して、この広告をクリックした人の何%が実際にこの製品を買ったのかを継続的に測定していたら、この率がどんどん下がってきていることがわかりました。原因は競合他社がより良い条件を提示したことかもしれません。あるいはあなたのアルゴリズムに有害なバイアスが生じて、顧客のターゲティングに狂いが生じたのかもしれません。

もうひとつ、例をあげます。新規ローンを四半期ごとにまとめ、その返済状況を追跡調査していたところ、ローン開始直後の8四半期に債務不履行に陥る顧客の割合が増大してきたことが判明しました。これは憂慮すべき兆候で、金融業界にとっては「炭鉱のカナリア[†8]」と言えます。現に、世界金融危機（2007～2010年）の際、2年前の2005年の段階でビンテージ分析を行い、（住宅の時価をはるかに上回る額を貸し付けていた）「有毒な」住宅ローンの存在を把握していれば、債務不履行が激増する予兆を察知できていたはずなのです。残念ながらビンテージ分析は今日でもなお、広範にも十分にも活用されていないのが実情です。

ここからは、（観測されるデータに合うようにモデルのパラメータを調整する）キャリブレーションの文脈（コンテクスト）でビンテージを考えていきましょう。たとえばあなたは、「ローン申請を承認するのは（上位5つの十分位群を構成する顧客など）ごく安全な顧客のみ」という方針をとっているから、去年の第1四半期に始まったローンのデフォルト率は1.2%だろう」と予測していましたが、蓋を開けてみると、なんと2.7%にも上っていました。

幸いポートフォリオの規模が大きいので、ここでも十分位群に細分化し、そのそれぞれの平均予測デフォルト率を、各十分位群の所定のビンテージの実際のデフォルト率と比較することができました。その結果、全体的に各十分位群の実際のデフォルト率が平均予測デフォルト率をかなり上回っていることがわかりました[†9]。これはこのアルゴリズムに安定性バイアスが生じたことを示す現象です。どうやらアルゴリズムの予測率が、あなたのポートフォリオの昨年の実際のデフォルト率を全般的に下回っていた期間の率を基準とする形でキャリブレーションされてしまったようです（その理由としては「深刻な不況に陥ったから」あるいは「仮想通貨の登場により、ギャンブル取引を行って損失を出す顧客がかつてなく増えたから」等が考えられます）。この問題を解決するには、アルゴリズムを再キャリブレーションする必要があります。「3章 アルゴリズムとバイアスの排除」で紹介したような単純な線形回帰分

†8 有毒ガスの発生を検知するため、炭鉱内にカナリアを持ち込んだ習慣から生まれた慣用表現で「予兆」の意。

†9 実際のデフォルト率と平均予測デフォルト率の比率が、どの十分位群でもまったく同じ（つまり2.7:1）になる可能性はきわめて低く、その理由は2つあげられます。ひとつは「デフォルト率は0%から100%までしかなり得ない、つまり、50%以上は理論的に倍にはなり得ないから」です（倍になり得るのは「オッズ比」で、取り得る値の範囲は無制限です）。もうひとつは「この事例で私が暗に示そうとしている種類のマクロ経済的要因は、経験的に見て、ごく安全な顧客には限定的な効果しか与えないので、こうしたごく安全な顧客の景気循環における変動は、よりリスクの大きな顧客の場合よりも小さく、したがって母比率が一定の倍率で上がった場合、ごく安全な顧客とリスクが非常に大きな顧客のデフォルト率の相対的増加が、リスクが中程度の顧客のそれより小さくなる傾向にあるから」です。

析の関係式なら、定数項cを調整するだけで再キャリブレーションは完了です[†10]。

一方、第5十分位群以外のすべての十分位群でキャリブレーションが正しくできているにもかかわらず、実際のデフォルト率が急上昇した、という場合は、まったく違う問題があると見て間違いないでしょう。この問題を引き起こしているのは、すべて(もしくは大半)のローン申請者の信用スコアが特定の範囲に収まると思われる小さなサブグループ(この場合は第5十分位群)です。まさに名探偵シャーロック・ホームズの出番、ではありますが、これについては少しあとで触れます。

その前にもう2つだけ、キャリブレーションの評価で特筆すべき点をあげておきます。ひとつは、キャリブレーションに関連して観察された問題の有意性を評価する高度な手法が、もちろんすでに統計の専門家によって開発されている、という点です。とくによく活用されているのがカイ二乗検定で、これによって把握できるのは基本的に「(対象のアルゴリズムのキャリブレーションが正しくできていると仮定して)十分位群の間で経験的に観測されたアウトカムの分布が現実に観測される確率がどのくらいか」です。こうした統計的検定の難点は「やや警鐘を鳴らしすぎる嫌いがあること」です。そのためユーザーは常に重要性(マテリアリティ)の原則を忘れてはならず、キャリブレーションに関わる問題が有意かつ重要であると思われる状況に焦点を絞らなければなりません。

キャリブレーションの評価に関して特記しておくべきことの2つ目は「ついつい個々のケースに着目し、その予測が妥当か否かを評価しがち」という点です。(ある顧客が最終的に債務不履行にならなかったことが判明してから)改めて振り返り(後知恵で)こう言うのはいつも簡単です——「この企業のデフォルト率を50%と予測するなんて、このアルゴリズムはなんてバカなんだ。この企業はずっと優良顧客だったんだからデフォルトの確率は0.1%未満にするべきだった」(0.1%未満といえば、企業ランク付けで誰もが憧れるトップランクの確率です)。

また「この企業と同じように安全だと思えたものの、実際は仮想通貨への向こう見ずな投資で失敗した顧客もいるかもしれない」というのも、お門違いな考えです。この後者のデフォルトの確率も50%と予測していたのであれば、この予測モデルはこう言ったことになります——「リスクが同程度の顧客が2件あり、うち1件が債務不履行に陥ると思われるが、それがどちらなのかはわからない」。債務不履行に陥らな

†10 3章で紹介したのは、連続型変数を予測するための線形回帰分析でした。バイナリのアウトカムを予測する場合はロジスティック回帰分析を行い、ここでも定数項があります。もっと複雑な構造のアルゴリズムには明示的な定数項がないこともありますが、そのアウトプットを「ロジットスコア」に変換してロジスティック関数でラップすれば、「暗示的な」定数項を仮想的に調整する形になります。

かった顧客を取り上げて、このモデルは予測を誤ったと主張するのは、ですから少々「フェアじゃない」のです。もっと視野を広げ、(たとえば債務不履行に陥る確率が非常に高いと予測された顧客の大きなグループのデフォルト率を評価するなど) より入念な分析を行い、このアルゴリズムにバイアスがかかっていることが疑問の余地なく立証されたとしても、ひとつのケースについてだけ論じるのは、あまり公平でも有用でもありません。というのも、そもそも上記のような物言いをする人はきっと (後(あと)知恵バイアスはもちろんのこと) いろいろなバイアスを山ほどもっているからです。

15.4　有意性と正常範囲

すでに述べたように、アルゴリズムの監視の実用性と効率を高めるためには、標準的なレポート一式を定義し、定期的に (お勧めは週1回から1四半期に1回のペースで) 作成することが必要です。また、あなたが「正常」だと見なす値域から測定値が外れた時にそれを知らせる自動化された「仕掛け線(トリップワイヤー)」を定義する必要があります。なお、有意な結果を出すのに十分な数のケース (私の経験から言うと最低でも100件) を蓄積するために必要な時間によって、リポートの間隔は異なることになります。

私にはとても賢い友人がいて (悲しいかな、この友人はもうずっと前に亡くなってしまいましたが) よく冗談めかして「正常(ノーマル)って何さ？」と問いかけてきたものです。ここでは自分の要件に合わせて指針をきちんと調整することが大切です。つまり、到底さばききれないほど頻繁にアラートが発せられ、大抵は「多分大丈夫だろう」と言って済ませてしまうようであれば、トリップワイヤーを少なくとも一時的に緩和するべきだし、たとえ予想範囲からの逸脱が、ここで私が提案している機械的な指針よりはるかに小さくても、許容しがたいとか不安だとか感じるようなら許容範囲を狭めるべきだ、ということです。

以上から明らかになるのが、「完璧な真実などというものは存在せず、この世の多くの事象は不確実であり、そうした不確実性と、時間と資源の絶えざる制約のもとで、人は一生、最適化を図り続ける」という現実です。

そうは言っても、トリップワイヤーを設定するための実際的(プラグマティック)なアプローチをいくつか紹介しておきましょう。

分布分析（M1）

メトリクスをひとつしか使わない場合にベストな手法は、t検定を使って、直近期間の分布を参照データ (たとえば、バイアスを予防または排除するための精査をかなり重ねているはずの、訓練に使ったデータ、または母集団のベンチマーク）と比較する、というものです。

t検定に代わるごく実際的なアプローチとしては「あなたのお抱えデータサイエンティストが、最近のデータの標準的な逸脱について静的な前提条件を設定し、それに基づいて一定の『許容範囲』を定め、追跡対象の分布の平均がこの範囲を超えるほど逸脱したら『t検定に不合格』と見なす」というものがあげられます[†11]。

そして最後は「統計的に有意と判明したどの閾値（しきいち）についても、それがあなたと他の関係者にとって重要と感じられるかどうか、自問してみる。答えが『ノー』なら、重要性の限界に達するまで範囲を広げるべきかもしれない」という手法です。一方、複数のカテゴリーについてケースの分布を調べる場合には、カイ二乗検定や母集団安定性インデックス（PSI：population stability index）が適しており、後者はよく銀行で使われています[†12]

オーバーライド分析（M2）

もっとも実用的だと常々私が感じているのは「戦略的目標に合わせて調整したヒストリカルなベンチマーク（過去のデータから作られたベンチマーク）に基づいてオーバーライドを分析する」という手法です。過去の情報がない場合、私の経験で言うと、オーバーライド率が20％を超えたら何らかの調査が必要です。

ただ、現実問題としては、オーバーライド率が高い時は、（人間の）担当者が意思決定を下したほうがアルゴリズムよりはるかにましな結果が得られる証拠となります。そして、その意思決定の重要度がその1件のオーバーライドに人間が時間を費やすに値することの根拠になる、と受け止めるべきです（経験上、オーバーライドをできるようになるというのは担当者にとってかなり高いハードルではありますが）。

一方で、自分のアルゴリズムに盲点があることをあなたが承知しており、その改善に向けて関与する人間がアルゴリズムのチェックに十分な時間を割いていないのではないかという懸念がある場合は、オーバーライド率の下限を決めておく必要もあるか

---

†11 仮に、あなたの参照データセットでは母集団の50％が女性であるにもかかわらず、履歴書をスクリーニングするアルゴリズムが承認した応募者に占める女性の割合は20％にすぎなかったとします。すでに解説したように、20％と50％の違いが有意なのかどうかは、対象期間にアルゴリズムが承認した応募者の絶対数にも依存します。しかしt検定の代替法としてのこの実用的なアプローチでは実際のケース数は考慮せず、「私が各四半期にスクリーニングする応募者は最低でも100人」のように何らかの前提条件を設定するだけです。この場合、20％は有意な問題となるでしょう。

†12 Bilal Yurdakulが「Statistical Properties of Population Stability Index」と題する論文（2018年）で立証したように、PSIは実はカイ二乗に比例します。

もしれません。

キャリブレーションの評価（M3）

カイ二乗検定でも期待値から逸脱したアウトカムに一定の信頼水準でフラグを付けられますが、私がお勧めする実用的な手法は「重要性に基づいて閾値を定義する」というものです。

たとえば「あなたのアルゴリズムの予測はデフォルト率2.5%だったけれども、銀行の『台所事情』を把握しているあなたはデフォルト率が3%を下回っている限り、慌てない」という状況では、3%が妥当な基準（ベンチマーク）となります。何かの率が20%上がるというのは一般にそれほど大きな変動ではありません（比較のために私の経験を紹介しておくと、世界金融危機の最中にはデフォルト率が「平時」の平均の5倍から6倍のレベルにまで上がりました）。

ランク付け（M4）

（バイナリのアウトカムを対象とする）ジニ係数の場合、ベンチマークはアルゴリズムの訓練に用いたサンプルと「外部のベンチマークから重要性の閾値を差し引いたもの」とに基づいて定義すればよいでしょう。ジニ係数はあまり使ったことがない、という人は、手始めに「ジニ係数の5ポイントの下降」を許容レベルにするとよいでしょう。

ケースが少なければ少ないほど、対象にするべき期間が長ければ長いほど、状況が不安定であればあるほど、ジニ係数が5ポイント以上下がる事態も起きやすくなります。

トリガーがはっきりしない時

ちなみにトリガーがはっきりしない時には、また別の方法があります。まず所定の期間内に分析できる問題点の数を見定めてから、各分析で逸脱が最大の箇所を調べて、望みの数の「黄色信号」を得るにはどこで線引きをすればよいかを判断します。そしてたとえば各分析でまずは2つの状況を調べようと決めたら、各分析で2番目に大きな逸脱を見定め、その2番目に大きな逸脱が生じている箇所と3番目に大きな逸脱が生じている箇所の間のどこかにその分析のためのトリガーをセットします。

この手法の利点は「それほど煩雑でないこと」と「自分のアルゴリズムやデータと向き合う時間を強制されること」です。根本原因解析で問題が特定されれば、当然あなたは「同じ問題で他のアルゴリズムやサブセグメントにも影響が及んではいないだろうか」と自問し、調査の対象範囲を広げるはずです。

ここまでの節で、アルゴリズムの監視（モニタリング）の基本を紹介しました。

15.5 根本原因解析

この節では、特定の測定基準が仕掛け線（トリップワイヤー）を作動させた時にするべきことを紹介します。

ここまでで、アルゴリズミックバイアスを検知するための4種類の手法を紹介しました。――「分布分析（M1）」「オーバーライド分析（M2）」「キャリブレーションの評価（M3）」「ランク付け（M4）」です。どのアプローチも多少「モーションセンサー」に似た働きをします。警鐘（アラーム）が鳴れば庭に何かが侵入したことはわかるのですが、それが泥棒なのか隣家のネコなのかはまだはっきりしません。

根本原因解析については、肯定的な見方も否定的な見方もあります。否定的な見方は「犯人をその場で捕まえる簡単で確実な方法はない」というもの、肯定的な見方は「かえって面白い。アルゴリズミックバイアスの根本原因を見つけるのは、無味乾燥な統計学ではなく、驚くべき人生の気まぐれに満ちた秘密の物語（ストーリー）を掘り起こすことだから」というものです。

データは自らの物語（ストーリー）をあなたに語りたがっている。いや、それどころか、聞いてほしくてウズウズしています。あなたに必要なのは的を射た質問をして語らせること、そして忍耐力を失わないことです。なぜかというと、データがあなたに明かす物語は時として複雑でわかりにくいからです（正直言って、私の母にもそういうところがありますが……）。

あなたが名探偵シャーロック・ホームズとしてなすべき「捜査」の大半は、アルゴリズムのアウトプットの異常を突き止めて掘り下げ、根っこにある問題（おそらくは入力データの問題か、データの生成過程の問題）を探り当てることです。この作業で決め手となる2つのツールである「分布分析」と「決定木」の使い方を紹介しましょう。

分布分析

私は出力だけでなく入力についても分布分析をしますが、この作業をいつも心から楽しんでいます。

たとえば対象のアルゴリズムに入力が12あって、キャリブレーションを分析してみたところ、アルゴリズムが特定のクラスのケースに限って毎度のように予測を外していることを示唆する結果が出たとします。この場合には、訓練用のサンプルの12

の入力の分布を、問題が発生した時期の分布と比較します。

おそらく原因は「その他」のカテゴリーの意味が突然変わってしまったことでしょう。「その他」のケースが突然大幅に増えたり減ったりした箇所を調べればヒントが得られ、実世界で調べるべき事象への近道が得られるはずです。現場の人々に、「その他」のカテゴリーに対して追加または削除されたのがどういったケースなのか訊いてみる必要もあるでしょう。

決定木

もうひとつのツールは決定木です。たとえば「5章 機械学習の基本」で触れたCHAIDによる決定木分析で、問題のサブセグメントを特定します。見つけたい問題点を定義したら、決定木による分析を行うわけです。オーバーライドされたケースや、予測値と実測値に大きな差がある「分類エラー」などが候補となります。

決め手は、どの予測変数、いくつの予測変数を使うかです。何千もの予測変数があるとして、それを全部使って決定木分析を行えば、「金鉱を掘り当てる」確率は非常に高くなりますが、掘り当てられない場合も出てくるでしょう。

たとえばローンの債務不履行の件数が急増した箇所を見つけたあなたは、決定木分析をしてみました。1回目は決定木のアルゴリズムに5,000件を超す特徴量をすべて投入してみたところ「連絡手段の別に関係なく銀行に2週間連絡を取らなかった顧客が債務不履行に陥るリスクが高くなっている」というヒントが得られました。そう聞いて、ピンと来るものがあったでしょうか？ なかったので、今度は地理的なマーカーだけを予測変数として2回目の分析をしてみました。すると大当たり！ 例の債務不履行の急増は、昨年沿岸部を襲ったハリケーンに関連していることがわかりました。この地区では家屋も商業インフラも破壊されて銀行と顧客の連絡が2週間途絶し、多数の人が債務不履行に陥ったのです。

これは「8章 データがもたらすバイアス」で紹介した「トラウマを引き起こす衝撃的な出来事」の事例です。1回限りの事象なのですが、アルゴリズムの深刻なバイアスを招くことがあるため、データサイエンティストの強制介入が必要になります。また、これは「現場など最前線の人々と根本原因解析について話し合うことが常に効果的」というコツを体現する好例でもあります。もしかすると災害復旧作業に、より密接に関わった人がいて、顧客が銀行と連絡を取れなくなった時の模様を聞かせてくれるかもしれません。そして1回目の分析で決定木が出した（不可解な）ヒントにさえ納得が行くかもしれません。

考えられる根本原因を漏れなくテストする系統立った方法といえば、「ただもう膨大な努力あるのみ」でしょう。コンサルタントの間ではしばしば「boiling the ocean」と呼ばれる手法です。「海を沸騰させる」なんて、環境への悪影響はもちろんのこと、ランチのために小エビを2、3匹捕まえる方法としても非効率的です。

こんなやり方ではなくて、仮説駆動型の手法が一番です。つまり（基本的な監視の結果も、そもそものアルゴリズム誕生の経緯も含めて）対象のデータに関するあなたの知識すべてと、実世界で根底にある事情とに基づいて、起きた可能性がもっとも高い事象を推測する「educated guess」（知見に裏付けられた推測）で立てた仮説を厳密に検証するのです。この仮説がデータによって裏付けられなければ次善の仮説を立ててそれを検証し、それがダメなら第3の…といった具合に進めていきます。この作業がなかなか面白いのです。名探偵シャーロック・ホームズが犯行現場を精査して手がかりを見つけ、さまざまな分野の幅広い知識と想像力（イマジネーション）を駆使して謎を解いていくようなものですから。

バイアスがどのような形でレポートに登場するか

ここからは、上記の仮説駆動型手法のプロセスで役立ててもらえるよう、この本の「第II部 アルゴリズミックバイアスの原因と発生の経緯」で紹介した主なバイアスを再度取り上げ、それがどのような形で基本的なレポートに登場するのかを簡単に説明しておきます。これを読めば、真偽を検証したい仮説の種類に従って、それぞれどこに注目するべきかがわかるはずです。

データの欠損行

たとえばあるデータベースから「ベルギービール」が抜け落ちていたとします。ドイツ、バイエルン州出身のデータサイエンティストに「強いこだわり」があり、あえて除外したのかもしれません（たしかにさくらんぼをビールに漬け込んで醸造する「モルト・スビット・オード・クリーク」のようなビールは、「ビールは麦芽、ホップ、水、酵母のみを原料とすべし」とするドイツの「ビール純粋令」には抵触するでしょう）。あるいは単なるうっかりミスだったかもしれません（データサイエンティストが「飲料カテゴリー」と銘打ったフリーテキストのデータフィールドを使って他の飲料からビールを選り分けた際、ベルギーのフランス語圏で生産されているこのビールのラベルの表記にドイツ語の「bier」ではなくオランダ語の「bière」が使われている点を見落としてしまったのかもしれません）。

こうしたデータの行の欠損は、データベースの要約を見ればおのずと明らかになるのが普通です。つまり、そのデータベースに含まれるデータの件数、（価格、容量、本数などの）総計、こうした総計を外部の統計と比較した結果、などを調べてみるわけです。私は、データサイエンティストが他の人から渡されるデータセットが不完全であるケースがいかに多いか、また、そうしたデータセットに不備がないかを簡単にチェックするための外部の基準（ベンチマーク）をデータサイエンティストが得られないことがいかに多いかには、毎度のように驚かされています。ですから創意工夫も大事です。たとえばベンチマークとして使える「ベルギーでのビールの総消費量」がない場合、手元のデータセットを使って「一人当たりの平均消費量」を算出すれば、これを基準にして他の国々と比較することができます。

データの欠損列（欠損している特徴量や予測変数）

ここではコンテンツに関するあなたの実際的な知識が物を言います。コンサルタントはよく「最前線」の話をしますが、この場合の「最前線」とは、工場の製造ラインで働いている組立工や、顧客に商品を売っている販売員、修理工場で車を直しているエンジニアなどを指します。（ソーセージがどんな原料で作られるのかも含めて）現実に現場で何が起きているのかをつぶさに知る人々です。

これに対して企業の本社、大学や研究機関、解析センターで頭脳を使って働いている人々が有するのは、大抵、私が「教科書に載っている知識」と呼んでいる知識——つまり「理想的に見て起こるべき事」に根差した「理想の世界像」にすぎません。

「最前線」の人々の意見を聞いた経験のない読者がいたら、この際ぜひ現場に足を運んで、アウトカムの要因となったのは何だと思うか、訊いてみてください。そしてその意見がどの程度データセットに反映されているのか、調べてください。

主観的なデータ

特定の入力パラメータ（その予測モデルが使った特徴量）の分布が実世界のものと異なる場合、このパラメータの分析に悪影響が及ぶことが多くなります。比較に使える基準の分布がなければ、データが統計的に見て正常であるかどうかを調べましょう。「中間」値であることは多く、極値はめったにないはずです。量に関しては（とても大きな数値になることはありますが下限はあります。たとえば所得などを思い浮かべてみてください。最低賃金がありますし、少なくともマイナスになることはありません）、対数正規分布を予想しておくのがよいでしょう。つまり、その量の対数が正規分布するはずだということです。たとえば、あなたの銀行に融資を申請した企業の80%が「経営陣の質が非常に良い」と判定されるのは正常な事態ではありません。たとえそれが（「8.2 A-1 主観的・定性的なデータがもたらすバイアス」で登場した）

オーストラリア企業だとしてもです。

トラウマを引き起こす衝撃的な出来事が反映されたデータ

従属変数が急増するという形で表面化するのが普通です（たとえば、ある支店または地域の口座の大多数が特定の月に債務不履行に陥ったなど）。多くの場合、そのアルゴリズムのランク付けが無視される事態も招きます（たとえば、リスクが低いほうの十分位群のデフォルト率が、リスクが2番目に高い十分位群のそれを上回るなど）。こうした特異なケースを突き止めるのに驚異的な威力を発揮するのが決定木ですが、点と点を結び、データに反映されている実世界での出来事を特定して全体像を解明するには現在の状況に関する知識が必要です。

外れ値

とかく細部に潜んでいることの多い「小悪魔ども」です。分布分析は、そのデータで観測された最小値と最大値を呼び出す設計になっていると、外れ値の存在を暗示するだけなので、要注意です。また、予測モデルの訓練のステップに「外れ値の処理」がある場合（こうした処置で、外れ値はしばしば「正常」と見なされる値域に「刈り込まれ」ますが、これはその外れ値がモデルの数式に与える影響を小さくするためのものです）分布分析をこうした「外れ値の処理」の前にするべきか後にするべきかという問題が生じます。

私は前にすることを推奨します。その理由は「外れ値の処理が不十分あるいは不適切である可能性があるから」です。まずい処理をされた外れ値が目に見えない形で「正常範囲」に潜み、バイアスを引き起こすより、処理後の外れ値が目に見える形で存在するほうが良いと思うので、こうして処理のタイミングに関する議論を提起しているわけです。同じタイプの外れ値が何度も出てくるものの、処理に不備はないと確信できるのであれば、その特定の変数の、処理済みの値の監視へ進む決定を下してもよいでしょう。

データクリーニングの不備によってデータに生じるアーティファクト

これに関しては言うまでもなくデータクリーニングの後に特徴量を分析する必要があります。データクリーニングで悪影響を受けた特徴量を特定する能力の高い手法は、分布分析（データクリーニングで、ゼロなど特定の値に新たな集中が起きた可能性があるため）と決定木（オーバーライドが多いケースを探し出す決定木など）です。ほかに、ランク付けやキャリブレーションに関わる問題で、この種のアーティファクトが生じることもあります（データクリーニングで悪影響を受けたケースについては、アルゴリズムが正常に働かないためです）。

安定性バイアス

アルゴリズムの訓練で対象にされた期間が、その後アルゴリズムが実装されてから使われる期間と構造的に異なると、全体的にキャリブレーションが狂ってランク付けのパフォーマンスが落ちるのが普通です。

ユーザーのインタラクションによって動的に発生するバイアス

皮肉にもこのバイアスのせいでランク付けのパフォーマンスが徐々に上がることがあります（言ってみれば、ユーザーとアルゴリズムが間隔を詰めて縦に並び、足並みを揃えてダンスに加わるようなものです）。また、アウトカム（や予測）の分布分析で、少数の項目への集中度が増していることがあります。しかしもっとも重要なのは、アルゴリズムの更新のされ方によって有害なフィードバックループが生じてしまう場合に、アルゴリズムがどのように使われてパターンの認識が行われるかを検討することです。

実世界のバイアス

分布分析により、外部の基準の偏った分布が反映される形で生じたバイアスが発覚するケースです。たとえば履歴書をスクリーニングするアルゴリズムが、あなたの組織全体の男女の分布を反映し、男性に大きく偏向した分布を生じさせるといった例が考えられます。

以上、各バイアスがどのような形でレポートに登場するかを見てきましたが、金属のくるみ割りでくるみを割ろうとする時には、2、3回、角度を変えて試してみて、ようやく成功、ということがよくあります。上で紹介した探索的データ解析についても同様のことが言えます。データに潜む秘密を、常に初回の分析で解明できると期待してはなりません。たとえば「実世界のバイアス」が疑われる時に、簡単な分布分析で逆の事態が明らかになって驚かされることがあります。宇宙人グレイの一流大学に火星人が入学を許可される率が、グレイの率を上回っている、といった事態です。しかしこれは潜在的な自己選択バイアスのせいで生じた表面的な結果かもしれません。大半の火星人はこうしたグレイの大学に入ろうものなら差別を受けるのが落ちだと考え、最初から入学の申し込みさえしない、というのが実態なら、入学を申し込んだひと握りの火星人は傑出した学生で、特待生かもしれません。このような場合には、火星人とグレイの（承認率ではなく）出願者の分布を、社会全体における両者の比率と比較するだけで実態を明らかにできます。

もちろん、根本原因を特定する方法はほかにも色々あります。この本は大学レベルのデータサイエンスの教本ではありませんし、あなたがある問題点の真相を探るべく分析をするとなれば、きっとあなたのお抱えデータサイエンティストが代替法や裏技を教えてくれるはずです。ちなみにこの領域でも革新（イノベーション）が続いています。一方では、データ可視化ソフトが続々と生み出されており、そもそも可視化されたデータを見ることの価値は決して軽視できません（外れ値を始めとする常軌を逸したケースを視覚的に探知するなど。視覚を頼りに脅威を察知するというのは自然界の主要な手法ですから、これはまさしく脳の得意技と言えます）。他方では、とくに機械学習のおかげで、バイアス（あるいは、より広義に「トラブル」）の根本原因と見られるものにフラグを立てる「異常検知」など、非常に高度なツールが生み出されるようになりました。

最後に、根本原因解析で時として複数の手がかりが見つかり、本当に重要なのはどれなのだろうと迷うことがあるので、それに関わるコツを紹介しておきます。特定の特徴量のいくつかの不備が原因で結果バイアスが生じたのではないかとの懸念があるものの、バイアスの影響の重要性ははっきりしない、という時には、そのアルゴリズムが使う他のすべての変数に中央値（連続型変数）か中央値に相当するもの（カテゴリー変数）を入力して「典型的」あるいは「平均的」なケースをあえて作り出し、問題の変数がどの程度変わるとアウトカムがどう変わるかを再現して、その特徴量の重要性を評価する、という手法があります。平均的な予測値を比較することでも、あるいはより入念な評価を行うなら、代替の数値を選択してアウトカムの比較分布分析を行うことでも、こうした評価はできます（コラムも参照してください）。

このアプローチは洗練されているとは到底言えない手法ではありますが、これだけで十分な成果が得られる場合も多いのです（ここで調べようとしている「平均的な」ケースとは異なる特定のサブグループに属するケースについてのみ、変数がアウトカムに影響を与えているという相互作用効果の可能性を無視しているなどの問題があります）。

中央値、平均値、最頻値

「中央値」は「平均値」と同じもののように感じられますが、違いは中央値が「有限個のデータを小さい順に並べた時に中央に位置する値」である点です。したがって、その値のケースの上と下に、それぞれサンプルの50%のケースが位置する形になります。たとえば今あなたはある国にいて、そこでは月収1,000ドルの人が3,300万人、2,000ドルの人が3,300万人、3,000ドルの人が3,300万人おり、さらに月収10億ドルという実業界の大物が100人いるとします。この国の月収の平均値は3,010ドルですが、中央値は2,000ドルにしかなりません。このように中央値は「典型的な」月収や「普通の」人々の平均月収のプロキシ（代理）としては、平均値よりふさわしいのです。

平均値や中央値の算出は、連続型変数（たとえば「所得」）では簡単にできますが、カテゴリー変数（たとえば「職種」）では不可能です（「税務職員は会計士と略奪者の平均値だ」なんてあり得ません！）。また、「最頻値」（現れる度数が最多のカテゴリー）も、平均値のプロキシとしてはふさわしくないことが多く、これは最頻のカテゴリーが最下位に位置することが多いためです（たとえば、最頻の職業は比較的薄給であることが少なくありません）。

より良い手法としては、カテゴリーをそれぞれのアウトカムの中央値（たとえば各職種の所得の中央値）の順に並べ、それ全体の「中央値」を特定し、母集団の中央値にもっとも近いのはどのカテゴリー（ここでは「職種」）かを調べる、というものがあげられます。

以上、基本的なメトリクスをいくつか使ってアルゴリズムを定期的に監視するところから、根本原因解析を完了するところまで、監視レポートでなぜ特定のメトリクスに「黄色信号」がついたのかを解明する作業の全体像を紹介しました。ただし、ここまでは一番簡単な状況、つまり、入力となる因子の数が限られている比較的単純なアルゴリズムに、（暗黙のうちに）スポットライトを当ててきました。残念ながら、機械学習のアルゴリズムは監視が難しいものが多いのです。

そこで、次の節で機械学習のアルゴリズムのどこが特別なのかを見ていきましょう。具体的には、それが非常に複雑なアルゴリズムであること（それゆえに「ブラックボックス」と呼ばれること）と、アルゴリズム自身による自動化された継続的更新について解説します。

15.6　ブラックボックス・アルゴリズムの監視

「ブラックボックス・アルゴリズム」とは、機械学習によって開発される予測モデルのうち、何百あるいは何千もの入力変数を使う、人間には細部まで評価も理解もしがたい複雑な構造のものを指します。それでいて、こうしたアルゴリズムも、すべてのケースに推定値を割り当てるため、基本的な監視作業は他の統計的モデルの場合とそれほど変わりません。難しいのは根本原因解析を試みた時です。とくに次の3つの難題に突き当たります。

- 「ブラックボックス・アルゴリズム」が扱う因子の数が膨大である上に、そのひとつひとつがバイアスを引き起こしている可能性があり、監視で探知し、対処しなければならないので、「干し草の中で針を探す」ような感覚に陥ります
- 予測モデルを訓練するためのアルゴリズムは、従来データサイエンティストが手作業で進めてきたこと（外れ値、欠損値、相互作用の処理）の多くを自動的にこなします。そのため、機械学習モデルがあやまってバイアスを招いてしまうケースがはるかに多くなりますが、その対処法について話し合ったり、実際に協力して対処法を実践したりする仲間がいません
- この種の予測モデルの構造は人間には理解できないほど複雑ですし、あなたのお抱えデータサイエンティストにしても、モデルの訓練や調整を今よりはるかに多く手作業でやらなければならなかった時代ほどデータを詳しく知っているわけではないので、バイアスを招いた因子や原因について仮説を立てることがはるかに難しいと感じます

こうした難題を克服しようと、いわゆる**説明可能なAI**（XAI：eXplainable Artificial Intelligence）の開発気運が高まってきました。XAIに関しては、次の3つの注目点があります。

- 機械学習の手法の中には、比較的透明性の高いものとそうでないものがあります（この問題は、この章で扱う範囲を超えていますので、「第Ⅳ部 データサイエンティスト視点のアルゴリズミックバイアスの対処法」であらためて議論します）
- 機械学習モデルに関する**グローバルな観点から**とくに重要な（複数の）因子と、そうした因子のアウトカムに対する影響の傾向は、「摂動法（perturbation）」

と呼ばれるプロセスで視覚化できます。摂動法においては、(ランダムなノイズによって引き起こされた) さまざまな入力要素の変化によって、そのモデルの出力がどう変わるかをシミュレーションして最大の変動を示した因子を探し出します

- 摂動法による分析は、**局所的な観点から**とくに重要な因子をあぶり出してくれます。たとえば、バイアスの影響で不当に差別されたと思われる申請者などの具体的なケースに、どの因子が最大の影響を及ぼしたのかを示唆してくれます

基本的な監視で機械学習モデルに対する懸念が示されたら、最初にするべきなのは、あなたのお抱えデータサイエンティストに、グローバルな観点でもっとも重要な因子を明らかにするための分析を依頼することです。「重要」と「重要でない」を分ける線をどこに引くべきかに関する厳密なルールはありませんが、常に「重要性」を念頭に置いていれば、最初に焦点を当てるべき変数は5個から12個程度になるはずです。このうち、唯一もっとも重要な因子から始めて、あとは順次機械的に検討していってもよいですし、経営判断に従って、バイアスが生じている確率がもっとも高そうだと思われる因子から順に検討していってもよいでしょう。

さて、決定木は、すでにこの章の前のほうで根本原因解析の有効なツールのひとつとして紹介しましたが、機械学習モデルの膨大な数の入力の解析にも使えます。実際、機械学習モデルの中には、決定木をたくさん集めた「ランダムフォレスト」というアルゴリズムを使っているものが多いのですが、変数が多すぎるとおかしな効果が生じて解釈が難しくなる恐れもあります。この効果が生じてしまったら、お抱えデータサイエンティストに頼んで、すべての因子の**主成分分析**(PCA:principal component analysis)を行い、直交回転(バリマックス)(因子分析で因子の解釈を容易にするために数値を並べ替える手法のひとつ)により、主要成分ひとつひとつについて相関のもっとも強い変数を特定してもらいましょう。

主成分分析(PCA)は、相関が非常に強い(つまり本質的に同じものを計測している)変数を多数特定できる、「小さな奇跡」とも呼ぶべき手法です。たとえばローンの申請者で言えば、属性の多くは「所得」に関するものでしょう。また、「真面目さ」(リスクを抑制する人格特性。非常に真面目な人は、事前に計画を立て、慎重で、衝動制御能力が高いため、トラブルを回避する傾向にある)に関する変数も多数見つかるはずです……と、こんな調子で、さまざまな属性に関し、それぞれ多数の変数が特定されるわけです。PCAを実行すると、データ全体を分析して、次のような結果を返してきます――「全体で5,000余の因子があり、その大半が5つの主要なテーマに関

するもので、第1のテーマは『所得』、第2は『真面目さ』、……と思われる」。これを見て、各テーマにつきひとつの変数（たとえば「所得」については信頼度のもっとも高い測定基準、「真面目さ」については最良の測定基準）を選び、こうしてできた少数の変数から成るごく短いリストを使って決定木を構築します。

もうお察しでしょうが、PCAは上の説明を読む限り簡単にできそうな感じがしますが、実際に現場でやるとなると、多少難しくなります。とくに欠損値やカテゴリーに関わる因子がある時には、それが難題となり得るのです。でも、そんな時のためにいるのがデータサイエンティストのはずです。特定のデータセットについて現実的にどういうことが可能なのか、データサイエンティストに尋ねて話し合ってください。より単純なもので手を打たなければならない場合もありますが、基本的にあなたが手に入れるべきなのは、余分な変数を除いて大幅に要約した因子リストです。（あいにく、必ずしもどこのデータサイエンス学科でもこの手法を教えているわけではないので、そんな手法は初耳だとデータサイエンティストから言われるかもしれません。でもこれに関しては譲歩してはなりません！ 詳細は「19章 データのX線検査」で解説します）。

さて、あなたは以上のようにしてPCAを行い、問題が集中して起きていると思われる特定のケース群を突き止めました。ローカルな観点でもっとも重要な因子の分析を行うべきなのはこの時点です。たとえば基本的な監視で、あなたの与信審査モデルが特定の火星人を差別しているらしいとの懸念が示され、続く第1回の根本原因解析では、オーバーライドや誤った予測（とくに、後年、別の銀行で問題なく全額を返済したことが明らかになったローン申請者を、あなたの銀行が与信審査の段階で拒絶していた件）が集中している箇所を見つけるための決定木分析で、この「差別されているらしい特定の火星人」の郵便番号がいずれも火星人街のものであることが判明したとします。

こうした形での融資の拒絶は、アメリカ合衆国では違法行為になります。おそらく宇宙人グレイの社会でも違法行為でしょう。それなのに、あなたのお抱えデータサイエンティストはこう指摘します――「実は郵便番号はこの機械学習モデルの入力に含まれていないんです」。そう聞いて愕然としたあなたは「じゃ、問題の火星人街に住んでいる火星人のサンプルを分析して、ローカルな観点でもっとも重要な因子を特定してください」と要請します。その結果、標準的なリスク因子（たとえば「所得」や「信用調査機関の履歴」など）の大半が、あなたがデータサイエンティストから受け取った変数リストから見事に抜け落ちていることがわかりました。そして唯一の最重要因子はなんと、ローンの申請者の自宅から、人気のポテト・ファストフード・

チェーン「ジョーズ・ポテト」の最寄店までの距離だったのです。もちろんこれで謎は解けました[†13]！

この事例でもうひとつ、浮き彫りになるものがあります。それは機械学習のアルゴリズムがバイアスに対して抱える大きな弱点で、「そもそもモデルの訓練に使ったデータに（実社会のバイアスが反映されるなどして）バイアスがかかっていると、機械学習のアルゴリズムはそのバイアスの指標をわざわざ取りに行く」というものです。直接的な指標（郵便番号など）を削除すると、アルゴリズムは間接的な指標（「ジョーズ・ポテト」までの距離など）を探し出してくるのです。その間接的な指標を削除すると、アルゴリズムはもっと間接的な指標（たとえば、その申請者の自宅周辺にあって、名前が「J」で始まる店の数など）を見つけてきます。だからこそ、このモデルからバイアスを排除することが必ずしも可能であるとは限らず、代替法を考えなければならないのです（この代替法については後続の章で解説します）。

15.7 自己改良型のアルゴリズムの監視

機械学習の高速化のおかげで、解析学の分野でもうひとつ、イノベーションが可能になりました。「自己改良型（self-improving）アルゴリズム」です。従来はデータサイエンティストがデータを収集し、さまざまな探索的解析によってデータを把握した上で、「特徴量を決定し、データに関わる問題を修正し、適切な変数とハイパーパラメータを選択することにより統計的アルゴリズムを適宜方向修正する」という作業を何度も繰り返して予測式を練り上げ、完成させていました。以上の作業から適宜の部分だけ除いたすべての作業を自動的にこなし、「毎週」あるいは「毎日」の単位で、いや、時として「毎分」の単位でさえ、この予測モデルの新バージョンを生み出してしまうのが機械学習なのです。

そんな機械学習を私たち人間が監視しようとする際に直面するのが「機械学習が生み出したモデルを私たちが分析してバイアスの根本原因を見つけるまで（あるいは『嬉しいことにバイアスがない』と立証できるまで）には、機械学習がそのモデルをすでに5回も更新し、私たちが分析した時のものとはまるで違うものにしてしまっている」という難題です。一体全体どうすれば人間は機械学習についていけるのでしょ

†13　きっと皆さんもご存じでしょうが、火星人の大好物はポテトなのです。当然、「ジョーズ・ポテト」の店舗は、住人の大半が火星人である地区に集中しており、あなたが特定した5つの火星人街にある「ジョーズ・ポテト」だけでも全店舗の60%を占めていました。そのため、この「距離」の変数が、このアルゴリズムによる融資拒絶につながる「裏口」となっていたわけです。

うか。

「新バージョンが、私たち人間が分析を行って明示的に使用を認めた直前のバージョンと大きく異なる場合に、それを立証するため、新バージョンをひとつひとつ監視する」というステップを追加すればよいのです。

これは、私の考えでは、新人の採用前後の状況に似ています。応募者の面接で、私たちはその人物が募集中のポストの職務にどれだけふさわしいかを見極めようとします。たとえばレストランの経営者が調理師を雇う場合なら、実際に店の厨房で料理の腕前を披露してもらうこともあるでしょう。もちろん、晴れて採用された人物が仕事を始めてから事情が変わることもあり得ます。

メニューに新しくモルモット料理を加えよう、ということになったけれど（モルモットはペルーでは「クイ」と呼ばれ、アンデス山脈の高地では昔から地元民の食用にされてきました）、新人はクイ料理には疎い（うと）ことが判明したとか、新人が作る、イタリアはピエモンテの名物デザート「ザバイオーネ」はおいしくない、という苦情がお客さんから寄せられたが、実はこの新人は酒癖が悪く、マルサラワインを調理に使うどころか、ほとんどを自分の胃袋に収めてしまうことが判明した、とか。そんなこんなで店の経営者はスタッフを定期的に監視する必要に迫られ、実際に（旅行情報サイトTripAdvisorでの評価が急降下したり、調理師が厨房で千鳥足になっているのが目撃されたり、といった）「黄色信号」が灯ったら、しかるべき調査を行って、店に脅威を与える恐れがないことがはっきりするまで問題の人物を休ませるなどの措置をとるべきかもしれません。

このような考え方を機械学習に応用するなら、自己改良型のモデルが、人間が明示的にテストして承認した直前のバージョンに比べて新バージョンがどの程度異なるかを測定するためのメトリクス・リストを自動生成するようにもするべきでしょう。具体例をあげると、たとえば次のようなものが考えられます。

- モデル更新のスクリプトに、旧モデルについても新モデルについても同じ申請者群の予測値を算出し、それぞれの予測値がどの程度異なるかを算出するという機能を加える（こうすれば、差が大きすぎた時に停止信号が発せられます）
- グローバルな観点でもっとも重要な因子を見極め、それぞれ前のバージョンと比較する機能をアルゴリズムに加える

自己改良型の機械学習アルゴリズムを十分に監視する手法やコツについては「22章 自己改良型モデルにおけるバイアスの予防法」で詳しく解説します。とりあえずここ

では次の2点を強調しておきます。

- 新旧バージョンの差がどの程度までなら許容できるのか、ビジネスユーザーがデータサイエンティストと話し合うことがいかに重要かという点。唯一絶対の「正解」があるわけではなく、「意思決定アルゴリズムの迅速な更新で得られる事業へのプラス効果」と「リスク選好度」を天秤にかけて最適なレベルを見定めるべきトレードオフの状況なのです。多くの場合「時は金なり」がカギとなります（その好例が詐欺行為を察知するための分析です）
- 自動更新されたバージョンと前の複数のバージョンの差が大きすぎると思われる時に展開（デプロイ）を保留するための信頼できる仕組みが用意されていること。したがって新バージョンのデプロイを許可する前に手作業によるオフラインテストを完了する必要があることを、データサイエンティストが認識し実践するべきだという点

15.8　まとめ

この章では、専門知識を備えたデータサイエンティスト**ではない**ユーザーがアルゴリズムを監視してバイアスを探知する手法やコツを紹介しました。骨子は次のとおりです。

- 基本的な監視体制には「フォワードルッキング・メトリクス（実世界でアウトカムが出る前でも算出できるもの）」と「バックワードルッキング・メトリクス（予測結果を実世界のアウトカムと比較するもの）」の両方を含める必要があります
- フォワードルッキング・メトリクスには非常に有用なものが2つあります。「分布分析」と「オーバーライド分析」です
- バックワードルッキング・メトリクスにも非常にも有用なものが2つあります。「キャリブレーションの評価」と「ランク付け」です
- 分布は、バイナリのアウトカムの発生率や、連続的な値の平均、さまざまなタイプの「ケースの百分率分布」で記述できます
- 通常、ケースのストックよりフローに焦点を当てたほうがはるかに有意義なメトリクスが得られます。分布分析ではとくにそうです
- 分布の差異は、誤検知や検知漏れを防ぐため、有意性と重要性によってふるい

分ける必要があります

- 統計的有意性によって、（ひとつのケースの他のすべての属性における差異がコントロールされれば）特定の属性がアウトカムに影響を与えるかどうかをテストできます。これにより誤検知や検知漏れをさらに削減できます
- 「人間参加型」の機械学習では次が可能になります
    - 絶対的なレベルのオーバーライド率を、正常に機能している意思決定プロセスに適する（とあなたが見なす）レベルと比較し、高すぎたり低すぎたりしないかを見ること
    - オーバーライドがとくに集中しているケースクラス（ホットスポット）を特定すること
    - オーバーライドの理由のうち、最高頻度のものを調べてアルゴリズムのバイアス（やその他の弱点）を特定すること
- キャリブレーションを分析すると、アルゴリズムの予測結果が、平均して正しいのか（あるいは十分位群など、特定のデータ群では正しいのか）、それともバイアスがかかっているのかがわかります
- ランク付けにより、予測とアウトカムが大きく異なっているケースを識別する力がアルゴリズムにどの程度あるか（と、アルゴリズムのランク付け能力がバイアスで損なわれていそうな箇所）がわかります
- バイナリのアウトカムのランク付けの優劣を測定するためのメトリクスとして優れているのはジニ係数とK-S検定ですが、この2つは連続的なアウトカムのランク付けの測定には不適です。実際的な代替メトリクスとしては「そのアルゴリズムが最下位と判定した十分位群と最高位と判定した十分位群のアウトカムの平均の比率」があります
- 基本的な監視レポートで報告されるメトリクスひとつひとつについて、「正常範囲」を定義する必要があります。さらなる調査をするに値する逸脱にフラグが自動的に付けられるようにするためです。正常範囲を定義する際には、有意差の検定の結果と外部のベンチマークを参考にします
- 「警鐘」が鳴ったメトリクスについては、根本原因解析を行ってバイアスの有無を確かめる必要があります
- 根本原因解析では、入力変数の分布分析、ホットスポットを把握するための決定木の利用、実世界で起きていることをより良く把握するための現場の人々との対話もあわせて行うことが少なくありません
- 根本原因解析は、どのバイアスが生じている可能性がもっとも高いかについて

の仮説を立て、その仮説の検証に焦点を当てれば、非常に効率よく進められます

- 機械学習によって開発されたブラックボックス型モデルの監視は、より単純なアルゴリズムと同じ方法で進められますが、難しいのは根本原因解析を試みる場合です。摂動法を使えば、「グローバルな観点でもっとも重要な因子」と「局所的な観点でもっとも重要な因子」を特定できます（いずれも、この種のモデルの根本原因解析を支援、簡素化する有用なツールです）
- 機械学習で自動的にアルゴリズムが更新される場合には、どの程度の変更が生じたのかを自動的に監視し、人間によるテスト・承認済みの直前のバージョンとの差異が許容範囲を超える時（「リスク選好度」と「ビジネスオーナーの好みと状況」に照らしてバイアスのリスクが大きすぎる時）には新バージョンの展開（デプロイ）を自動的に保留することが大切です

根本原因を特定すればアルゴリズミックバイアス対策に役立ちますが、排除できないアルゴリズミックバイアスもあります（とくに実世界のバイアスに根差したものは排除が困難です）。次の章ではアルゴリズミックバイアスに対処するための経営戦略について解説し、その次の章ではバイアスのないデータを新たに作成する方法を紹介します。

16章
管理者の介入によってバイアスを抑止する方法

この章では、アルゴリズムに深く根差したバイアスに対処するための経営戦略について検討します。

16.1　偏見との戦い

ある国のある銀行から与信審査モデルの開発を依頼された時のことです。この銀行の最高リスク管理責任者（チーフリスクオフィサー）に、与信審査で判断材料にしている重要リスク要因について尋ねた際の衝撃は今でも忘れられません。開口一番、同性愛者は言うまでもなくリスクが大きい（したがって与信対象としては避けるべきだ）と断定されたのです。

私の頭の中では、「なんてひどい偏見だ」と思う理由をひとつ残らずあげて、見るからに知的で教養のあるこの女性に反論するべきだろう、という怒りの声が響きわたる一方、出発前にこの国について読んだこと――中でも、この国では同性愛者がヘイトクライムの犠牲になるリスクが高く、高齢期まで生き延びられる者がとても少ないこと――が浮かんできたので、すっかり考え込んでしまいました。とはいえ、これがいかに嘆かわしい慣行であっても、「いつ何時殺されるかわからないような相手には融資しない」というのはたしかに賢明な策で、それを講じないのは職務怠慢だろう、と私も認めざるを得ませんでした。

結局その銀行には顧客の性的指向に関するデータがないことが判明し、私たちがこの銀行のために開発したアルゴリズムに「性的指向」という属性が使われることはありませんでしたが、あれは「実社会に存在する悲惨なバイアスが反映されたアルゴリズムにどう対処するべきか」が、私個人に関わる現実の問題として痛感された瞬間ではありました。これは、一歩下がって「アルゴリズムは神でも支配者（ボス）でもなく道具（ツール）にすぎない。アルゴリズムのユーザーである私たちは、アルゴリズムを使うか使わないかを決め、使うなら、どう使うのかを決める自由を有する」という事実に思いをめぐらす好機です。

同時に「私たち人間には昔から周囲の環境に働きかけて変化をもたらしてきた長い歴史があり、これこそが公共政策のキモにほかならない」という事実に思いをめぐらす好機でもあります。現に実世界のバイアス対策の事例は多数存在し、比較的成功裏に完遂できたものもあれば不首尾に終わったものもあります。たとえば米国の有名オーケストラの女性演奏家に対する差別は、採用試験で「ブラインド・オーディション」（性別も含めて、演奏者の素性がわからない状況で実施されるオーディション）が採用されて以来、かなり改善されました。また、大学の入学制度や、（新人研修から取締役会まで、さまざまなレベルの）企業人事では、割り当て制が広く取り入れられています（が、クオータ制の有効性と妥当性については今なお議論が続いています）。

16.2　アルゴリズムの役割の限定

再び意思決定のアルゴリズム全体の設計に関する議論に戻って、アルゴリズムの役割を従属的なものに限定するという選択肢はたしかに「あり」です。たとえば、（人選はすべてアルゴリズムに一任し、クオータ制を廃止するといった方法をとるのではなく）応募者の中から所定の人数に候補者を絞るのだけをアルゴリズムに任せることが考えられます。あるいは競合する複数のアルゴリズムを使って、それぞれが良いと思う人を選ぶという手法も検討に値します。とくに何が良いアウトカムで何が悪いアウトカムかさえ明確でない場合には有効でしょう。

たとえばドイツでは、医学部への出願者の選考過程に最低でも3種類のアルゴリズムを取り入れています。ひとつは純粋に学力だけを基準にして選考するアルゴリズム、2つ目は学力のほかに出願者の待機年数も勘案して選考するアルゴリズム、3つ目は面接を介して資質面の評価をするアルゴリズムです。つまり（異論もありますが）「学力」「忍耐力」、そしてより質的な「優れた医師になり得る資質」という3つの基準に沿って、3つのアルゴリズムが医療専門家としての適性を評価し合うわけです。加えて、不服申立てのプロセスも広く採用されています。これは上記のアルゴリズムが下した判断をオーバーライド（「無効化」あるいは「覆し」）する過程です。

また、どのような状況下で対象のアルゴリズムにバイアスがかかるかがわかっている場合には、アルゴリズムの評価対象から特定のケースを除外することが可能です。

TOEFL[†1]等の学力テストで、障害のある受験生に対して特別な配慮をするのと似ています（たとえば受験生に発話障害がある場合、会話のテストを免除することにより、採点担当のアルゴリズムが英会話力の部門で、この受験生を不当に低く評価してしまう事態を回避する、など）。

以上、紹介してきた手法は、対象のアルゴリズムそのものには手を加えずに、そのアルゴリズムのバイアスの影響を抑制できるものばかりです。したがって、実社会に巣食うバイアスがアルゴリズムに反映されていたり、アルゴリズムにとって不可欠なデータにバイアスが存在したりする場合に一考の価値がある手法と言えます。

16.3　アルゴリズムの修正

しかしアルゴリズムそのものを修正する機会はまったくないのでしょうか。いいえ、結局はアルゴリズムをいじるほうが好都合なのかもしれません。というのも、アルゴリズムを修正すれば、意思決定の過程を自動化して劇的に迅速化できますし、変化をもたらすという点では、たとえば最前線で働く何千もの人をトレーニングし有害なバイアスをオーバーライドするコツを教え込むより、中枢の意思決定（ディシジョン）エンジンのコードに手を加えるほうがはるかに簡単だからです。

ある意味で先例と呼べる事例はあります（アルゴリズムを変える完璧な手法とはまだ呼べず、道半ばではありますが）。たとえば与信審査のアルゴリズムで信用調査機関の不備のある情報が入力されていたら、それをオーバーライドする、というものです。とはいえ、ここではあえて一歩踏み込んで、アルゴリズムそのものを調整するプロセスを紹介したいと思います（統計式に脳外科手術を施すようなプロセスです）。

何を隠そう、こうした作業は実は可能なのです。第1のステップは、差別の根源（たとえば「人種」）を明示的な変数としてアルゴリズムに含める、というものです。言ってみれば、物陰に隠れていた厄介者をみんなの前に引っ張り出すようなことをするわけです。そして第2のステップで、厄介者をやさしく外へ連れ出す必要があります。つまり、アルゴリズムのコードを書き換えて、対象者全員を同等に扱うようにしてしまうのです。たとえば「人種」という変数をアルゴリズムに導入すれば、対象者が火星人であろうとグレイであろうとクリンゴン人であろうと、全員を一律に「火星人」と見なすよう、アルゴリズムをプログラムできます。

†1　母語が英語でない人が米国やカナダで研究や仕事をしようとする際に受ける、英語能力を判定するためのテスト。

このようなテクニックは（理論でも実践段階でも）ほとんど目にすることはありませんし、アルゴリズムを恣意的に変えるのは、統計学の正統的な慣行から大きく外れる行為だと感じられるでしょう。統計の専門家も、こんなことを聞きつけたら、すかさずこう言うと思います。

> それはまずい。意識的にデータ誤差を招く行為だ。それに、そのアルゴリズムで使われている他の属性と「人種」変数の間には相関関係があるから、さまざまなことに狂いが生じる恐れもある。

そうは言っても、実社会にはびこるバイアスや差別だって「まずい」のです。ジフテリアや百日咳など、恐ろしい伝染病と、ワクチンの注射で針を刺す時の痛みを比べればわかるように、恐ろしい「悪」もあれば、それよりはるかにかわいい「悪」もあります。こうした調整が具体的にサンプルに対してどういうことをするのかを把握し、「そうやって微調整を加えたアルゴリズムが妥当なアウトカムを生み出せること」を確認できるのです。

与信スコアリングで言えば、アルゴリズムが元の（バイアスのかかった）スコアカードで予測した申請の承認率と貸し倒れ損失とを、調整後のスコアカードのものと比較できるのです。この場合、予測損失率が上がる可能性があり、実際にも上がると思われますが、これはリスクベースの価格設定の調整（すなわち借り手に課する金利の増額）や、承認基準である最大リスクレベルの多少の引き下げによるもの、と説明できるでしょう。つまり、フェアトレード（発展途上国の生産物を利潤を抑えた適正な価格で継続的に生産者から直接購入することにより、生産者の持続的な生活向上を支える仕組み）のコーヒーの価格が通常のものより高いのと同様に、「バイアスのないローン」は多少高くつく、しかしその分、フェアトレードのコーヒーもバイアスのないローンも、生産者や銀行に利益をもたらす上に、利用者にとっては安全だ、ということです[†2]。

このほか、外部のバイアスを修正するために使った変数の属性をよりよく把握するための付加的な分析も実行可能です。たとえば相関関係を分析すれば、「所得」や「教

†2 この現象の重要な含意は「バイアスを禁じる法規によってもコストは（したがって価格も）上がり得る」という点です。人生において代償を伴わないものなんて、まずないでしょう。とはいえ、あなたがアルゴリズムを調整したからこそ承認される火星人が超優良顧客になることだって十分あり得る話です――それが思いがけない内在的理由によるものであろうと、あるいは承認されたことが嬉しく、自分がいかに賞賛に値する宇宙人であるかを身をもって証明したいという気持ちに駆られた結果であろうと。

育」など他の要因のうちどれが、調整用の変数（たとえば「人種」）と相関しているかがわかります。とくに、（15章で説明した主成分分析を行ってデータセットの余分な変数を除外するのと同様に）相関のある変数をすべて抑制すれば、「バイアス」の変数に、間接的な影響（たとえば「所得」や「教育」の影響）を強制的に捕捉させることができます。この時点でアルゴリズムに「宇宙人グレイは火星人だということにしてください」と頼めば、アルゴリズムはグレイだけでなく「所得」と「教育」も火星人と似ていると「仮定」してくれます。

現に、経済学者は始終、世界を「説明」するためのちょっとした式を作っては、「代わりの筋書き（シナリオ）」（たとえば政府の税制策や予算案の代案）を評価しています。与信審査アルゴリズムに「グレイは火星人、ということにしてください」と頼むことで、私たちは仮想の世界に踏み込むわけですが、こうした小手先のワザでローン申請者の運命を少しだけ変えてあげると、なんと現実までがこの「軽いひと押し」に喜んで従う可能性が決して低くはないのです。

この「予測を変えると、それに関わる現実も変わってしまうことがある」という現象の好例を紹介しましょう。1968年に、アイオワ州の小学校教師ジェーン・エリオットが3年生の子供たちに不当な差別を実感させるために行った有名な実験授業です[†3]。

キング牧師が暗殺された翌日、ジェーン・エリオットは担当していた3年生のクラスに理不尽なバイアスを意図的に植え付けました。「青い目の子は茶色い目の子より体内のメラニン色素が少なく、太陽光がより多く目を通して脳に届き、脳を破壊するから、茶色い目の子のほうが頭がいいし身ぎれいなの」と言ったのです。結果は恐るべきものでした。茶色の目の子たちは、青い目の子をあざけり、自分たちより劣っていると本気で信じていることをうかがわせる言葉を口にしたばかりか、青い目の子よりも自信を深め（自信は精神衛生的にも学業にもさまざまに良い効果をもたらします）、その状態で算数のテストを受けさせたところ、青い目の子たちより高得点を取りました。対照的に青い目の子たちは（普段は優等生である子も含めて）急に成績が落ちてしまいました。

1週間後、ジェーン・エリオットはみんなにこう告げます——「あれは間違いでした。劣っているのは茶色の目の子のほうで、学力でも青い目の子には到底及びません」。すると生徒の言動が完全に逆転してしまったのです。こうした現象、つまり「人間は驚くほどセルフイメージに左右されやすく、自分に対して他者が抱く偏見（バイアス）にも無

†3 https://www.smithsonianmag.com/science-nature/lesson-of-a-lifetime-72754306/

意識のレベルで微妙に影響され、その偏見に沿った言動をとってしまうことがある」という現象は、他の心理学的実験でも確認されています[†4]。

これが示唆するのは、アルゴリズムに「優良」の太鼓判を押されると、それが（ローン申請者など）対象者の言動に（また、その対象者に対する他者の扱い方にも）大きな影響を与え得る、その影響は微調整されたアルゴリズムが、より良い新たな現実を実際に生み出してしまうほど大きい、ということです。

もうひとつ特筆に値することがあります。アルゴリズムの「調整」に対する関係者（ステークホルダー）の許容度によってアルゴリズムの位置付けが変わり得る、という点です。たとえば特定のアウトカムの確率（大学の学部の修了率や再犯率など）を予測するアルゴリズムの位置付けは「『現実』を記述するためのもの」であることから、予測を変えるなど「もってのほか」と受け取られる場合があります。しかし数学的観点から見ると、こうした確率は大抵「スコア」を公式に代入することによって算出します（たとえばロジスティック回帰分析なら、予測特徴量の線形結合の形で「ロジットスコア」を計算し、確率を推定します）。

ちなみに「スコア」は現代の日常生活ではさまざまな場面で使われています（たとえば、与信審査のスコア以外にも、配車サービスアプリの運転手や利用客に対する評価や、オンラインゲームの得点（スコア）などがありますし、普段の会話で「そんなことしたら減点！」とか「すばらしい！ ボーナスポイント50点！」などと冗談めかして言うこともあります）。ですから「社会に根強くはびこるバイアスを駆逐する」などの政治目標を達成するために「ボーナスポイント」を活用したとしても、あまり違和感は与えません——たとえそれが最終的にアルゴリズムの予測にまったく同じ影響を及ぼしたとしても（また、まったく同じボーナススコアが上で紹介した手法で算出され付与されたとしても。たとえば「火星人」を示すものとしてバイナリのダミー変数を使うと、火星人にグレイと対等の地位を与えるにはスコア調整が必要であることを係数が示す、といった具合です）。

特定の状況下でアルゴリズムを修正するべきか否かを分ける「鉄則」などありません。だからこそ私はこの章で「修正するべき」と「修正するべきではない」の両方の立場に光を当て、その功罪両面を紹介しました。クオータ制など、実社会に巣食うバイアスを克服するための他の手法に賛否両論があるのと同様の状況です。ただ、トレードオフのある状況下で難しい決断を迫られているユーザーは、こうした選択肢の

---

†4　人材募集の面接で起こる現象もまた好例と言えます。6章でもあげましたが、たとえば赤いマニキュアを塗っている男性に対して偏見を抱いている面接官が「この候補者は今回募集しているポストには向かない」と判断すると、応募者のパフォーマンスもはかばかしくなくなるのです。

存在だけでも把握しておくべきだと思います。こうした選択肢が、少なくとも実世界での影響や結果を予測する実験の正当な根拠にはなり得るのです。

16.4　まとめ

この章では、統計的な手法だけでは有害なアルゴリズミックバイアスを排除し切れない時に、管理者によるオーバーライドでバイアスを抑止する方法を紹介しました。骨子は次のとおりです。

- たとえばクオータ制や、バイアスの低減や排除を目的とするオーバーライドを使うなど、意思決定のアーキテクチャを調整することで、バイアスのかかったアルゴリズムを制限し、意思決定に関するアウトカムを抑制する手法があります
- 統計学的観点から見れば「洗練されている」とは言えませんが、アルゴリズムそのものを調整する手法を（それなりの正当な根拠をあげて）提唱する人もいます。たとえば広域に点在する組織での実装のしやすさ（詳しくは「19章 データのX線検査」参照）とか、アルゴリズムが何らかの基準で「優良」と太鼓判を押すことが顧客に与える心理的影響などを利用する手法です
- （実社会にはびこるバイアスを反映しているから、などの理由で）データに強力なバイアスが内在する時に、これを排除するための手法として、「バイアスの根源（たとえば申請者の人種など）を示す指標を予測変数（説明変数）として取り入れることによりアルゴリズム内でそのバイアスを明示し、すべてのケースでその変数を同じ値に設定する」というものがあります
- （貸し倒れ損失の漸増（ぜんぞう）を補填するための設定融資額の引き上げなど）意思決定のルールに必要な調整を見極めるには、対象のアルゴリズムを入力として使ったシミュレーションが有用です
- 調整は、強い反発を招く形よりも、自然だと感じられる形（たとえば「実世界のアウトカムの確率」を調整するより、広く一般に使われているポイントを調整するといった形）にしたほうが、多様な関係者（ステークホルダー）の賛同を得やすくなります

もちろん、社会にはびこるバイアスを排除する上で、こうした「アルゴリズムそのものの修正」よりさらに良いのは、「そもそもこのバイアスが存在しなければどうなるか」を実験し、その結果に基づいて新たなアルゴリズムを開発するという手法で

す。こういう手法が使える時もあるのです。次の章では、そうした実験を慎重に行って、（バイアスのないアルゴリズムの開発を可能にする）バイアスのないデータを新たに生み出す方法を紹介します。

17章
公平公正なデータの生成法

この章では、アルゴリズムのユーザーが、公平なデータを生成することによって、アルゴリズミックバイアスの排除にいかに大きく貢献できるかを説明します。

17.1 データは新たな金（きん）

「データは新たな金（きん）である」は現代のモットーのひとつ、とも言えそうですが、真の輝きを放つのは混じりっ気なしの純金のみ。バイアスがかかっている場合、致命的な（したがって無価値な）汚染データである可能性もゼロではありません。

その好例を紹介しましょう。かつて私が税務当局から受けた依頼です。それは「密輸品が紛れ込んでいる可能性の高いコンテナを港湾の税関検査官に知らせるアルゴリズムを構築してほしい」というものでした。しかしこのプロジェクトは始動前に頓挫してしまいました。税務当局の手元にあってアルゴリズムの構築に使えるデータといえば、税関の検査官がその前年にこなした、ごく限られた件数の検査のデータだけだったからです。

問題は「どのコンテナを調べるかも、どう調べるかも、検査官の裁量に任せられている」という点でした。つまり、たとえばルイ・ヴィトンのバッグ「クロワゼ」なら、「Luis Vitton」のラベルの「s」と直前の「i」の間隔が通常より狭いものが怪しいということを知っている検査官が、検査の範囲を絞り、内容物が「クロワゼ」と記載されている積荷限定、その日最初に手にした箱限定で検査する、という方法をとっているかもしれません。あるいは、革の部分に押された「Luis Vitton」の刻印の「L」と「o」と「t」を見れば本物と偽物を見分けられるというコツを心得た検査官が、コンテナの中身を全部出し、2ダースのバッグひとつひとつについて、この3文字を厳重にチェックしているかもしれません。

私が開発を依頼されたアルゴリズムに、このような検査の結果を集めたデータを使っていたら、どうなっていたでしょうか。入念な検査のできる優秀な検査官は、言うまでもなくこれまでに他の検査官よりはるかに多くの偽造品を見つけてきたでしょうから、それが原因で前述の税務当局がもっているデータには強力なバイアスが生じているはずです。そういうデータを使って開発されたアルゴリズムに、検査対象とするべきコンテナを予測させると、過去のデータに照らして「優秀な」検査官たちが選ぶ確率がもっとも高いコンテナを教えるのです。

一方、いい加減な検査のせいで税関をすり抜けた偽造品入りのコンテナは、このアルゴリズムの目には「問題なし」と映るため、将来この種のコンテナから検査官の目が逸らされる形になってしまいます。

もちろん密輸犯は検査が手薄なのはどこの港（の、おそらくどの時間帯）かを承知しているでしょうから、違法な品の送り先や到着日時をその情報に従って決める傾向にあります。そこへもってきて、前述のバイアスのかかったアルゴリズムが「(過去データに照らして成果の上がっていない）検査の手薄な港の検査の手薄な時間帯に検査を減らし、(過去データに照らして）検査の行き届いている港にさらに多くの資源を回せ」などと提案するわけですから、まさに敵の思う壺です。ですから私は税務当局に「このデータだけでアルゴリズムを構築するなんてことは、絶対やっちゃいけません」と強く忠告しました。

17.2 公平なデータの生成

では、どのような方法なら効果が上がるのでしょうか。新たに公平公正なデータを生成すればよいのです。言うは易く、行うははるかに難し、ではありますが。とくに難しいのが「公平公正なデータを収集する過程では次の2つの条件を満たさなければならない」という点です。

- **サンプルがランダムであること**——「密輸品が一番入っていなさそうだ」と私が見なすコンテナが検査対象になる確率は、「密輸品が入っている」と私が確信しているコンテナのそれと同じでなければなりません[†1]（言うまでもなく、最良のサンプルが得られるのは、すべてのコンテナを漏れなく検査する場合です）

- **検査が、どの回もまったく変わらないやり方で実施されること**――これが守られれば、誰が検査をするかに関係なく、どのタイプの密輸品についても、各回の検査で見つかる可能性がまったく同じになります

以上の条件を満たしつつ、膨大な数の港、国境検問所、空港に配置されている、10万人なら10万人の税関検査官から公平公正なデータを集める、という状況を思い浮かべてみてください。いかに大変な管理上の課題が生じるかは想像に難くないと思います。この種の問題の解決法を見つける一般的な手法のうち、重要なものを2つ紹介しておきましょう。

- 新たなデータを集める前に、検査ルーティンの標準的な最良慣行（ベストプラクティス）としては何が必須かを定義しておきます。これは真に必要で価値のあることです。定義のしかたを詳しく解説しようとすると本が丸々一冊書けてしまい、それだけの価値は十分あるのですが、要約すると次のようになります
    - 優秀な検査官から、どんな検査手法がもっとも効果的かについて聞き取り調査をします（たとえば主要な高級ブランドのバッグのコピー品を見分けるコツをメモして、自分なりにリストを作っている検査官がいるかもしれません）
    - 検査官が共有する「集団の知恵」を活用して、みんなから収集したアイデアに優先順位を付け、管理しやすい数（10から25程度）の作業ステップを選り抜き、現場で実践するべきベストプラクティスの標準的なルーティンとします（これには、特定のタイプの積荷にしか適用できない、状況固有のステップが含まれているかもしれませんし、積荷のカテゴリーによっ

†1 ただしこれは簡略版のルールです。複雑版では「層化抽出法」という手法を用います。たとえば、個々のコンテナよりも船荷を発送した荷送人の人物像のほうが重要だと思われる場合に効率的なのが「船の大きさに関係なく、どの船からも5つのコンテナを無作為に選んで検査する」という抽出法です。この手法だと、コンテナを最高18,000個積載できる世界最大のトリプルE級のコンテナ船に積まれたコンテナのひとつが検査対象になる確率は、コンテナを250個しか積んでいない小型コンテナ船のそれよりもはるかに小さくなりますが、ランダムに選ばれることに変わりはありませんし、（それぞれのコンテナについて、その重量が、船の積荷全体の重量の何分の1に当たるか、といった具合に）重量を用いることで、アルゴリズムの係数を推定する際に層化したものを元に戻すことも可能になります。

ては、ほかとまったく異なる手法を使う場合もあり得ます）
- ○ それぞれの作業ステップについて、どうすれば人間のバイアス（脳の疲労による自我消耗など）を回避しつつ、もっとも効果的に実践できるかを定義します

- 標準的なベストプラクティスを実践してもらう時には、現場職員を総動員しようとするのではなく（総動員しようとすると、この新たな手法の利点を全員に説明して納得してもらい、実践方法の研修を受けてもらい、きちんと実践しているかの監視（モニタリング）も行わなければなりません）、大抵は、少人数の検査官から成る小さなチームを十分に訓練し、慎重に選んだ積荷のサンプルを使って、綿密な指示の下で実践してもらうほうがはるかに現実的です

こうすれば真に公平公正なデータセットが生成できますから、これを使って、将来税関検査官を適正に誘導できる公正公平なアルゴリズムを構築できます。いや、それどころか、どのコンテナに密輸品が紛れ込んでいるかを予測できるだけでなく、たとえばベストプラクティスの25の作業ステップのひとつひとつについて、特定のコンテナを検査対象にした場合の成功率さえ予測できるアルゴリズムを構築できるはずです。

このモデルデザインは、現場で検査官にどのコンテナを調べるべきかだけでなく、どの作業ステップを行うべきかも提案できるので、大変効率的です（たとえば懸念点が積荷書類の「バッグの個数」欄の記載が実際より少なすぎることだけなら、「Luis Vitton」の刻印の「L」と「o」と「t」をひとつひとつチェックするという手間のかかる作業を省けます）。ただし、このモデルデザインでも新たなバイアスがデータに生じることは避けられず、その点は要注意です。ですから次の機会には、真に公平公正なデータを収集するためのパイロットテストをまた改めて行わなければなりません。

とくに警戒しなければならないのは、いくら公平公正なデータを収集しようとしても、データサイエンティストの技術的指示を現場担当者が守らない、という管理上の課題が生じやすい点です。つまり「グレイが送った船荷を調べるなんて時間の無駄だ。不正品を密輸するのは**いつだって**火星人なんだから」といった検査官自身のバイアスのせいで、あなたの編み出したすばらしい「標準化された新手法」が現場で無視され、元の木阿弥（もくあみ）、結局は以前と変わらぬ「おそろしくバイアスのかかったデータ」しか得られない、という事態に陥りかねないのです。

言うまでもなくこの税関検査官の例は最悪のシナリオであり、他の多くの意思決定

のプロセスでは、アウトカムを公平公正に測定することも、真にランダムなサンプルを生成することも、はるかに容易なはずです。たとえば与信審査のスコアリングなら、ベストプラクティスは「あなたのアルゴリズムが動いているコンピュータに、申請者をスコアリングの結果とは関係なく無作為に選択、承認させる」というものです（こうすれば真にランダムなサンプルが生成されます）。この場合のアウトカムは顧客がローンを返済するか否かで客観的に決まり、主観の入り込む余地がありません。

こうした、改善を目的とする試験的なサンプルは、もちろん銀行側にとっては「高くつく」ものとなります（債務不履行の件数はかなり増えるでしょうし、利息による投資分の回収を損失が上回るため、全体的には赤字になるかもしれません）。ですからこの種のローンは、データサイエンティストがアルゴリズムを改善する上で必要最低限の規模に限るよう慎重に扱わなければなりません（私がクライアントとこの種の試験を行う時には1回につき500件から2,000件に限るのが普通です）。また、不要な損失を回避するため、すでに他の銀行で返済が滞っている申請者など、ローンを承認する価値がないと確信できる申請者はあくまでも除外するべきです。ただ、こうした代償を伴うにしても、この手法が新たな金（すなわち公平公正なデータ）を掘り当てる上での標準モデルである点は変わりません。

なお、動的に生じるバイアスの対策としては、上記のパイロットテストを1回だけでやめてしまわず、現場における日常業務の一環として定期的に実施されるよう埋め込むことが大切です。「隠れたバイアス」は、さまざまな状況で生じます。

たとえば銀行のアルゴリズムが特定のプロフィールの顧客への信用供与を拒絶した場合、たとえその判断が誤っていたとしても、それを証明できるデータは生成されません（つまり「そうした顧客が仮に承認された場合、返済したかどうか」を示す記録などありません）し、拒絶の推測に役立つ外部データもない場合があります（たとえばすべての銀行が火星人にお金を貸すのを拒否すれば、信用調査機関に「火星人がローンを返済した証拠」があるはずがありません）。あなたのアルゴリズムが常に公正な目を失わないようにするためには、火星人に関する公平公正なデータを定期的に生成するしかないのです。こうすれば、承認するに値する火星人を承認し、銀行側でも利益を得るビジネスチャンスを見つけられるわけです。

17.3　まとめ

この章では、公平公正なデータを生成するためのどういった努力を慎重に重ねていけば新たな金を掘り当てられるか、を解説しました。骨子は次のとおりです。

- ルイ・ヴィトンのバッグを買うときは、革の部分に押された「Luis Vitton」の刻印の「L」と「o」と「t」をよく調べましょう。本物とコピー品を見分けられます
- モデリングの目的にすぐ利用できるデータには致命的なバイアスがかかっている恐れがあるので、公平公正なデータを入手したければ、プロセスを慎重に再設計するか、あるいは完全に公平公正なデータを収集するためのパイロットテストを行うしかありません
- 公平公正なデータを入手するためには、すべてのケース（つまりすべての母集団）を包含するデータか、もしくは真にランダムなサンプルを使わなければならず、アウトカムの評価はどのケースについても一定の標準的な手法で行わなければなりません
- データの生成や収集に人間が関わる場合、公平公正なデータの収集は大変難しくなります。現場担当者が手法を完璧に遵守しなければならないからです。そのため大抵は、現場スタッフの中から厳選したメンバーから成るグループに、慎重に抽出したサンプルを使わせ、パイロットテストとして実施させるのが一番効率的です
- これとは対照的に、自動化したプロセスを使えば、アルゴリズムの正当性を調べて継続的に改良を加えるためのテストを、完全にランダムに選んだケースを使って定期的に行えます
- 「うちのデータはバイアスで汚染されることが絶対にない」と断言できるのは、公平公正なデータを定期的に生成するプロセスを日常業務の一環として組み込んでいる組織だけです

ユーザー視点のアルゴリズミックバイアスの対処法について解説してきた第Ⅲ部は、以上で終わりです。

第Ⅲ部をざっと振り返ると、まず「12章 アルゴリズムを使うべきか否か」では決定問題のアーキテクチャ全体をトップダウンで論じ、「13章 アルゴリズミックバイアスのリスクの評価」では、アルゴリズムを特定の意思決定プロセスに応用するべきか、応用するならどのような形で応用するべきかを、リスクと利点の両面に光を当てて論じました。続く「14章 一般ユーザーによるバイアスの回避策」ではアルゴリズムの安全な活用法を、「15章 アルゴリズミックバイアスの検出方法」ではアルゴリズムの監視法を紹介しました。「16章 管理者の介入によってバイアスを抑止する方法」では根深いアルゴリズミックバイアスを管理者の介入によって抑止する方法を、「17章 公

平公正なデータの生成法」では公平公正なアルゴリズムを開発するために、公平公正なデータを新たに生成する方法を紹介しました。

このあとの第Ⅳ部では、対象読者をデータサイエンティストに絞って、アルゴリズミックバイアスの排除法や抑制法をより詳しく解説していきます。

第Ⅳ部
データサイエンティスト視点のアルゴリズミックバイアスの対処法

ここまでアルゴリズミックバイアスのさまざまな側面を紹介してきました。その過程で明らかになったと思いますが、今、データサイエンティストの前には強大な難敵が立ちはだかっています。「難敵」とは、旧来の社会的慣習やそれにまつわるバイアス、上層部やユーザーからの横槍、質の悪いデータ、さらにはデータサイエンティスト自身の疲労、こうしたものすべてが合わさってアルゴリズムのバイアスを招いているという状況です。とはいえ、データサイエンティストには、モデルを慎重に選択することによりアルゴリズミックバイアスを阻止する力も備わっています。

この第Ⅳ部では、そんなデータサイエンティストがアルゴリズミックバイアスに対処するための手法やコツを紹介します。これまでの章よりも専門的な見地に立ち、よりテクニカルな事柄を検討していきます。

できるだけ現実に即して理解、応用していただけるよう、次の点を強調しておきましょう。アルゴリズミックバイアスは単独の敵ではありません。いくつもの敵が組織する軍団です。ですからモデルを構築する作業は、獰猛（どうもう）な虎や毒蛇、蚊など、ありとあらゆる脅威に対処しつつジャングルを一歩、また一歩と進んでいくようなものだと感じるでしょう。

しかも残念なことに、「これを持っていけば絶対大丈夫」という特効薬も万能の武器もありません。サバイバル法の説明会が開かれ（防虫スプレーや護身用ナイフなど）推奨の携行品リストを渡されるだけです。すべては自己責任。起こり得る事態には自分で対処しなければなりません。

第Ⅳ部は次の6つの章で構成されています。

18章 モデル開発におけるバイアスの回避法

4章で紹介したモデル開発のプロセスに再度注目し、バイアスにきちんと注意を払うデータサイエンティストなら踏むであろうステップや活用するであろうツールを取り上げて解説します

19章 データのX線検査

目につかない形のバイアスがデータに潜んでいないかを調べるテクニックを詳しく紹介します

20章 機械学習を採用するべき時

すでに見てきたように機械学習はデータサイエンティストにとって「友」にも「敵」にもなり得る存在です。そこで20章では、機械学習が敵になるのはどんな時か、その場合は機械学習をどういった（人間による従来型の）操作に置き換えるべきかを解説します

21章 機械学習を従来の手法に組み込むコツ

どう活用すれば機械学習が「友」になり、バイアスとは無縁のアルゴリズムの開発を助けてくれるかについて説明します

22章 自己改良型モデルにおけるバイアスの予防法

自己改良型の機械学習モデルの、よりテクニカルな面を紹介します

23章 大規模組織におけるバイアス予防の慣行化

ガバナンスの観点からアルゴリズミックバイアスを解説します。具体的には、データサイエンティストを多数抱え、全体をひとりで統括するのが難しい大規模組織において、この本で紹介してきたテクニックを展開する方法を探ります

18章 モデル開発におけるバイアスの回避法

この章では、データサイエンティストがモデル開発のプロセスでバイアスに対処するにはどのような手順で作業を進めればよいかを説明し、その際に役に立つ手法やツールも紹介します。

では「4章 モデルの開発」で見た次の5つのステップのそれぞれについて詳しく見ていきましょう。

ステップ1　モデルのデザイン（設計）
ステップ2　データエンジニアリング
ステップ3　モデル推定（組み立て（アセンブリ））
ステップ4　モデルの検証
ステップ5　モデルの実装

必要に応じて、4章の内容（とくに最後の「まとめ」）を参照しながら読み進めてください。

18.1　「ステップ1　モデルのデザイン」におけるバイアスの回避

モデルデザインの段階でバイアスに対処する際に有効なものとして私がとくに推奨するのは次の3つのプラクティスです。

1. 現場の知見の重視――最前線、つまり現場の担当者から実体験に基づく知見を得ることはとても重要です

2. 「汚染」への対応――手元にあるデータが実世界のバイアスによって「汚染」されていないかを調べ、最適な対処法を探ります
3. 最終的なビジネスの目的の再確認――「目的は何か」を常に念頭に置いて判断を下します

では各項目について詳しく見ていきましょう。

現場の知見の重視

モデルデザインの段階でバイアスに対処するために有効な第1のプラクティスは「現場の知見の重視」です。たとえば家族経営の食料品店が債務不履行に陥る可能性を予測するモデルを構築するのであれば、融資する支店の営業や審査の担当者、回収業務の担当者などから聞き取り調査をするべきです。また、不健康だと言われながらも病みつきになる菓子を製造し、そのお店に納品しているイタリアの著名な菓子メーカーの販売担当者に対する聞き取り調査でも、何か有益な情報が得られるかもしれません。

一方、自動車保険の請求業務のモデルを構築するのであれば、警察へ足を運んで車両の盗難事件に関する話を聞き、さらに自動車修理工場へ行って整備士に修理コストに関する質問をしてみるべきでしょう。加えて、(ISO 3888-2で定義されている)「ムーステスト[†1]」を実施しているドイツやスウェーデンのテスト機関の人たちの話も聞く必要があると思います。

このように、第一線で日々実務をこなしている担当者から直接話を聞くという作業の重要性は、いくら強調してもし足りません。現場の知見は何ものにも代えがたい情報です。(バイアスの引き金となる無関係な要因を含めてしまうケースもゼロではないものの)真に予測に役立つ因子の除外で生じてしまうバイアスを回避するのにとくに有効なのです。また、バイアスを回避するための目的変数(つまり、何がよくて何が悪いかなど、モデリングしようとしているアウトカム)の定義を導き出す上でも有効です。

現場の人たちは、一定の期間(ないし地理的範囲)に傷跡を残した衝撃的な出来事など、データのバイアスを招く要因となった過去の出来事についても語ってくれるかもしれず、そのおかげで最高の基準(ベンチマーク)が得られることがあります。ベンチマークと

†1 ヘラジカなどが道路に突然飛び出してきた時、急ハンドルを切っても横転せず安全に障害物を回避できるか否かを調べるテスト。詳しくはウィキペディア(https://ja.wikipedia.org/wiki/ムーステスト)などを参照。

は、具体的には、モデリングしようとしている母集団の総数や、一人当たりの消費量などカギとなる比率などで、あなたのサンプルが完全かつ首尾一貫したものであるか否かをチェックするのに使います（コラム参照）。

勘のいい人

ちなみに勘（かん）の鋭い人は、危険の兆候を無意識にすばやく察知することが多々あるようです。無意識が脳の「機械学習」的な機能を駆使して、リスクのありかや原因を、意識が突き止めるはるか前に感知するのです。

たとえば「ギャンブラーにAとBの2つの山からカードを引いてもらうが、実はAの山から引いたほうが結果的にお金をたくさんもらえる」という設定で実験を行うと、Aの山のほうが好ましいことに、ギャンブラーの「手」が意識よりはるか前に気づき、そちらの山からカードを引くようになります。勘の鋭い人のこうした「無意識の選択」の過程を観察し、その要因をリバースエンジニアリングで突き止めれば、金脈を掘り当てられるかもしれません。

現場の担当者から聞き取り調査をする時には、バイアスのかかった回答を引き出してしまわないようくれぐれも注意しましょう。たとえば融資担当者にとっては「利益をもたらしてくれそうな企業の指標となり得る特性」のほうが「債務不履行（デフォルト）に陥りそうな企業の指標となり得る特性」よりはるかに見つけやすいものです。融資担当者は、収益性の高い企業と低い企業なら、もう何十社も見てきたでしょうから、この2つを見分けるのには十分な経験を積んでいると言えます。しかし債務不履行に陥る可能性の高い企業と低い企業となると、おそらく「100社に3社」程度の割でしか経験できていないはずで、統計的に妥当な評価を下すのに十分なサンプルサイズとは言えません。むしろ担当者の回答は衝撃的な体験に引きずられたものとなる危険性が高いのです。たとえば、米国のとある銀行の取引先のドイツ企業はわずか1社でしたが、まさにこの企業が膨大な債務を抱えて倒産し、銀行側の担当者も上司からさんざん詰問されて悲惨な思いをしたとします[†2]。そんな時にこの担当者が「高リスク企業を示唆する特性は？」と訊かれれば、反射的に「ドイツ系企業！」と口走る確率が非常に高くなるはずです。

「汚染」への対応

バイアスを回避するためにモデルのデザイン段階で重視するべき第2のプラクティスは「汚染」にうまく対応することです。手元のデータが実世界のバイアスによって「汚染」されていないかを調べ、汚染されていたら最適な対処法を模索する必要があります。

まず、バイアスを補正するために「外部データ」を入手するという方法があります。拒絶されたローン申請に関するデータを信用調査機関から購入できる場合は、15.1節の「メトリクスの向き」で触れた「拒否推論（リジェクトインファレンス）」を行うという選択肢があります。一方、外部データの入手が困難で、自社で専用のデータを生成しなければならない場合もあります。たとえば、ランダムに選択させたケースを使ったパイロットテストなどを行い、バイアスを含まない公平公正なデータをゼロから生成します。

既存のデータがバイアスの影響を受けていないかどうかを念入りに調べ（たとえば「17章 公平公正なデータの生成法」で引き合いに出した密輸品をチェックする税関検査官の事例を思い出してください）、必要なら（「ゴミデータ」をベースになどしたりせず）公平公正なデータを新たに生成する努力を惜しまないことの重要性も、いくら強調してもし足りません。

この点を、また別の角度から説明してみましょう。私がデータサイエンティストの採用面接で候補者をリストから外す理由の中で一番よくあるのが、「採用試験で使ったケーススタディで、データにバイアスがかかっていることを（私が明白なヒントを忍び込ませておいたにもかかわらず）候補者が見逃してしまった」というものです。

とはいえ、公平公正なデータを新たに生成するというのは、次の3つの理由で至難の業なのです。

---

†2　これで思い出すのが、投機的な不動産投資による失敗で巨額の損害を発生させたドイツの元不動産王Jürgen Schneider（ユルゲン・シュナイダー）です。シュナイダーの傑作のひとつを紹介しましょう。普通のビルのようにひとつの階の上に別の階があるという構造ではなく、ひとつの階が上に向けて螺旋状に伸びているため、実際の数字を途方もなくふくらませた床面積が登記簿に記されていた、という物件です。こんな床面積から弾き出した査定額に基づいて融資を承認した気の毒な融資担当者が「ドイツ人の設計した建物なんて二度とゴメンだ！」と思っていることは想像に難くないでしょう。

1. 依頼者である企業側が想定している期限を守れなくなることが多い
2. 資金と時間の両面で、新たな投資が必要になる
3. 決定権者（ディシジョンメーカー）には、短期的な苦痛を最小限に抑制しようとする生来のバイアス（傾向）がある。短期的な苦痛（期限破りや上司への追加投資の申請）に目を奪われ、長期的な苦痛（バイアスのかかったアルゴリズムを抱え込んで身動きが取れなくなった状況）を回避できなくなる傾向がある

上記3.のバイアスへの最良の対処法は、決定権者にこう尋ねることです。

> 想像してみてください。あなたが開発を依頼した新しいアルゴリズムが1年後に無用の長物と化す事態を。そんなことになったらどう釈明するんですか。無策だったと言われてクビにされる可能性だってあるんですよ！

この問題の重みを浮き彫りにする事例を紹介しましょう。あるアジアの銀行が一般消費者向けのローンの与信審査モデルを構築する際、自社の融資に関わるデータを使いました。ただし、銀行側がデータサイエンティストに伝え損なった点がありました。明らかに高リスクと見なされる顧客についてはローン申請を拒絶してきた、この銀行の習わしです（この国では、たとえば「警察官」がこうした顧客グループに分類されていました。自分たちは法律を超越した特権階級だと決め込み、借金は返済すべしという意識に欠けた人が少なからずいたのです）。

やがて新しいモデルが実装され、ローン申請はすべてその新システムで処理するようお達しが下りました。その結果、嬉しいことに（そして多分、驚いたことに）、警察官など高リスクと見なされていた顧客の大半がローンを承認されたのです。しかしやがて貸倒れが凄まじく増加し、多額の損失が生じてしまいました。この銀行がこんな悲惨な運命を回避し得たとすれば、その方法はただひとつ。少なくとも、ローンを申請したすべての顧客が申請書類に記入したすべての情報と、現場職員の対応（申請の許諾／拒絶）を（たとえば2つか3つの支店における2週間分の申請といった具合に）サンプルとして集め、記録、検討するというものです。

最終的なビジネスの目的の再確認

「ステップ1 モデルのデザイン」で有効な第3のプラクティスは「最終的なビジネスの目的の再確認」です。アルゴリズム（モデル）の開発はそれ自体が目的ではありません。アルゴリズムとは、何らかの業務上の目的があって構築、活用するもので

す。事業主自身が依頼し、その希望どおりに作成されたアルゴリズムとその利用方法が、必ずしも事業主の目的を達成できるとは限りません。

まさにここがデータサイエンティストの出番であり、事業主の支援者兼ガイド役として、より良い業務プロセスを設計し、そのプロセスに有効なアルゴリズムを構築するわけです。このプロセスをサポートする（一群の）アルゴリズムに対して、正しい役割とデザインを定義する助けをするのがデータサイエンティスの大切な仕事なのです。

潜在的なバイアスを意識したモデリング手法の選択

実は、「ステップ1　モデルのデザイン」に関しては、上記3つのほかにもうひとつ重要なプラクティスがあります。それは「潜在的なバイアスを意識したモデリング手法の選択」ですが、これについては「19章 データのX線検査」で詳しく論じます。

18.2　「ステップ2　データエンジニアリング」におけるバイアスの回避

「4章 モデルの開発」で説明したように、データエンジニアリングのステップは、次の5つのサブステップに大別するのが実用的です。

サブステップ2-1　標本（サンプル）の定義
サブステップ2-2　データ収集
サブステップ2-3　標本（サンプル）の分割
サブステップ2-4　データ品質の評価
サブステップ2-5　データ集計

それぞれのサブステップでアルゴリズミックバイアスを予防するのに有効なプラクティスを紹介していきます。

サブステップ2-1　標本（サンプル）の定義

このサブステップでは「神経過敏」と言えるほど注意を払っても、払いすぎにはなりません。私自身、モデルの構築ではほぼ例外なくこの作業に一番気を使います。バイアスを招く「落とし穴」をあちこちで作ってしまう恐れがあるからです。とくに神経を使うのは、次の3点についてです。

1. 層化の方法——金銭的および時間的な制約がある中で、必要な層化（4.3節の「サブステップ2-1 標本の定義」参照）を行うためにはどうすればよいか（うまくやらないと特定のプロフィールに対して十分な数のケースが集められない恐れがあります）
2. 対象の期間
3. 全体のサンプルサイズ——どの程度のサイズにすればモデルにしかるべき堅牢性を与えられるか。次のような点を考慮しつつ決定する必要があります。

- （データサイエンティストが）明確な挙動を有すると仮定しているサブセグメントの数とサイズ
- いくつかの稀な属性の頻度
- 利用しようと考えているモデリング手法

以上3点について決断を下す時には、いずれもコストを最小限に食い止めるための創造的思考が求められます。たとえば、非常にコストのかさむデータソースに関してはサンプルサイズを小さめにし、他の複数のデータソースはサンプルサイズをはるかに大きくする、といった手法があります。あるいは、「外部データ」を購入してサンプルサイズの拡充を図るといった目的のために、予算の増額を要請しなければならない場合もあります。

サブステップ2-2 データ収集

データベース検索のクエリや人的処理により、特定のプロフィールが誤って除外されてしまったり見落とされてしまったりすることがあるので油断禁物です。技術的な原因の場合もありますし、概念的な問題（単に数値として見るのではなく、コンセプトとして意味の見出せないものになってしまっている状況）の場合もあります。

技術的な問題としては「ある支店のデータのオフラインでのアップロードが遅いため、データアーカイブから年末のスナップショットを取ってくる際に、この支店のケースだけが除外されてしまう」といった事例が、コンセプト的な問題としては「さまざまな文脈で、生存バイアス（survivorship bias。特定の選択プロセスを通過した事物や人だけを基準とすることで、通過し損なった事物や人を見落としてしまう傾向）が作用する」といった事例があげられます。

さて、特定のプロフィールの除外や見落としの具体例を紹介しましょう。与信審査モデルを構築しようとしているデータサイエンティストが銀行に「債務不履行に陥った口座を漏れなく記載したリストをください」と要請すると、ケースが欠落してしまう危険性が非常に高くなります。これは私自身の体験ですが、銀行は、未払勘定をITシステムから一掃してしまったり、顧客との間で条件緩和に合意したローンについては（たとえ銀行にとっては損害になっても）債務不履行のフラグを外してしまったり、債務不履行に陥った顧客のローンの必須情報が記載されている紙のファイルを（現実にも不良債権処理部門へ移されてしまっていたため）「行方不明」と報告したりすることがあるのです。

同様に、データベースへのクエリでも細かなコンセプト的な問題により特定のプロフィールの見落としや分類間違い、重複、取り違えが容易に起こり得ます。ただ、多くの場合、解決のカギはやはり現場で見つけられます。徴収部門へ足を運んで会計士や担当スタッフに不良債権が生じるさまざまな経緯を教えてもらい、（昨年の財務諸表に記載されている、問題のポートフォリオの貸し倒れ総額など）有用な基準（ベンチマーク）を手に入れ、それを使って手元のデータセットに問題がないか調べればよいのです。

サブステップ2-3　標本（サンプル）の分割

サンプルを「訓練用データ」「検証用データ」「テスト（最終性能評価）用データ」に分割する際は、慎重に対象期間を選びましょう。とくに「アウトカムのパフォーマンスを表現する期間を限定してしまうこと」と「予測変数（プレディクタ）のデータ履歴を一部切り捨ててしてしまうこと」に注意が必要です。この2つはいずれもコンセプト的なバイアスの原因になりがちなものです。

サブステップ2-4　データ品質の評価

データの品質はバイアス回避の最重要ポイントです。このため、品質を評価するサブステップについては、次の「19章 データのX線検査」全体を使って詳しく解説します。

サブステップ2-5　データ集計

テスト用のケース（とくに例外）を2つ3つ慎重に調べて、コンセプト的な健全性をチェックします。典型的な問題の例としては「1:n（1対多）の関係にあるデータ要素」があげられます。たとえば次のようなものです。

- 銀行が信用調査機関から入手したレポートで、ある顧客の複数のローンが見つかった

- 医師が、ある癌患者の家族歴を調べたところ、兄妹やおじなど複数の親族が癌になった事実が判明した
- 税関検査官が、ある荷送人の履歴を調べたら、過去に複数の船荷を発送していた

これをどうまとめればよいでしょうか。ハイリスクマーカーとして選ばれることが多いのは基準として「最悪」のもの（たとえば「期日を90日超過しているもの」など）ですが、「最悪のもの」という基準に頼ると、規模に関わる微妙なバイアスを導入することになります。

たとえば何世代にもわたって子供の人数が常に2桁、という子宝に恵まれた大家族の一員と、先祖代々「一人っ子政策」を熱心に信奉、実践してきた家族の一員を比較すると、(他の要因がすべて同じ場合) 癌患者がひとり見つかる可能性は前者のほうがはるかに高くなります。つまり、癌である可能性を評価するアルゴリズムでは、「家族のうち、癌に関する基準で見て最悪の者の程度」という変数（たとえば、値として「癌で死亡した者がいる」「癌の手術を受けて回復した者がいる」「癌には誰もかかっていない」の3つがある）を使うと、(祖先を含めた) 家族の人数が「非常に多い」時には対象者が癌になる可能性を過大評価し、家族の人数が「少ない」時には過小評価してしまうというバイアスが生じてしまうのです。

家族内で癌になった者の「割合」を変数にしても同様にバイアスが生じる恐れがあります。すでにこの本の数箇所で紹介、言及した「有意性」を思い出してください。「500件中0件」より「5件中0件」のほうが、有意性ははるかに低くなります。この場合に最良な方法は、「家族のうち、癌になった者の数」と「癌になっていない者の数」の2つの「集計変数（aggregate variables）」を作り、特徴量（フィーチャー）開発の段階でこの2つの集計変数から、より複雑な派生特徴量（derived features）を作る、というものです（これについては次のステップで詳しく説明します）。

「ステップ2 データエンジニアリング」の各サブステップで上のような予防措置を講じれば、データに潜む多くのバイアスを排除できます[†3]。そうは言っても、すべてのバイアスを排除することはできず、次の「モデル推定」のステップで突き止めなければならないものもあります。

†3 上に記したように「サブステップ2-4 データ品質の評価」におけるバイアスの排除については19章で詳しく説明します。

18.3 「ステップ3　モデル推定」におけるバイアスの回避

「4章 モデルの開発」で見たように、モデル推定（組み立て）のステップは7つのサブステップに大別できます。ここでは、それぞれのサブステップでアルゴリズミックバイアスを抑制するコツを紹介します。ただ、そうしたバイアス（とその対処法）には、状況に大きく依存するものが多いので、ここで私にできるのは「各サブステップでどういう種類のバイアスに概念レベルで照準を定めるべきかを示すとともに、それが実際の現場ではどのような感じになるのか具体例を示すこと」です。

一方、アルゴリズムのユーザー側では次の2点に留意する必要があります。

- 各サブステップでどうすれば背景情報を最大限に収集できるかを考えること
- 潜在的なバイアスとその排除法についてブレインストーミングができる人を探すこと

以下の説明で明確になると思いますが、こうした議論を十分に重ねずにアルゴリズミックバイアスを抑制することは不可能なのです。

サブステップ3-1　不要レコードの除外

標本のうち、モデル（アルゴリズム）の開発を迷走させかねないのはどのようなものでしょうか。ここではローン申請のケースを見てみましょう。開発を誤った方向へ導く恐れのあるケースが少なくとも4種類はあるからです。

- **取るに足らない債務不履行**——よくあるのは、滞納以外の理由で生じる、ごく少額の未払金です（「8.7 C-2　データの不適切な処理がもたらすバイアス」参照）
- **なりすまし詐欺**——銀行の身元確認の不備が原因で、低リスクの優良なプロフィールの別人になりすました詐欺犯が融資の承認を得てしまい、銀行が損失を被るケースです
- **休眠口座**——顧客が自動車等の購入を取りやめたため、クレジットカードや自動車ローンの引き落とし口座が解約もしくは凍結され、支払いに使われたことが一度もないなど、長期間使われていない口座のことです。顧客側に支払い義務が生じることがないので債務不履行に陥るはずがありません（入金もなく、

まるで銀行のシステムに棲みついた幽霊のような存在です）

- **特殊なセグメント**——通常の意思決定プロセスを経ないケースです（たとえば政府保証の開発融資など。銀行のリスク評価の適用外で、政府の要求する資格や条件を顧客が満たせるか否かが唯一の要件となります）

こういったレコードは除外の検討対象となります。

サブステップ3-2 特徴量の開発

このサブステップでとくに要注意なのは「欠落（抜け）」と「概念（コンセプト）的な誤り」の見逃しです。

欠落

重要な予測因子（とくに現場での聞き取り調査で得られたもの）が欠けていませんか。答えが「イエス」なら、その欠落している特徴量と相関関係にありそうなのはどの特徴量でしょうか。相関関係にある特徴量が、欠落している特徴量の不適切な代理（プロキシ）となっているケースで、相関関係にある特徴量がバイアスを生んでいる可能性はありませんか。答えが「イエス」なら、欠落している特徴量をどう収集すればよいでしょうか（ごく小さなサンプルになってしまったとしてもです）。収集がどうしても無理な場合、開発するモデルにバイアスが生じてしまう恐れはありませんか。そのバイアスによるダメージは、アウトプットにどのような措置を施せば予防できるでしょうか。

派生特徴量のコンセプトレベルでの妥当性

派生特徴量は**どのような状況でも**（単なる数値ではなく）**コンセプト的に意味のあるもの**となっているでしょうか。

サンプルから取った2つの入力変数（予測変数）の最小値と最大値の比率を算出すると、負の値になって、せっかく算出した比率なのに役に立たなくなることがあります。実は「比率」は、表面的には単に複数の因子を合体したもののように見えますが、実は山ほど「落とし穴」を隠しもっているものなのです。

たとえば企業財務の健全性を測る指標のひとつ「負債比率（ギアリング比率）」を例に取って考えてみましょう。負債比率は負債の総額を自己資本で割ったもので、通常、値が小さいほど財務安全性が高くなります（たとえば10ドル÷100ドル＝0.10の企業は50ドル÷100ドル＝0.50の企業より負債の占める割合が小さくなります。

1,000万ドル÷1億ドルでも負債比率は0.10となりますが、これは、企業規模は大きいものの、相対的に見て自己資本の単位当たりの負債が同等だからです。このように、規模に関係なく構成を測定できるからこそ比率が使われるのです）。

ただ、業績不振にあえぐ企業の中には債務超過に陥っているものもあり、債務額が大きければ大きいほど問題も大きくなりますが、負債比率は逆に小さくなります（負債額が無限大に近づけば、負債比率は負の無限大に近づきます）。加えて「負債のメトリクスとしては純負債（負債総額から、現金ならびに長期国債などの現金類似資産を差し引いた額）のほうが適している」と考える信用アナリストが多い、という点もあります。現金が負債を上回った企業の純負債も負の値を取り得ます。負の純負債を正の自己資本で割った場合も、比率は負の値になります（これは超優良企業のケースです）。

つまり−0.5という負債比率は、業績が著しく落ち込んでいる（負債がかさみ、自己資本が負の値になっている）企業か、財務状態がきわめて健全な企業のいずれかを示すわけです。そして後者が多数を占めるサンプルを使って開発されたモデルには、負債比率がマイナスの企業を優遇するバイアスが生じやすいので、リスクがきわめて大きな企業の融資申請でも積極的に承認してしまう傾向があり、銀行に多額の損失をもたらしかねません。

この問題を解決するには、分子と分母に代入する正の値、負の値、ゼロのさまざまな組み合わせをすべて別個に扱う必要があります。高度な機械学習の手法なら普通この処理を結構そつなくこなせますが、こうしたケースが稀にしかない場合は意味不明な処理をしでかしてしまうこともあり得ます。

このほか「分子と分母のさまざまな値域を、連続するリスク指標にマッピングする（複雑な）特徴量を新たに作成する」という手法もあります。たとえば、負債がマイナスで自己資本がプラスの企業を「もっとも安全」の値域に、負債も自己資本も通常値の企業を「中程度に安全」の値域に、負債がプラスで自己資本がマイナスの企業を「リスクが最大」の値域にする、といった具合にするわけです。

単に数値だけに頼るのではなく、概念から考えて、おかしなことになっていないかチェックすることを忘れてはなりません。

サブステップ3-3　変数の最終選考

変数（特徴量）の最終選考案が決まったら、再び現場に足を運び、草案の特徴量にバイアスを招きかねないものがないか、担当者の意見を聞きましょう。

たとえば、あなたは「高級ブランドのバックパックを背負っていること」が優良な予測特徴量になり得ると考えていましたが、現場の火星人から「これは火星人差別につながる」と指摘されました。その理由は「グレイ警察は電車や地下鉄の車内を巡回中、バックパックを背負った火星人を見つけると、所持品検査の対象にすることが多いと知っていて、バックパックを避ける火星人が多いから」というものでした。

このように問題のある特徴量があったとしても、それと相関関係にあって、さほど問題のない特徴量と差し替えられる機会は結構あるものです。そしてそうした代替の特徴量を見つけるのに役立つのが15章や16章で登場した主成分分析（PCA）で、この分析を行うのに理想的なのが、まさにこのサブステップなのです。その理由は「特徴量のリストが短ければ、より詳細な分析ができるから」です（最初のデータ収集のステップでは、何千ものデータフィールドが存在する可能性があるのです）。このサブステップでは、変数を差し替えるさまざまな機会がまだ残されています。

サブステップ3-4 係数の初回推定

このサブステップでは、過学習（オーバーフィッティング）を回避するため、ハイパーパラメータ（4.4節の「サブステップ3-5 モデルの調整（チューニング）」参照）を念入りにチェックする必要があります。過学習は、モデルに対してアーティファクト（技術的な原因による不自然な結果）を招く恐れがあります。

サブステップ3-5 モデルの調整（チューニング）

このサブステップでは、「15章 アルゴリズミックバイアスの検出方法」で紹介した各種探知法を総動員して初期モデルに隠れているバイアスを突き止めます。

一方、最終バージョンでは、特徴量を対数オッズ比（バイナリのアウトカムの場合）もしくは予測連続アウトプット（特徴量が多い場合は少なくとも上位10～20の特徴量）にプロットして、すべての特徴量を可視化し検討するよう、私は常に推奨しています。こちらは「サブステップ3-2 特徴量の開発」で問題を特定するのに適したツールです。加えて、アルゴリズミックバイアスが作用していると疑われる（実在または人為的に作成した）代表的なケースを2つ3つ使って、モデルに予測のシミュレーションをさせてみるという手法もあります。

たとえば、かつて私のクライアントであった台湾の銀行の役員から「この新しいモデルは起業家を不当に差別しているのでは？」という疑問を投げかけられたことがありました。そしてこの役員は、米国で大きな実績を上げた美容外科医が台湾で新規に診療所を開設しようとして融資の問い合わせをしてきたケースを引き合いに出しました。そういう疑問は大歓迎。さっそく私はその美容外科医がローンを申請したとの仮定に基づいてモデルに予測をさせてみましたが、嬉しいことに承認が下りました。リスクの予測値は高めでしたが、新規事業につきもののリスクを妥当に反映していると感じました。

サブステップ3-6 モデルの出力と決定則のキャリブレーション

このサブステップで目を光らせなければならないのは次の2つです。

- 安定性バイアス
- モデルが予測能力を発揮しにくいサブセグメント

まず、安定性バイアスを予防するためには、将来の状況がサンプル期間のそれと大きく異なる可能性について、また、平均値や中央値、最頻値などの「中心傾向」（たとえば信用ポートフォリオの平均デフォルト率など）が将来変わる可能性について、議論を尽くしておくことが大切です。

また、モデルが予測能力を発揮しにくいサブセグメントに対してアルゴリズミックバイアスが作用するのを防ぐには、「当て推量」の推定値を表示させずモデルのアウトプットのラベルを「不明」に書き換えるべきケースを見定めなければなりません。

サブステップ3-7 モデルの文書化

データサイエンティストには毛嫌いされがちなサブステップです。ガバナンスの効いていない組織では省略されてしまうことさえあります。

ひとつには「何ページにも及ぶテキストを書くというのはモデリングとは異なる、データサイエンティストにとっては容易でも楽しくもない作業である」という点があります。ただ、より根本的な要因としては「さしたる付加価値が見込めず、もっぱら他者（とくに、これまた嫌われがちな形式的検証の担当者）のためにこなさなければならない作業と見なされることが多い」という点があげられます。

しかしこれは非常に残念な状況です。というのも、モデルのドキュメンテーションは、しかるべき構成のものをきちんと作成すれば、データサイエンティストにとってはより良いモデルを構築し、バイアスを回避するための優れたツールとなり得るからです。

そんなドキュメンテーションを実現しようとする際に満たすべき要件は2つあります。

1. 有益な成果につながる熟考を促す形式であるべし
2. モデルの構築作業を進めつつ執筆するべし

理由は、データサイエンティストが文書を作成している最中に生まれる洞察が、最新の作業ステップの調整のきっかけとなる可能性があるからです。モデルが構築されてしまってから、サンプルについて熟考するのでは手遅れです。

とくに大きな効果が期待できるのはQ&A形式、つまりデータサイエンティストとその架空の友人の対話を記録したような形式の文書です。

そうしたドキュメンテーションの目次の例を**表18-1**に示します。

表18-1 Q&A形式のドキュメンテーションの目次の例

節	質問
1.	モデルのデザイン
1.1	このモデルはどのような事業上の問題に対処するためのものですか？
1.2.1	アウトカムの潜在的な要因を特定するために、専門的な知識あるいは経験の情報源としてはどのようなものを活用しましたか？
1.2.2	事前に（つまり、このモデルを使った分析を行う前に）アウトカムの主要な要因になると見込まれるものは何でしょうか？
1.3.1	このモデルはどのような状況に適用するつもりですか？
1.3.2	このモデルを適用しないのはどのような時ですか？（例外は？）
1.3.3	このモデルを適用する際のプロセスはどのようなものになるでしょうか？　そのプロセスは、このモデルの機能にどのような影響を及ぼし得るでしょうか？
1.4.1	このモデルはどのようなアウトカムを予測するものですか？
1.4.2	このモデルの開発に使われる過去のデータには、どのようなバイアスがある（あり得る）でしょうか？
1.4.3	そのようなバイアスのないモデリング用データを入手するために、どのような努力を払いましたか？
1.4.4	まだデータに残っていると思われるのはどのようなバイアスですか？　それを抑制するため、このアルゴリズムにどのような使用制限を課すべきでしょうか？
1.5	このモデル全体の構造はどのようなものですか？
2.	データエンジニアリング
2.1.1	サンプルを定義する際、どのような目的、問題点、制約に配慮しましたか？

表18-1 Q&A形式のドキュメンテーションの目次の例（続き）

節	質問
2.1.2	モデル開発の際にどのようなサンプルを使いましたか？（そのサンプルの対象期間やサイズは？ 層化や無作為抽出は行いましたか？）
2.2	データを収集する際、どのような問題点や制約を予想していましたか？ 実際に遭遇したのはどのような問題点や制約で、それにどう対処しましたか？
2.3	サンプルをどのように「訓練用データ」「検証用データ」「テスト（最終性能評価）用データ」に分割しましたか？ その際の配慮点は？
2.4.1	データの質に関して予見されたのは、どのような問題点でしょうか？
2.4.2	データの質に関わる問題点を探知するためにどのような努力を払いましたか？
2.4.3	データの質に関しては、どのような問題点を特定し、それにどう対処しましたか？
2.5.1	モデリングの問題に関して予見されたどのような知見や仮説が、データ集計の戦略に影響を及ぼしましたか？
2.5.2	データはどのように集計しましたか？
2.5.3	データの集計方法が原因で生じてしまった可能性のあるバイアスはどのようなものですか？（後にそうしたバイアスが見つかったかどうかに関係なく、あげてみてください）
3.	モデル推定（組み立て（アセンブリ））
3.1	概念（コンセプト）のレベルで除外するべきレコードはどれでしょうか？ その理由は？ それぞれのレコードをどのように除外しましたか？（とくに当該レコードの特定という観点から教えてください）
3.2.1	アウトカムの要因であるとあなたが事前に見込んでいた特徴量（フィーチャー）のうち、データに欠けていたのはどれですか？ そのためにどの代理（プロキシ）を使いましたか？
3.2.2	特徴量は、どのようなデザイン原則に基づいて定義しましたか？（たとえば、「ノーマライゼーション」の観点から見て）
3.2.3	アルゴリズムに含めたのはどの特徴量ですか？ 一方、可能性のある特徴量で除外したのはどれですか？ そしてその理由は？
3.3.1	特徴量の最終選考はどのように行いましたか？
3.3.2	最終的にモデルの推定用に選んだ特徴量はどれですか？
3.4.1	候補として検討したモデリング手法にはどのようなものがありましたか？ そのうちのどれを選びましたか？
3.4.2	上で選んだモデリング手法のために、ハイパーパラメータをどのように設定しましたか？
3.5.1	初期モデルのテストでは、安定性やバイアスの観点からどのような結果が出ましたか？
3.5.2	モデルはチューニングの過程でどのように改良されましたか？

表18-1　Q&A形式のドキュメンテーションの目次の例（続き）

節	質問
3.6.1	キャリブレーションの手法に関しては、どのような点に配慮しましたか？
3.6.2	キャリブレーションにはどのような仮定や手法を用いましたか？
3.6.3	アウトプットに何らかの要件（たとえば、推定値を「不明」のラベルに置き換える、といった要件）のあるサブセグメントはどれですか？
4.	モデルの実装
4.1	モデルの実装で生じる恐れのある問題点のうち、アウトプットにバイアスを招きかねないのはどのようなものですか？
4.2	モデルが正しく機能するよう、また、安全かつ有効に機能し得る状況にのみ適用されるよう、どのようなモデル実装のルールを設けたいですか？
4.3	モデルが適正に実装されるよう、どのようなテストプログラムを推奨しますか？
4.4	モデルが現場で運用されていくうちに発生し得るバイアスとしては、どのようなものが考えられますか？
4.5	そうしたバイアスのほか、パフォーマンス関係の問題点を特定するための継続的な監視（モニタリング）手法としてはどのようなものを推奨しますか？
4.6	実装後に、モデルの妥当性を確認して必要な改良を加えるための公平公正な最新データが確実に入手できるようにするには、どのような措置を講じなければならないでしょうか？（たとえば定期的なランダマイズテストなど）

表18-1のテンプレートは、アルゴリズミックバイアスを排除するためのチェックリストとしても使えます。この本で学んだ手法を漏れなく日々の作業に組み込みたい人は、モデル開発を進めていく際のチェックリストとして活用してください。

18.4 「ステップ4　モデルの検証」におけるバイアスの回避

人間の判断に基づく重要な意思決定でバイアスを抑制するための、有効性が実証されているプラクティスとして「あえて異議を唱える権限をもつ者を指名する」というものがあります。この役割は時に「悪魔の代弁者（devil's advocate）」と呼ばれます。中世の王様も、（歌やアクロバット、奇術などさまざまな芸を披露して王侯貴族を楽しませるほか）あえて苦言を呈し新たな情報を提供する役割を果たした「宮廷道化師（ジョーカー）」を雇用していました。時代は下り、現代の予測モデルの管理でアルゴリズムの健全性に目を光らせる「御意見番」の役目を担っているのがモデルの「検証（validation）」です[†4]。

ここまで「データサイエンティストでさえバイアスの影響を免れ得ない[†5]」という事実を学んできました。手に負えない悪ガキであるバイアスがアルゴリズムに忍び込む多種多様な経緯を踏まえれば、独立した立場でアルゴリズムの妥当性を問う役割の価値と重要性はおのずから明らかです。現にこの私も、モデルの検証によって重大な欠点が掘り起こされたケースを数え切れないほど見聞きしてきました。

あいにく、モデルの検証が（完全な機能不全とまではいかなくても）諸刃の剣と化してしまった組織は少なくありません。とくに金融機関に対してはモデルの検証が法律で義務付けられ、それはもう熱心に行われています。検証に熱が入りすぎると、新しく構築されたアルゴリズムの大半が承認を得られない状況に至る恐れがあるのです。

たとえば、かつて私のクライアントであったある銀行では、新しいモデルがひとつとして承認されない状況が何年も続きました。主なハードルのひとつに「検証チームが（ソースからデータを抽出する段階にまではるばるさかのぼって）モデルをゼロから再構築しようとすると、モデルの係数が（たとえば小数点以下10桁くらいまで）同一でなければならない」という点がありました（ソースにまでさかのぼるということ自体は、すでに解説したようにデータエンジニアリングでバイアスを招き入れてしまう危険性を考えると、非常に好ましいことではあるのですが）。その結果、データのごくごくわずかな汚染でも、たとえば何千というケースのうち、わずかひとつの数字がタイプミスで違っていたとしても、不承認となってしまったのです。

このようにモデルの検証が厳格すぎると、実害を招く恐れがあります。たとえば、質の劣るモデルに代わって、より良い新モデルを導入しようとしても、その新モデルに関わる懸念点が、厳格すぎる検証のためにひどく誇張される形になり、結果的に不承認となってしまいます。また、新たに構築したモデルが検証をパスしないことを極度に恐れるデータサイエンティストが好ましくない行動をとってしまうケースがあり、これは私も実際に見聞きしてきました。「検証を簡単にパスするコツは、すでにパスした前例とまったく同じアプローチをとり、その点を検証で指摘することだ」と思い込んで革新的な手法を試すことに二の足を踏んだり、データやモデルの弱点を隠

†4　残念ながら、モデルの検証に中世の道化師のおどけの要素は受け継がれませんでした。首尾よく検証を行う上で大変有効な要素なのですが。

†5　私とて例外ではありません。私には、あらゆるところにバイアスを見つけてしまうというバイアスがあります。単にランダムなエラーが起こった時でさえも見つけてしまうのですが...。

そうとしたりするのです。

その一因としてあげられるのが、モデル検証担当者の「役立たず」のイメージです。事実、これまで銀行が業績の伸びや増益を、モデル検証担当者が優れた新モデルを承認したおかげ、と見なすことはまったくないのに対し、検証担当者が承認した新モデルに不具合があったり規制当局がそのモデルの懸念点を指摘したりすると責任を問われるのは検証担当者、というケースが複数回ありました。このような経緯で、ごく些細な問題点でも指摘すること、また、ごくわずかな懸念材料が見つかっただけでも承認を控えることに、検証担当者が過度の関心を示す文化が育まれてしまったのです。

そういった事態を招かないよう、担当者に建設的な検証を行ってもらうための、原則を3つ紹介しておきましょう。

- モデル検証の結果は二者択一（「承認」あるいは「却下」）にはせず、たとえば、「緑、黄色、赤」の信号機を真似た3段階のシステムや、4段階ないし5段階の評価システムなどにする
- モデルの問題点が「緑」でも「赤」でもない場合（つまり致命的ではない問題があるような場合）は、明確な基準をもった使用制限を設ける――この場合、特定のメトリクスを監視し、所定の閾値を超えた場合モデルの使用を停止したり、それほど高くないスコアしか得られなかった場合は融資金額に上限を設けるなどの必要があるかもしれません
- モデルの検証担当者を評価する際には、複数の判断基準を設け、「リスクの識別」「リスクの予防」「リスクテイク」の3項目に関して適切なバランスをとるようにする――たとえば、（各側面を5段階で評価するような）バランスの取れたスコアカードがあれば、「モデルの限界の特定」や「モデルに課された使用制限と特定されたリスクとのバランス」に関する検証者の能力や、「組織に過度のリスクをもたらすことなくイノベーションを実現する能力」などを正当に評価できるでしょう

なお、現場におけるモデル検証のレベルはさまざまです。「モデルの提示した結果に明らかにバイアスがかかっているセグメントを指摘するだけ」という簡素なものとなるケースもあれば、モデルの妥当性を検証する「チャレンジャーモデル」を構築してしまうという複雑なものになるケースもあります。後者の場合は、種々の特徴量やモデリング手法などを駆使してゼロから新たなアルゴリズムを構築することになります。

さらに、ユーモアはどんな時にも役立つ貴重な資質です。シャープな知性をほどよくカバーし、不要な軋轢を回避するための「隠れ蓑」となってくれるものです。

18.5 「ステップ5 モデルの実装」におけるバイアスの回避

モデルの実装のステップにおいては、「予測特徴量の実装」と「公平公正な最新データの継続的な生成」の2点に注意が必要です。それぞれについて説明していきましょう。

予測特徴量の実装

予測特徴量（predictive feature）の実装は重要度の割に軽視されがちな作業のように感じています。「ステップ2 データエンジニアリング」や「ステップ3 モデル推定」で行われる、データの収集、クリーニング、集計、変換といった操作は繰り返し行われるのが普通です。たとえば「25番目のデータ」に関する質的な問題が「サブステップ3-5 モデルの調整（チューニング）」で特定できたが、これを修正するために「サブステップ2-2 データ収集」の段階でデータベースへのクエリを修正しなければならないといった事態が生じ得ます。このため、モデルが完成した時点で、完全なインストラクションセットを作ることに困難が伴う場合があります。

また、本番システム（つまり、実世界でアルゴリズムが「生きる」場となるIT環境）で使われる言語やツールが、開発段階でデータサイエンティストが使うものとは異なるケースが多い、という注意点もあります。このため私はどのデータサイエンティストに対しても次の2点を推奨しています。

- アルゴリズムの第1版を（純粋にテストのために）できるだけ早い段階で本番システムで実装すること（機械学習の用語を使えば「パイプライン」を早期に完成させること）
- 『ステップ1 モデルのデザイン』の冒頭で、最終的にどのようなツールと手法を使って実装するのかを十分検討しておくこと——データエンジニアリングと特徴量開発の段階で作成するコード（たとえばRやPython、SASで書いたスクリプト）を、現場で使う際の要件（応答速度や分散デプロイなど。さらにはモバイル端末にデプロイする必要があるケースもあるでしょう）を満たす本番システムに変換する際に、どのようなツールと手法を使うべきか最初期の段階で

目処をつけておくことが必要です

なお、こうした措置を講じてもなお、目に見えないバイアスが忍び込んでいる可能性はゼロではありませんから、そうしたバイアスの有無を確認するため、実装後の厳格なテストを行うべきであることは言うまでもありません。

バイアスのかかっていない最新データの継続的な生成

バイアスのかかっていない最新データが継続的に生成されれば、アルゴリズムに関しても継続的な改良が可能になります。そしてこのためには、この作業の自動化が欠かせません。たとえば、「与信審査の意思決定システムが自動的に毎月100件のローン申請のランダムなサンプルを選び、クレジットスコアとは無関係に（ただし2、3の常識的なフィルターを通したあとで）承認する」等があげられます。

こうした作業を「実践することが望ましい」と、モデルのドキュメンテーションの最後の段落に書いておくだけではなく、モデルの実装の1サブステップとしてデータサイエンティストがしっかり認識し、実践するべきです。完成直後の飛行機を思い浮かべてください。製造工場をあとにした、まっさらな飛行機には、万一墜落事故を起こした場合に備えて、原因究明や再発防止に役立つデータを記録する「ブラックボックス」が最初から装備されています。

以上、「ステップ5　モデルの実装」の段階をしっかりと整備し、モデルの将来のバージョンのために最新データが継続的に生成されるよう図る、という作業は、アルゴリズミックバイアスの「最後の防波堤」を築く作業にほかなりません。

18.6　まとめ

この章ではモデル開発の各プロセスに再度光を当て、その5つのステップのそれぞれでアルゴリズミックバイアスを予防、抑制する有効な手法を詳しく紹介しました。裏返せば「油断するとバイアスが忍び込む『穴』はどこにでも開きかねない」ということなのです。以下は、この章で紹介した主なバイアス対策です。

- 「バイアスが潜んでいそうな箇所」や「モデリングしようとしているアウトカムに大きな影響を与える要因」についてあなたの仮説を裏付けるものとして、ドメイン知識や現場の人々の知見を取り入れましょう

- 「バイアスのかかったデータを使ったほうがはるかに簡単」との誘惑に負けることがあってはなりません。とくに、バイアスのかかっていないデータをゼロから生成するのが正しいとわかっているのなら絶対にです。ゼロから生成することで締め切りに間に合わなくなったとしても、あるいは、サンプルのサイズが小さくなってしまい（そのために）予定よりはるかに簡素なモデリング手法を使わざるを得なくなったとしてもです
- アルゴリズムが実装される現場の作業プロセスを始めから終わりまできちんと把握し、そのプロセスがアルゴリズムにどのような悪影響を及ぼし得るかも理解しておきましょう
- 「質の良いサンプルを用意すること」には、どれだけ注意を払っても払いすぎにはなりません。「層化の必要性」「対象期間」「必要最低限のサンプルサイズ」の3点にはとくに気を配りましょう
- データ収集法の概念（コンセプト）的（感覚的な）整合性についても十分に注意を払う必要があります。予想される合計値や平均値との比較などを行い、見逃しているケースがないか、しっかり確認してください
- データが（単なる数値として見るのではなく）コンセプト的に意味のあるものになっているか注意する必要があります
- モデルにバイアスを招き入れる恐れのある不適切なレコードは除外しましょう
- どの特徴量についても（欠落している特徴量の不適切な代理（プロキシ）となっていたり、コンセプト的に不備のあるものだったりして）アルゴリズムにバイアスを招き入れる可能性があります。とくに、管理可能な数を見極めて特徴量の最終候補を選んだら、現場担当者の意見を求めましょう
- 過学習（オーバーフィッティング）を予防するため、ハイパーパラメータは慎重に設定し、初期モデルのアウトプットを徹底的にテストして、「モデルの調整」の段階で対処するべきバイアスがないか確認しましょう
- モデルのキャリブレーションでどのような調整が必要かよく考えましょう。たとえば安定性バイアスに対処するために中心傾向（central tendency）を変える、予測能力が低下するセグメントのアウトプットを「不明」と上書きする、などです
- モデルに関するドキュメンテーションを「チェックリスト」として活用しましょう。各ステップでバイアスに対処するためのベストプラクティスが漏れなく実践できているかどうかを確認するためのツールとなります
- モデルの検証担当者の役割は、しかるべき付加価値をもたらすものにしましょ

う。「イノベーションの促進」と「組織の保全」のほどよいバランスを取る役割を担当してもらいます。モデルの弱点がアウトプットを損なう程度を見極め、アルゴリズミックバイアスを抑制するために利用に制限を設けるといったことも検討してください

- 「ステップ5　モデルの実装」では、アルゴリズムの実装や入力特徴量に不備がないことを確認するだけでなく、モデルの実装後の更新のために最新データを継続的に生成するメカニズムも整備しておく必要があります

「注意点が多すぎて、とても覚えられそうにない」と感じているあなた。そのとおり、人間が一度に記憶できるのは3つから5つと言われます。そこで、**表18-1**（Q&A形式のドキュメンテーションの目次の例）に示したベストプラクティスを印刷し、ラミネート加工してデスクに置いておけば、事は簡単。今後はモデルを構築するたびに、これを頼りに作業を進めていけばよいのです。

次の章では「ステップ2　データエンジニアリング」に焦点を当て、「現代の金鉱」であるデータに潜むバイアスについてさらに掘り下げます。

19章
データのX線検査

前の章で予告したように、モデル開発におけるバイアスの回避法のうち、「サブステップ2-4　データ品質の評価」に関わるものについて、この章で詳しく見ていきましょう。データの品質をどのように確保すればよいのか、具体的な方法を紹介していきます。

この章では、データに潜在的に存在するアルゴリズミックバイアスの「種(たね)」の探知方法について掘り下げます。すでに前の章までの説明で明らかだと思いますが、私たちの「敵」は千差万別なので、データを詳しく調べてそれこそ千差万別な潜在的問題を探らなければなりません。ちょうど年に一度の健康診断で、血液や尿の検査以外にもさまざまな臓器の検査をするようなものです。

この章で私が目指すのは、6つの効率的で割と簡単な検査（ステップ）を提案して種々の分析法を紹介し、皆さんに「1,000の目と1,000の耳」をもっていただくことです。どの分析法でも（X線検査で骨折部位や内臓の損傷、誤飲した異物などが映し出されるように）「要注意領域」が鮮やかな赤で示されたマップが出来上がり、皆さんはそれを複数手にすることになります。こうなれば、有意な異常を漏れなくチェックし、（状況(コンテクスト)に関する自分の知見と、この本でこれまでに学んだこと、とくに直前の章で学んだことに基づいて）懸念材料があるか否かを判断し、「ある」場合は最良のバイアス対策を練ることも可能です。

上記6つの検査は極力系統的(システマティック)にしようと力を尽くしましたが、このプロセスが反復的(イテラティブ)なものである点は強調しておく必要があります。とくに予測変数（独立変数）の数が多い場合、まずは一部の分析法を使ってざっと調べ、最終的なモデルで使う候補として変数を選び出せたら、再度特定の分析法を使ってそれをより詳細に調べるべきかもしれません（たとえば外れ値や特定の欠損値をさらに詳しく調べてみる、など）。中でも、皆さんの専門知識に依存する「バイアス探知レーダー」に何か怪しい

「影」が映ったら、とくにその必要があります。

いやむしろ、この「全身のX線検査」は2回やるのがよいかもしれません。1回目は生のデータを受領した時、そして2回目は派生特徴量をすべて生成し終えた時（たとえば、より粒度の細かいデータを集計したり、複雑な変換を行ったりした時など）です。というのも、こうした特徴量の生成過程で、また新たなバイアスの「種（たね）」を植え付けてしまった可能性があるからです。

また、以上のプロセスでは、常に批判的な目線を忘れないことが大切です。1回目の「X線検査」で警告の旗（フラグ）が立ったとしても、確証バイアスの餌食になって、問題のさらなるエビデンスを掘り起こそうとせず、これは「疑似相関」だと決めつけて「きっと私のデータの数が少なすぎた（古すぎた／新しすぎた／ノイズが多すぎた）せいだ」などと言い逃れをするのであれば、いくら上で紹介した「データの全身のX線検査」が最良の手法であろうと無意味だからです。

19.1　第1の検査――サンプルレベルの分析

まずは、効率的な分析を心がけつつ、5つのサブステップから成る標本（サンプル）レベルのチェックから始めます。これを実践すれば、アルゴリズミックバイアスを引き起こしかねない広範なデータ絡みの問題をトップダウンに探っていくことができます。

1. 観測値の数（ローンの件数や顧客の人数など）とキーとなる属性の合計（融資金額など）は、外部のベンチマーク（銀行の管理情報システムから得たポートフォリオの統計など）に合致するでしょうか。合致しない場合、サンプルが不完全と考えられます
2. クリティカルな（欠損が許されない）フィールド（たとえば、良い／悪いインディケータ）に欠損値があるレコードの割合（%）は？　他の変数に関しては、このあとの「第3の検査」で、非常に効率的なやり方で欠損値を調べます。とはいえ予測力が最高だと見込んでいる「キーとなる特徴量」についても、欠損値率が予想の範囲内に収まっているかどうかをこの段階でザッとチェックしたほうがよいでしょう
3. クリティカルなフィールドに「ゼロ値」のあるレコードの割合は？ 変数によっては、「ゼロ値」が「欠損値」と同じくらい避けたいものである場合もありますが、その一方で「ゼロ値」が妥当な値である変数もあります（たとえば融資を承認されたものの支払いに使われたことが一度もない口座の残高は0で支障はありませ

ん）が、この0が特別な処理（たとえばこのレコードを対象から外す処理）の必要性を意味することもあります。
この検査では「1対多」の関係にあるケースの、別のテーブルの関連レコードの数も調べます。たとえば1件のローンに複数（「共同」）の借り手がいるケースで、あなたが受領した別のデータテーブルには、借り手ひとりにつき1個のレコードが掲載されています。しかしこのテーブルには、さらに借り手不明（借り手が0）のローンのレコードも載っていました。これは問題の種（たね）となりかねないので特別な処理が必要です

4. 「重複」はありませんか。重複なんて初心者のミスじゃないか、と思うかもしれませんが、時にクエリのちょっとした間違いが原因で、重複したデータが戻ってきてしまうことがあります
5. 「アウトカムの平均」（従属変数やラベルの平均。たとえば与信スコアリング用のデータセットの、サンプルの不良率など）は現実に即していますか

以上の分析を行えば、放置するとバイアスの誘引になり得るデータの欠陥を掘り起こせます。そしてそれを改善するには、多くの場合、データ収集過程の欠陥を特定し、再実行する必要があります（そう聞かされた関係者は皆、大きなため息をつくでしょうが）。

19.2 第2の検査――データリーケージ

データリーケージ（data leakage。データの漏れ）とは、予測変数（独立変数）が後（あと）知恵情報で汚染されてしまうことです（「8.6 C-1　コンセプト的な誤りに由来するバイアス」参照）。

データリーケージの明白な事例としては、「過去の出来事を予想するために最新のデータを集める」というものです。たとえば、信用調査機関からある顧客に関する最新のレポートを入手して、その顧客の過去の債務不履行を予想しようとします。こうした過去の債務不履行のデータが信用調査機関の記録に入っていることは明白です。

しかし多くのケースは、これほど明白なものではありません。たとえば、固定値だと思っていた属性が更新されてしまったりするケースです。具体例をあげて説明しましょう。通常、貸付勘定は、それぞれひとつの支店に割り当てられますが、本店など中央の不良債権処理部門も支店のひとつとして扱われていると、焦げついた貸付勘定が一律にこの不良債権処理部門に再割り当てされる可能性があり、こうなると不良債

権処理部門を表す支店番号が債務不履行を示唆する完璧な指標となってしまいます。支店という属性を不変と見なしたがために、その属性が正しく記録されない事態が起こるわけです。

後知恵バイアスは欠損値の中に潜んでいることもあります。たとえばこれは私が体験した例ですが、ある銀行で、焦げついた貸付を主勘定システムから一掃してしまったため、そのシステムに残っている属性の欠損を表す値が債務不履行のほぼ完璧な予測変数となっていました。「欠損」を独立変数の妥当な値として扱うモデリング手法は（とくに機械学習の手法に）多いので、単に「欠損か否か」が有力な予測インディケータとなってしまい、結果的にそのモデルでかなりのウェイトを得てしまうことが珍しくないのです。

このようなデータリーケージを突き止めるために次の2つの分析を推奨します。

1. 各変数の「予測力」の分析——異常に高いとしたら、リーケージを示唆していると見てまず間違いありません
2. 各変数に対するデータのランダムな欠損のテスト

続いて、この2つの手法を詳しく説明します。

変数の予測力の測定

個々の変数の予測力を評価する時、私はメトリクスを2つか3つ使うようにしています。その理由は「非軸対称問題を解決しようとしているから」で、もしもメトリクスをひとつしか使わず、そのメトリクスに予測変数の特定のタイプの分布に対するバイアスがあったら（そしてそのために、その変数の予測力が異常に高まっていることを察知し損なったら）問題点を見逃しかねないという懸念があるのです。ただ、誤検知（つまり、ある変数にリーケージの影響を受けているというフラグを立てたものの、それが誤りであったことが明らかになるケース）についてはさほど懸念していません（補足（フォローアップ）分析で、その変数はOKとの結果が出れば、その後も使い続けられるからです）。

連続型の目的変数（アウトカム）に関しては、通常、**ピアソンの積率相関係数**と**スピアマンの順位相関係数**の両方を算出することを推奨しています。ピアソンの積率相関係数 は言うまでもなく相関の強弱を測る標準的な指標ではありますが、外れ値や傾斜分布によって（つまり、データの分布が正常なパターンから外れた場合）バイアスがかかってしまうことがあります。

スピアマンの順位相関係数は外れ値や傾斜分布には影響を受けない上に、非連続の順序値（たとえば英数字による等級や大学のランキングなど）も扱えますが、同じ値やよく似た値をもつ観測結果の集団（クラスター）については「大騒ぎ」をすることがあります。そうした集団の中で、個々の観測値の順番がランダムでない時に（たとえば、データテーブルで項目にアルファベット順のソーティングの名残があるケースなど）、データの処理で一部の変数が逆の順序に並んだりすると（AからZのはずが、ZからAの順に並ぶなど）、スピアマンの順位相関係数の測定でバイアスが生じてしまうことがあるのです。とはいえ、どのような相関レベルを「異常に高い」と評価するかは、状況に大きく左右されるほか、データサイエンティストがこの種のモデリングの経験をどの程度積んできたかにも左右されます。

バイナリ（二者択一）のアウトカムに関しては、通常、**ジニ係数**と**情報価値**（information value：IV）をあわせて検討します。

ジニ係数については「15章 アルゴリズミックバイアスの検出方法」で説明しましたが、一変量のジニ係数の場合、個々の変数をスコアのように扱います。その際、見逃せない制約が2つあります。

- ジニ係数は、カテゴリー変数（質的変数）には使えず、連続型変数や順序変数にしか使えない
- ジニ係数は、どの変数もアウトカムと単調な関係にあるとの前提に立つ

予測力が非常に高い変数とアウトカムの関係が完璧なU字形を描く時ジニ係数はゼロになる可能性もあります（たとえば与信審査におけるリスクと年齢の関係。通常、非常に若い人と高齢の人はリスクが高いのに対し、「最良の年齢層」に属する人々は、成熟し、健康体で、雇用条件を満たす傾向があるため、リスクは最低です）。

情報価値（IV）は盛んに使われているメトリクスです。よく使われている理由としては次の2点があげられます

- カテゴリー値や非単調な関係も扱える
- 次のような、解釈に役立つ便利な経験則がある
    - IVが0.3から0.5までの予測変数（プレディクタ）は予測力が高いと見なす
    - IVが0.02から0.1までのものは予測力が低いと見なす
    - IVが0.5超は「疑わしい」と見なす

軽微なリーケージが疑われるケースを探知する方法はひとつしかなく、それは「今注目している変数のIVを、同類の変数の典型的なIVと比較する」というものです。たとえば与信審査のスコアなら、IVが0.3という結果が出ても別におかしくありませんが、「CEOの星座」のIVが0.3と出たら、これは「疑わしい」と見なすでしょう[†1]。

IVにはもうひとつメリットがあります。それは、IVを算出する際に、「ウェイト・オブ・エビデンス（WOE）」と呼ばれる値も算出する点で、この値は後続の分析でも使います。

一方、IVの難点は「区分けが必要なこと」です。たとえば「所得」という変数があるとすると、まず所得帯をいくつか設定し、「それぞれの区分に（「良」と「劣」など）各種アウトカムの観測値が最低でもひとつは入っていなければならない」という計算上の要件も満たす必要があります。おまけに、数百あるいは数千という膨大な数の変数を効率よく評価するためには、通常、完全に自動化されたプロセスを用意しなければなりません。結果的に、区分を4つか5つ設定して算出したIVに、サンプルのごく一部分にしか通用しないインディケータに対するバイアスがかかっている、というケースが多くなるのです。

ランダムな欠損値の有無の分析

連続的なアウトカムに関しては、特定の変数が欠けている観測値と欠けていない観測値の間でアウトカムに顕著な差がないかテストしましょう（15章、とくに15.3節の「統計的有意性」を参照）。

バイナリのアウトカムに関しては、欠損値が後知恵情報をもたらすか否かを調べる手法が数種類あり、いずれも同等の効果が得られますが、とくに次の2つの手法を推奨します。

- 変数が欠けていれば1、それ以外であれば0になるダミー変数のジニ係数やIVを見る
- 変数のIVの差、つまり「欠損」を単独の区分と見なして算出したIVと、実際に欠損値のある観測値を除外して算出したIV（欠損していないケースのみを対象にして算出したIV）の差を見る

†1 もちろん占星術師なら「IVが0.3なんて低すぎる。データの星座のコード化に誤りがあるようだ」と判断するかもしれませんが。

どちらの手法でも、後知恵バイアスは「欠損」ラベルの予測力の著しい高まりという形で露呈します。

欠損値が後知恵情報をもたらすことが判明したら、単にその変数の使用をやめるか、それとも欠損箇所に適切な値を代入してこの問題を修正するべきか判断する必要があります（条件付きのランダムな代入によって修正できる状況もあります）。そのためには、欠損値を除外して、その変数の一変量の予測力を調べることを推奨します。予測力が非常に低いと出れば、その変数は後知恵情報しかもたらさないわけですから使用をやめるべきです。しかし予測力が高く、修正する価値があると思われるなら、修正を試みてもよいかもしれません。

19.3　第3の検査――データの構造を把握するための2つの分析法

「木を見て森を見ず」は言うまでもなくデータサイエンティストが回避するべき状況で、これはバイアスの探知にも当てはまります。そのために私が強く推奨するのが次の2つの分析法で、地図のように俯瞰できるトップダウンのわかりやすいビューを使ってデータの構造を把握できます。

- **欠損値の構造が類似している複数の変数のまとまり**を見つけ、それをモデルのデザインに活かす。たとえば、次のような対応を検討する
    - 数多くの変数に関連すると思われる信用調査機関のデータが、ある程度の数のまとまった顧客に関して入手できない場合、モデルの構造をモジュール化する
    - 特定の特徴をもつすべてのケースについて、重要な変数がデジタル形式で入手できない場合、「手作業でのデータ収集」を行う
- **主成分分析**（PCA）で冗長な変数を排除することにより、後続の各検査での焦点の絞り込みを可能にする

欠損値の構造が類似している複数の変数のまとまりの特定

欠損値構造を検知するには、各変数ごとにミラー変数（指定レコードに対して、変数が欠けているときには1に、そうでないときは0に設定されるバイナリのインディケータ）を作成します。たとえば信用調査機関のデータが入手できない顧客が全体

の40%いて、信用調査機関から入手できたレコードが140の変数を構成する、という場合なら、サンプルのうちこの40%についてはすべて1を返し、それ以外については0を返すダミー変数を140個作成しなければなりません（ただし、この時点でこうした詳細はまだ明らかになってはいません。こうした詳細な数字を弾き出してくれる、ちょっとしたスクリプトを作成する必要があります）。

こうしたダミー変数の相関構造を調べることで――通常、二変量の相関係数が記載された簡素なテーブルを作成すれば、それで十分ですし、もっとも実用的でもあります（多重共線性も捉える、より複雑な手法は、完璧な相関関係にある変数を扱えないので、使えないかもしれません）――欠損値の指標の相関が強い変数のまとまり、つまり同時に欠損する傾向があり、したがって同じ根本的な原因によって生じている可能性の高い変数のまとまりを特定できます。

主成分分析（PCA）による冗長な変数の排除

主成分分析（PCA）については「15章 アルゴリズミックバイアスの検出方法」で少し触れました。私自身の経験から言えば、PCAはアルゴリズムの開発においては最強レベルのツールだと思います。とくに「機械学習においてアルゴリズムのパフォーマンスを改善するには、変数を追加し続けるしかない」というのが一般的な認識です。ただしこれには、あまり知られていないマイナス面があります。「変数の数が膨大になると、それをひとつひとつ徹底的に調べてバイアスの兆候が皆無であることを確認するなど、時間的にも心的エネルギーの点でも到底不可能だ」という問題です。

だからこそPCAによって、何千もの変数を20数個から40個弱に絞り込むわけです。そうすることで、その限られた数の中から怪しげなものを、より詳細に分析します。具体的には、データを可視化して異常の兆候を探るとか、バイアスの要因となっていることが疑われる観測結果について現場担当者から聞き取り調査をするといった作業が考えられます。

PCAを使うこの（私が推奨する）アプローチでは、すぐ前の「第2の検査」でIVを算出することが必須要件で、その理由は2つあります。

- PCAを行うための下準備として、まずカテゴリー変数を数値変数に変換して、欠損値を漏れなく補完する必要があり、IVを算出すれば、それぞれの観測値にウェイト・オブ・エビデンス（WOE）を付与する形で簡便に欠損値を補完できる（このWOEは「対象の観測値が属する区分のWOE」という形で付与されるので、区分の数が少ない時には言うまでもなく大雑把なものとなりがちで

はあります）
- Ⅳを算出することで、各主成分中の変数の優先順位付けが促進される[†2]

モデルに使う候補として検討する価値のある変数をPCAで選り抜く作業は、次のような手順で進めるとよいでしょう。

- （標準的な経験則に従い）境界基準を固有値＝2と設定してPCAを行う
- バリマックス回転により、最大数の変数を第1主成分に揃える
- 各行について（未加工の変数ひとつが、ひとつの行を成します）、最大の**絶対**因子負荷量を算出し、変数をそれぞれ対応する主成分に割り当てていく
    - 最大絶対負荷量が≧0.5の変数には、この負荷量の主成分に属することを意味するラベルを付ける
    - 最大絶対負荷量が＜0.5の変数には「その他」に属することを意味するラベルを付ける
- 変数を2つのレベルでソートする――まずは対象の変数が属する主成分の番号で（「その他」が一番最後になります）、続いて絶対因子負荷量でソートします。つまり、（固有値が最高の）第1主成分に続いて第2主成分、第3主成分……という具合に並び、各主成分の中では、それを代表する変数が貢献度の順に並ぶ、という2階層になるわけです（因子負荷量が＋1.00の時と−1.00の時は、その変数がその主成分の完璧な代表であることを示唆するので、この因子負荷量のプラス符号、マイナス符号はこの分析には不要です）
- 主成分ごとに、Ⅳが最高の変数を選ぶ（その際、Ⅳ以外にも選考の基準になり得るのがメディアの「フィルレート」や、実装の難易度などの実際面での配慮点です。多くの場合、貢献率が最高の変数より2番目や3番目のもののほうが適格です）。複数の変数のⅣが同じ時は、因子負荷量が最高のものを選ぶ
- 因子負荷量が0.5〜0.8の変数を選び、かつまたその同じ主成分に、Ⅳが同様に高い変数が複数あり、経営判断に基づいて「これらの変数には、最初に選んだ変数ではまだ捉えられていない独特の情報が含まれている」と思われる場合には、そちらの変数も選択肢をひとつか2つ検討する

†2　連続的な目的変数（従属変数）にはⅣは使いません。この場合は（欠損値も含めて）非数カテゴリーのアウトカムの中央値を算出すれば、同等の補完テーブルを作成できます。優先順位付けには、私はピアソンの積率相関係数とスピアマンの順位相関係数で値の大きなほうを使います。

- 最後に「その他」の区分に属する変数を漏れなくチェックする——こうした変数は、第1主成分から「その他」の主成分までの区分けで大まかに分類されてはいるものの、IVが高め（0.3超）の変数があれば、それで最終候補一覧（ショートリスト）を作ってもよいかもしれません。とくに経営判断で「この変数はモデルで使われる見込みが高く、すでに選り抜いた他の変数ではまだ十分に体現されていない要因を体現している」と思われる場合はショートリストを作るとよいでしょう

ただし、以上の手順が「決定版」でも「完全版」でもない点はきちんと押さえておかなければなりません。ある変数を選ぶか選ばないかには、さまざまな判断が求められるのです。いやそれどころか、「自分の森にはモミもブナもジャイアントセコイアも、それぞれ山ほどある」と認めることこそが、単刀直入で実用本位なアプローチと言えます。こうした事実を認めることで、まずは（広大なモミの森をあっという間に食い荒らしてしまう）ドクガの毛虫がいないかモミの木をしらみつぶしに調べてから、（桃特有の害虫であるクラウンボーラーの存在を示唆する）少量のフンが付いた（サンプル唯一の）桃の木の検査に取りかかる、といった現実的なアプローチがとれるようになります。

私個人の好みを言うと、少なくとも最初のベンチマークとしてPCAで優先順位付けした20数個から40個弱の変数だけを使ってモデルを構築するのが良いようです。一部の変数を使わないという点ではリスクを取る形になるものの、こうして省力した分、その後の特徴量生成に力を注げます。それに、隠れたバイアスを探知するさらなる機会は特徴量生成の段階で見つけられますし、現場担当者やその他の専門家と詳細な議論を交わす際にも対象がすでに20数個から40個弱に絞り込まれています。

私の経験では、このやり方で構築したモデルは、元の生の変数をすべて使う超高性能の機械学習モデルと比べても、パフォーマンスがジニ係数でほんの1、2ポイント劣るだけ、という場合が多く、優れた堅牢性を備えているおかげで、短期間のうちに超高性能の機械学習モデルにも勝るパフォーマンスを見せるようになる傾向があります（これは、ブラックボックスの機械学習モデルに未探知のまま潜んでいる過学習の問題や、バイアスの中に構造のちょっとした修正で前面に押し出されてくるものがあるためです）。

それに、データの「X線検査」が完了すれば、その後のモデル開発の過程でじっくり手間をかけて変数を好きなだけ追加できます。また、PCAは（3次元の人体を白黒の骨格画像に凝縮してしまう）本物のX線検査機によく似ており、それ以上の存在ということはありません。もしも「この変数を、この先の（モデリングの）作業に含め

てよいものか」と迷ったら、思い切って含め、あえて失敗してみるのも、ひとつの手かもしれません。

19.4 第4の検査――異常検知のための2つの分析法

「正常って何さ？」。これは15章で紹介した、私の今は亡き親友の決まり文句です。相対的な問いではありますが、とにかくデータの異常検知に真摯に取り組むことは大切です。外れ値や値の予期せぬ集中などなど、悪さをするバイアスの存在を示唆する手がかりを探る作業なのです。

ここでは異常検知の手法を2種類、手作業によるものと機械学習を活用するものを提案します。

手作業で異常を検知する手法

世界一流の異常検知装置。それはほかならぬ、あなた自身の「頭脳」です。

動物は大昔から、普段と違っているものがないか油断なく周囲に目を走らせては危険を察知してきました。人間も例外ではありません。そのため私は皆さんの「頭脳」に対し、2段階でデータを提示します。まずこの「第4の検査」では数値のアウトプットを、そして「第6の検査」ではグラフを見せます（このように右脳にも左脳にも働きかけるわけです）。ただし精神的疲労の問題がありますから、焦点を絞ることは不可欠です。だからこそ前の検査でPCAを行い、事前に変数を処理しやすい数に絞り込んだのです。

さて、次の2つの図を見てください。**図19-1**は（標準産業分類のコードなどの数値コードを含む）カテゴリー変数用のレポートの例、**図19-2**は数値変数用のアウトプット（連続的なものでもかまいませんが、少なくともランクなど順序を示すもの）の例です。

<変数名>	**<最頻値>**	**<レコードの割合（%）>**
欠損：<割合（%）>	<頻度が2番目の値>	<レコードの割合（%）>
カテゴリ番号：<#>	<頻度が3番目の値>	<レコードの割合（%）>
	<頻度が4番目の値>	<レコードの割合（%）>
	<頻度が5番目の値>	<レコードの割合（%）>

図19-1 カテゴリー変数用のアウトプットのテンプレート

通常、カテゴリー変数はテキストを含むので、(ラベルにかなり長いものがある時はとくに)「レポート」の形式が最適だと私は思っています。**図19-1**では、変数ひとつに1行ずつを当てており、全部で5行あります。ブロックごとに空行を入れるなど見やすいフォーマットにすると、チェックしやすいはずです。目を通して、印を付けたり(丸で囲む。「!」を付ける)、あるいはその場で思いついたこと(驚いた点や、さらなる深掘りの方法、特徴量生成の段階で役立ちそうなアイデアなど)を書き入れたりしながら作業を進めます。疲れてきた、あるいは作業のペースが速くなりすぎた、などと感じたら、ひと休みします(お茶やコーヒーを飲んで気分を一新したり、窓の外の木を眺めてひと息ついたりすると効果的です)。そして作業を再開する時には、チェックがぞんざいになった可能性のある2つ3つ前の変数へさかのぼってチェックし直しましょう。

							パーセンタイル									
変数	欠損	最小値	最大値	平均値	中央値	最頻値	1	2	5	10	25	75	90	95	98	99番目
＜変数 #1＞	＜%＞															
＜変数 #2＞	＜%＞															
＜変数 #3＞	＜%＞															
…																

図19-2　数値変数用のアウトプットのテンプレート

図19-2は変数ひとつに1行ずつを当てている大きなテーブルです。この1行1行に目を通していくのも不可能ではありませんが、ここでも精神的な疲労には要注意です。そのため、次のように5回に分けてチェックするのが得策です。

- まずは**欠損値**(観測値に占める欠損値の%)でソートし、最大から最小の順に並べます。結果、欠損値の割合が大きな変数がリストの上位に並びます。いずれも、データ収集の段階で問題が生じたか、もしくはモデルデザインに問題がある可能性を示唆するものです
- 次に**最小値**でソートし、最小から最大の順に並べます。負の数から始まるリストが出来上がりますが、値が**負の数**や**ゼロ**の変数は、どう捉えたらよいかわからないケースか、少なくとも問題を提起しているケースなので、「さらなる調査が必要」のファイルへ移します

- 次は**最大値**でソートし、最大から最小の順に並べます。ここでも疑わしいと思えるものが2つ3つ見つかるかもしれません
- 続いて**最頻値**でソートして、疑わしい変数がないか調べます。次に示すように、特定の値にそれぞれ特有の問題が絡んでいることが多いので、このようにソートしてみるわけです
  - 値がゼロなら、欠損値の可能性があります（ソートすることで、値がゼロのケースをひとまとめにできます）
  - どの桁も9の、大きな数字（「給料＝9999999」など）は大抵、大昔のITシステムで欠損値を表すものとして使われ、今なお一部のデータベースに残っているものです
  - 連続型変数のキリのよい値（「給料＝1000」など）は大抵、人間が実際の数字ではなく推測した数字を入力したことを物語る兆候です
- 最後に、前までの検査で「異常」のフラグが立たなかった残りの変数にざっと目を通します。最小値、最大値、平均値、中央値、最頻値、百分位数を見れば、分布状況がある程度思い描けますが、その分布状況は納得の行くものでしょうか。下位の百分位数を見てください。小さな数値の人々が母集団に占める割合が予想よりはるかに大きくなっていませんか（たとえば「大半の人がクレジットカードを少なくとも2枚は持っていると予想していたけれど、1枚しか持っていない人の割合が予想を大きく上回った」など）

以上の分析で、コードとして特定の数字（たとえば0や999など）が付けられた欠損値が見つかったら、そのタイプの欠損値を対象にして再度「第3の検査」を行い、その構造やバイアスの存在を示唆する可能性を詳しく探っておきましょう。

機械学習による異常検知

手作業での異常検知には「データサイエンティストが自身の知見を総動員できる」という大きな利点があります。たとえば「当座預金口座の残高」はいわゆる当座貸越でマイナスになり得るけれど、「子供の数」はマイナスにはなり得ない、といった知見です。

とはいえ限界もあります。たとえばアウトプットの解釈の際に深刻な問題を見逃してしまう場合があります。データサイエンティストが手作業で検討するのは優先度の高い変数群だけという場合が多いでしょうし、手作業によるアプローチはある種の

状況で困難な状況に陥るケースもあります。とくに時系列のデータを扱う場合に「長年の間にできてしまった利用パターン」が問題を引き起こすこともあります。また、「複数の変数の特定の値の組み合わせが異例」といった状況もあります。

具体例をあげてみましょう。デジタル系のなりすまし詐欺の予測モデルを構築する時、「スキャンされた身分証の画像を見る限り、ローンの申請者は女性である」という状況も「リアルタイムの自撮り写真を画像解析したところ、顎ひげを生やしているようだ」という状況も、別に異例ではありません。しかし「顎ひげを生やしている申請者の身分証を見たら、なんと女性と記載されていた」という状況はきわめて異例ですから、これに気がつくことができれば、もっとよく調べてみなければと、このケースをじっくり検討するはずです。お粗末な詐欺師なのかもしれませんし、身分証の画像と、データベースの画像ファイルとの対応に問題が生じているのかもしれません。しかし手作業での確認ではこうしたケースを見逃してしまう危険性もあります。

この種の例外の識別にかけては機械学習が大いに威力を発揮することがあります。ですから上の「第3の検査」で特定したとくに重要な変数に関しては、手作業によるチェックだけでなく、機械学習の手法も併用するとよいでしょう。

もっとも、ここで何か特定の手法を推奨するつもりはありません。その理由は2つあります。

- データサイエンティストの専門知識はそれぞれに異なるもので、たとえばニューラルネットワークで例外を特定するオートエンコーダを開発するのが得意な人もいれば、(私のかつての同僚たちのように)k近傍法のほうがはるかにやりやすいと感じる人もいます
- 機械学習の手法の中には、この本で紹介している他の手法に比べれば、誕生してからまだ日の浅いものがあり、そうした手法に対しては今後種々の調査研究が行われるはずですし、機械学習の高度なアルゴリズムを駆使して異常を検知する強力なソフトウェアパッケージが続々と市場に投入されているため、現時点ですばらしいと思える手法でも、ごく短い間に次善の策となってしまう恐れがあります

ただし「この種の機械学習の手法をあれこれ試すのはこれから」という皆さんには、比較的馴染みのあるコンセプトを使う、次の3段階のアプローチをお勧めします。

1. まず、サンプルの観測値を対象に、使い慣れた基準を用いて（たとえば、自動的に評価できるメトリクスのひとつであるシルエット分析[†3]を行うなどして）クラスター数を決め、k平均法を実行します
2. 次に、それぞれの観測値からクラスターの重心までの最小のマハラノビス距離[†4]を測定します
3. 最後に、観測値をまずはもっとも近いクラスターによって、次にそのクラスターまでの距離によって（最大から最小の順に）ソートすれば、異常なケースを手作業で調べるための下準備は完了です

クラスタリングは、「似たような」観測値を塊（クラスター）に分類する作業です。その際の基準となる類似度は、各変数を1次元の距離尺度として、相互の距離で測ります。そのため、次の3点が重要になります。

- 変数はどれも数値でなければなりません。ですからここでもカテゴリー変数や欠損値は、第2の検査（データのリーケージ）で算出したウェイト・オブ・エビデンス（WOE）にマッピングします
- 実世界の「次元」ひとつにつき、そのクラスターの変数をひとつだけしか使えません。そうでないと、相関する変数ひとつひとつのウェイトがその次元に加算されてしまいます。k平均法でよくやらかすミスが「『大きさ』を測定する変数が多いため、クラスタリングで『大中小さまざまなサイズのケースが混在する』という驚きの結果が出てしまう」というものです。そのためここでも事前の**主成分分析**（PCA）が不可欠です
- 各クラスターは多数のケースから成る大きなグループであり、そうした状況は現場の人々も熟知していると見てよいはずです。したがって専門家や現場担当者と話し合う時には、各クラスターの重心に**もっとも近い**ケースをひとつないし少数選り抜いて、「正常」の区別や定義に使っているケースの**典型例**として示すとよいでしょう

時系列データにも同様のアプローチを応用できます。ただしこの場合は（時系列

†3　Leonard Kaufmann and Peter J. Rousseeuw, *Finding Groups in Data: An Introduction to Cluster Analysis*, Wiley-Interscience, 1990.

†4　マハラノビス距離は各変数の標準偏差によって正規化されるため、ユークリッド距離の「スケーリングされたバージョン」と言えます。

解析の手法である移動分析を行う時のように）時間軸上でデータの範囲を窓（ウィンドウ）に区切ってもかまいません。外れ値は、時間軸上でクラスターの重心からかけ離れた単独のデータポイントということになりますが、時間軸上での観測単位（たとえば、レコードの背後にいる人など）とクラスターの距離が大きくなるにつれて、また別種の問題が生じます。

クラスターの重心から離れたケースを調べる作業を進めて、「異常度が最大」のものから「異常度が最小」の方向へ移動していくわけですが、当然ながら「検討作業をどこでやめるべきか」が問題となります。あるクラスターで、重心からの距離が大きい順に3つから5つのケースを調べて問題がなければ、「とりあえず、有害な外れ値の明白な証拠はなし」との結論を下してよいでしょう。ただし何かしら問題が見つかったら、短い期間内でさまざまな問題点をできるだけ多く特定できるよう、同じ問題を抱えた観測値がほかにないか調べ、あれば、ケースの検討作業を先へ進める前に、そのすべてを脇へ取り置いてもよいでしょう。

最後にもう1点。あるケースが正常であるか否かを評価する際、現場の専門家の意見が必要な場合もあります。

19.5 第5の検査——保護対象の変数を使った相関分析

前の検査までは、データに潜むあらゆる種類のバイアスの種（たね）を特定するべく、全体論的（ホリスティック）なアプローチをとってきました。ただ、特定の人種や性に対する差別など、ある特定のバイアスに関わる懸念が生じる場面も結構あるものです。

そこで、この「第5の検査」では、その種のバイアスがどの程度データに埋め込まれてしまうのかを突き止める方法を紹介します。しかしそのためには、観測値ひとつひとつについて（たとえば人種などの）保護対象の属性がわかっていなければなりません。現実には、この属性が収集されていない場合があります（収集が禁じられている場合さえあります）。それは、まさにこの属性が保護されているからにほかならず、こうなると残念ながらこの分析を行うことはできません。

そこで私が推奨するのが「サンプルの各変数についてt検定を行い（これには従属変数も、すべての独立変数のWOEも含まれます）、（性別のフラグなどで）保護されているクラスのバイナリのダミー変数でサンプルを分割し、t値を比較する」という手法です。詳しく説明しましょう。

まずは保護されているクラスと母集団のその他の部分との間で、従属変数に有意差があるかどうかを調べる必要があります。有意差があれば、その差が重大か否かを調べます。重大であれば、このアルゴリズムが実世界におけるアウトカムにこの差を再現してしまう（つまり、実世界のバイアスが、このアルゴリズムにも反映されている）と思われる限り、問題があることになります。

続いて、他のすべての変数のt値と、上記従属変数のt値を比較します。t検定の結果は「有意」だけれど、t値は同じか、あるいは他のすべての変数のt値より小さい（つまり、どの相関も、従属変数の相関より弱いか同程度の）場合、「アルゴリズムが実世界のバイアスを再現するのを従属変数が助長している可能性は否めないけれど、少なくともそのバイアスを増強するところまでは行かない」という意味で「事態は一応抑制されている」と言えます。これに対して、ある特徴量のt値がベンチマークより大きい時、その変数は、望ましくないバイアス（たとえば特定の性に対するバイアスなど）の要因を代表する属性の比較的純粋な代理（プロキシ）として作用し、アルゴリズムがそのバイアスを増強するのを助長する恐れがある、と思われます。

t検定の結果が「有意」と出た時には例外なく、次のような、デザインに関わる重大な疑問が浮かんできます。すなわち「この変数は使うのをやめるべきか」「この変数を使うのはやめないほうがよいけれど、抑制のための処理を導入してバイアスに対処するべきか」「結果を入念に分析すれば、さらなる調整をしないでもこの変数を使い続けられることを示唆する結果が出るのではないか」といった疑問です。

私自身が経験した限りでは、この二変量の解析（一度に2つの変数だけを比較する分析法）で十分です。ただ、時に、多数の変数を慎重に組み合わせることによって初めて保護対象の属性を明らかにできる場合もあります（保護対象の属性が入力されたかもしれない特徴量がデータセットに含まれる時はとくにそうです）。そうしたケースも漏れなく確実に探知したいのであれば、保護対象の変数だけでなく、上の「第3の検査」（データの構造を把握するための分析法）で主成分分析（PCA）を行って選んだ予測変数（説明変数）も使って（バイナリのアウトカムの場合でも）線形回帰分析を行い（ただし、すでに「問題あり」のフラグを立てた変数はすべて除外します。そうしないと、そうした変数が再び出てきて、他の変数の評価が混乱してしまいます）、分散拡大係数（VIF：variance inflation factor）を調べます。その際の私の経験則は「保護対象の変数のVIFが2以上なら多重共線性があり、その変数は他の変数の線形統合によって概算できる可能性が高い」というものです。こうしたVIF値で突き止めた「犯人」を、ひとつひとつ取り除いていけば、変数をいくつ除外すれば保護対象の属性の隠された糸口を排除できるのかを解明できます。

最後に（これは大多数の読者にとっては「言わずもがな」のことだとは思います

が）ダミー変数がカテゴリカルでクラスを2つ以上もつ場合（たとえば、3つもしくはそれ以上の人種を区別する場合など）は、t検定の代わりに分散分析（analysis of variance：ANOVA）を行う必要があります。

19.6　第6の検査——視覚による分析

最後の検査は、データをもう一度見直して異常を突き止める最後のチャンスで、私たち自身の視覚的な能力を使います。具体的には、「第3の検査」でPCAによって選り抜いた連続型変数ひとつひとつに対して、従属変数の移動平均を（Y軸に）プロットします。この従属変数はバイナリのアウトカムの対数オッズ比で、その対数は（とくに、「所得」など、量の）ほぼ対数分布された変数で、他のすべての変数の単純な平均値です。

順序変数は、連続型変数として扱うとしっくり来る場合があります（たとえば、さまざまなレベルが多数ある時など）。あるいは、棒グラフが検討に値する選択肢である場合もあります（ただし、カテゴリーごとの観測値の数が意味を成すものであることが条件ではありますが。「100件でひと塊」という私の経験則を思い出してください）。

結果的に、円滑な関係にあることを示すくっきりとした直線、ゆるやかな曲線、あるいはU字型の曲線が得られれば、「この変数は根底にある真実をいくらかでも捉えられている」と安心できるわけです。対照的にジグザグの線は、問題の存在を示唆する場合があるので目を引かれます。たとえば以前、ローンを返済した連続月数に対する債務不履行の対数オッズ比をプロットしたところ、3.5で奇妙なピークを描いたことがありました。3.5という独立変数は妙な値だと思ったので（「3ヵ月」や「4ヵ月」はあり得ますが「3.5ヵ月」はあり得ません）調べてみると、ジュニアアナリストが軽率にも、支払い履歴の欠けている複数の顧客のところにサンプルの平均値（つまり「およそ3.5」という値）を代入してしまったことが判明しました。支払い履歴がないということは、デフォルト率が飛び抜けて高いということです。万一これを私が見逃していたら、きっちり3ヵ月または4ヵ月続けて返済してきた顧客を「ハイリスクな顧客」として扱ってしまう重大なバイアスが生じていたところでした。

このように視覚的に分析する手法にはもうひとつ利点があります。それは、特徴量生成の段階で対処するべき変換に関する洞察も得られるため、データサイエンティストの仕事が「データエンジニアリング」から「モデル開発」へ移行することになる点です。

19.7　まとめ

この章では、潜在的なバイアスの包括的かつ効果的な探知法を紹介しました。次の6つの検査を段階的にこなしていく手法です。

1. サンプルの網羅性（completeness）の検査——とくにサンプルレベルでメトリクスを使った評価を行い、重要なデータフィールドに欠損値がないかを確認します
2. データリーケージの探知——とくに、「個々の変数で予測力が異常に高まっているもの」と「欠損値がもたらす後(あと)知恵情報がないか」を調べます
3. 欠損値と予測変数の構造の把握——これにより分析・修正作業の効率を大幅に改善します
4. 手作業によるものと機械学習を活用するものの2種類の異常検知法の実行
5. 保護されている属性（たとえば「火星人」など）に対するバイアスの種(たね)の調査
6. データの可視化——データをもう一度見直して異常の兆候を突き止める最後のチャンスです

以上をこなせば、手元のデータを熟知でき、モデリングで支障となり得る問題点の数々を把握できるはずです。こうなれば、モデルデザインのごく根本的な問題のひとつ、すなわち「どのモデリング手法を選ぶか」、とくに「機械学習の手法を使うのか、それとも、より手作業にウェイトを置くのか」について、十分な情報を得た上での意思決定(インフォームド・ディシジョン)が可能になります。それが次の章のテーマです。

20章
機械学習を採用するべき時

まずはコンピュータが、やがてインターネットが登場して、世界は根底から変わってしまいました。同様に機械学習の登場により突如としてほぼすべての分野にアナリティクス（データの中に意味あるパターンを見出し、解釈し、伝達する技術）を応用できる世の中になりました。これだけ急激な変化が起きると、私たち人間は自然と興奮状態に、いや熱狂状態にさえ陥ってしまう傾向があるので、時には一歩下がって深呼吸をし、大局的な見地に立って全体像を眺める必要があります。

20.1　ナイロンと木綿

私が1995年にドイツのギーセン大学でマーケティングの講義を受けた時、担当教授が使った図は、1960年代に作成され、さまざまな種類の繊維を例に取って製品のライフサイクルを示したものでした。

その図で、木綿は晩年の「衰退期」にありましたが、ナイロンは急速な「成長期」にさしかかったところでした。読者の皆さんは教授とは違って（教授はもう20～30年前にはこの地球を去り、今では空のはるかかなたで火星人の調査をしているでしょう）、この過熱したナイロンブームが短命に終わったことに気づかれたと思います。木綿は早くも1970年代に人気を回復し、ナイロンはもはや（パラシュートや冬の防寒着など）長所が欠点に勝る一部の製品にしか使われていません。

20.2　機械学習はナイロンと同じ運命をたどる？

昨今の機械学習ブームも、こうしたナイロンのたどった運命を念頭に置いて見守るべきなのです。機械学習の長所についてはこのすぐあとで述べますし、「機械学習が今後ますます普及し、ストッキングや冬用ジャケットなど限られた製品にしか使われなくなってしまったナイロンに比べればはるかに広範な用途に使われるであろうこと」は私も確信しています。

しかし機械学習——それもとくにニューラルネットワーク——が、人間の脳の「無意識」の部分の仕組みを模したものである点を忘れてはなりません。脳の無意識の部分といえば脳の動物的な部分であり、これはライオンが獲物を狩る際に使い、優秀な番犬が使っているのと同じ、超高速で無造作に決定を下すパターンベースの「意思決定(ディシジョン)エンジン」にほかなりません（番犬は煎じ詰めれば大きな吠え声をもつかわいい異常検知マシンなのです）。

ただしマザーネイチャー（母なる自然）は、人間を設計する際には技術の底上げを図り、私たちが「論理的思考」と呼んでいる、まったく新しい機能を加えました。おかげで人間のエネルギーの消費量は一挙に25%も増えてしまったわけですが、それを補って余りある利点が生じました。パフォーマンスの向上です（私たちが今、「知性」と呼んでいるものを、人間は与えられたのです）。ですから現時点での人工知能は、「博士号を有するデータサイエンティスト」を模したものというよりは、むしろ「知性を備えた小犬」として設計されたもの、と言うべきでしょう。もちろん家庭で犬を飼うことのメリットは私も大いに認めますが、アルゴリズムの開発という点では、「(機械学習より) 職人ワザに頼るほうが良い結果が出る場合が多い」と今なお固く信じています。

さて、機械学習ならではの主たるウリは「速くて安い」です。データマイニングのウリは、私に言わせればファストフードのそれと変わらないのです。「ミシュランガイドの三ツ星レストランの料理よりファストフードのほうがうまい」と言う人はまずいないでしょうし、そもそも「夕食にどこで何を食べるか」は大抵は食事に当てられる時間と懐具合とによって決まります。同様に、機械学習を導入するのも、職人ワザに頼っている時間的余裕がない時や、必要なスキルがない時（画像など、データのタイプによっては、スキルのない状況も珍しくはありません）なのだと思います。

一方「職人ワザ」はデータサイエンスの世界ではあまり耳にしない表現ですが、街一番のアイスクリームが「職人ワザが生んだ」といった謳い文句で宣伝されていること（「機械が生んだ、街一番のアイスクリーム」とは絶対言わないこと）に気づいてからというもの、私はこう考えるようになりました——「職人ワザ」というコンセプトは、熟達したデータサイエンティストが手元のデータを終始慎重に調べ、データに発見した制約や「穴」を迂回すべくアプローチを修正し、有害なバイアスを巧みに抑制することによって生み出す価値を見事に捉えた表現だ、と。

とはいえ、皆さんは「(職人ワザで生み出した予測モデルより) 機械学習を使うモデルのほうが予測能力がはるかに高い」という説も耳にしたことがあるのではないでしょうか。これは私見ですが、機械学習を使うモデルに「職人ワザ」を使うモデルが挑戦する構図のコンテストで、前者の予測能力のほうが高いという結果が出がちなのは、実は「挑戦者」たる「職人ワザ」の予測モデルを構築するデータサイエンティストに十分な準備時間が与えられていない、ということで説明がつくと思います。「ビッグデータ」を扱う場合なら1年間といった猶予を与えられることもないわけではありませんが、わずか1週間や2週間で完成させろと言われるケースもままあるようです (ベンチマークに基づく評価の「力比べ」では、とくに短い準備期間しか与えられないことが多いのです)。しかも、こうしたコンテストで「抜きん出た予測能力」を披露した機械学習モデルにバイアスがあったとしても、それが明らかになることはまずありません。

その好例を紹介しましょう。かつて私が主催したハッカソンでは、世界各国から参加したチームに信用スコア（個人のクレジットカードの返済履歴に基づき、その人の財政面の信用度を数値化したもの）を算出するアルゴリズムを構築してもらいました。学習用データを使った対戦では、1位になったアルゴリズム（機械学習を活用したもの）が、(主たる目的は「堅牢性」だと宣言していたチームが) ロジスティック回帰を使って構築したアルゴリズムのほぼ2倍のパフォーマンスを見せたのですが、「アウトオブタイム検証」ではジニ係数がなんとわずか2という惨憺たる結果に終わりました。しかもよく調べてみると、この機械学習モデルは、米国では違法な慣行とされている「特定警戒地区指定（人種構成などで特定地域を他地域と区別し、その地域の住人への融資を禁止する、金融機関等による投資差別)」をしていることが判明したのです。

いや、それどころか、この手のコンテストで優勝するアルゴリズムには、機械学習の最良の「奥の手」の数々が用いられています。ちょうど、グルメ料理がしばしば炙(あぶ)り用のトーチバーナーや挽き肉マシン、真空ポンプなど、ハイテクな調理機器を駆使して作られているのと同じです。

20.3 職人ワザか機械学習か

機械学習の技術的詳細については次の章で説明するとして、この章では、モデリング上の特定の問題を機械学習を活用して支障なく解決できるのか、それともアルゴリズミックバイアスを抑制するためにより職人ワザに重点を置いたアプローチを採用するべきなのかという、根本的な判断について論じたいと思います。

（データサイエンティストが開発上のあらゆる意思決定において、経営判断と、状況（コンテクスト）に関する自身の知見とを拠り所にし、人間による従来型の作業を主体にして進めるモデル開発手法である）「職人ワザに頼る手法」と「機械学習を活用する手法」とを天秤にかける時には、「12章 アルゴリズムを使うべきか否か」で紹介した「代償（コスト）と利点を判断材料にする枠組み」が使えます（12章では、アルゴリズムによる意思決定を採用するか、人間による判断のほうがよいかを見極めるための枠組みとして紹介しました）。「職人ワザに頼る手法」では人件費と納入までの日数がかなり多くなり、「機械学習を活用する手法」ではアルゴリズミックバイアスが生じて財務面でも非財務面でも有害な影響が及びかねない、というかなり大きなビジネスリスクを背負い込む形になります。

このアルゴリズミックバイアスによるビジネスリスクを定量化しようとする際には、次の3つの要件を満たす必要があります。

- まずはどういうバイアスがありそうなのかを突き止めなければなりません。そのために行うのが、「19章 データのX線検査」で紹介したデータの系統的な調査です
- 「職人ワザに頼る手法」を採用する場合は、担当のデータサイエンティストが具体的にどのようなバイアス対策をとるべきかを見定めなければなりませんが、このプロセスは、機械学習を活用する自動化された高速の手法では省けます。この点で両者を天秤にかける際は「18章 モデル開発におけるバイアスの回避法」を参照してください（モデリング上の特定の問題に機械学習を用いることで生じてしまうアルゴリズミックバイアスも紹介しています）
- 最後に、アルゴリズミックバイアスが生じることで発生し得る損失の深刻度を評価する必要があります。これについては「13章 アルゴリズミックバイアスのリスクの評価」を参照してください

私が見聞きしてきた限り、実際の現場では、とくに次のような場合に機械学習の活用が支持されるようです。

- **スピードを最優先するべき時**——データサイエンティストがアルゴリズムを完成した時点ですでにそのアルゴリズムが「時代遅れ」なものとなっていたら、

選択肢は「機械学習に頼る」か「アルゴリズムは使わない」になるでしょう。このカテゴリーの好例としてあげられるのが、クレジットカード取引をめぐる詐欺行為やサイバー犯罪から企業やユーザーを守るためのアルゴリズムです

- **知見が乏しい時**——データサイエンティストも組織の他の人々も背景に関する知見を欠いていて「機械学習を活用する手法」より「職人ワザに頼る手法」のほうが有利であることを論理的に説明、主張できない場合、選択肢は「機械学習を用いる」か「アルゴリズムは使わない」になるでしょう（「12章 アルゴリズムを使うべきか否か」を参照）。このうち「機械学習を用いる」の例としてあげられるのが「ごく最近アルゴリズムを使い始めたためデータサイエンスの専門知識がほとんどなく、決定問題に機械学習を自動的に応用するソフトウェアに頼っている組織」ですが、このような組織の人々はこの先もずっとこうした状態でよいのか自問する必要はあるでしょう
- **経済的効果が見込めない時**——入念な「職人ワザに頼る手法」を採用してそのビジネス上の問題を解決したとしても割に合わないという場合、やはり選択肢は「機械学習を用いる」か「アルゴリズムは使わない」になるでしょう

逆に機械学習を使うと深刻な経済的不都合が生じてしまう場合は「職人ワザに頼る手法」を選ばざるを得ませんが、もしも豊富な知見と十二分な時間と潤沢な資金が得られてすばらしいアルゴリズムが構築できそうであれば、これは格別に魅力的な選択肢となるはずです。

規模がきわめて大きなデータや、処理の難しいデータ——たとえば、体系化されていないデータ（複数のチャネルに関わるテキストメッセージなど）や、複雑な時系列データ（体系化されていない可能性のある大量のメタデータが付帯する業務処理など）、音声と画像のデータなど——に関わるモデリング上の問題は、月並みなアプローチでは解決不能なモデリング上の難問を生む恐れがあります。ちょうど人間の脳が、視覚や言語、恋愛などに関わるタスクを処理するために無意識に棲む「小犬」に頼るようなものです。まさにこのような状況でこそ、「職人ワザを駆使するデータサイエンス」と「機械学習」が相互に補完し合い真のチームワークを発揮するべきなのです。素晴らしい「無意識」のパワーをもつ紳士が、感情にまかせて思ったままを口に出してしまわないよう「慎み」を覚えてもらうようにするのです（この二者のコラボレーションが次の章のテーマです）。

20.4　まとめ

この章では「機械学習を活用する手法」と「職人ワザに頼る手法」の、アルゴリズミックバイアスへの対応能力を対比し、それぞれの手法がもっとも威力を発揮する状況や場面を紹介しました。骨子は次のとおりです。

- 私たちが機械学習を使うことにもっとも不安を抱くのは、自分たちのアルゴリズムに、重大なビジネスリスクをもたらし、しかも「職人ワザに頼る手法」でしか対処できないバイアスが生じる傾向があることを示す証拠が見つかった時です
- その一方で、「職人ワザに頼る手法」を採用する余裕がない場合もあります。たとえば、スピードを最優先しなければならない時、組織内でバイアス対策についての知見が乏しい（あるいはまったくない）時、「職人ワザに頼る手法」を採用する根拠となる十分な経済的効果が見込めない時です
- 「機械学習を活用する手法」も「職人ワザに頼る手法」も実行不可能である時は、「アルゴリズムをまったく使わない」というのが最良の選択肢かもしれません
- その他の状況では――とくに規模が非常に大きなデータや複雑なデータを扱う時には――「機械学習を活用する手法」と「職人ワザに頼る手法」を併用する「ハイブリッドなアプローチ」を模索する必要があります

次の章ではこの「ハイブリッドなアプローチ」について解説します。

21章
機械学習を従来の手法に組み込むコツ

「ケーキは食べたらなくなってしまう（You can't have your cake and eat it too.）」という英語のことわざがあります。しかし私は「ケーキをとっておく」と「ケーキを食べる」のどちらを選ぶかと訊かれれば、決まって両立の道を探ります。そして機械学習の分野で、その両立の道を見つけました！

前の章では機械学習についてずいぶん否定的なことを書いたので、読者の中には驚きを、いや怒りさえ覚えた人がいるかもしれません。しかしあんな風に書いたのは機械学習に対する敬意や賞賛の念を欠いているからではなく、ただもう皆さんに機械学習の限界をしっかり見据えてほしかったからです。アルゴリズミックバイアスのリスク管理に十分熟達していないデータサイエンティストに機械学習ツールを与えるのは、新米ドライバーにポルシェをあてがうのに等しい危険な行為です。しかしすでにこの本で自信過剰バイアスについて学んだ皆さんなら、「著者はどんな読者の耳にも届くよう声を限りに警告を発せざるを得ないのだ」と理解してくださることでしょう。

さて、機械学習が私たちにすごいパワーを与えてくれるというのは事実です。そして最高のアルゴリズムは、しばしば世界一流のモデル——手堅く用心深いデータサイエンティストが機械学習の手法の数々を日々の作業の中で単なるツールとして活用し、磨き上げた職人ワザを駆使して入念に作り上げたモデル——の中に息づいているものです。この章では、そんな「職人ワザ型モデル」のデザインに機械学習の手法を組み込むテクニックを4つ紹介します。いずれも、データサイエンティストがアルゴリズミックバイアスを予防するために行うさまざまな監視を可能にしてくれるものです。

1. 特徴量（フィーチャー）レベルの機械学習
2. 機械学習を活用したセグメンテーション
3. 機械学習でシフト効果を利用する手法
4. 機械学習により担当者のセカンドオピニオンを引き出す手法

以下で、この4つの手法をひとつひとつ説明していきます。

21.1　特徴量レベルの機械学習

機械学習は粒度が非常に細かいデータ（つまり「ビッグデータ」）の処理にかけては抜きん出た能力を発揮します。たとえばひとりの患者の連続血糖測定システムによる測定値や、ローン申請者のクレジットカードやデビットカードの「トランザクション」などが、大量に処理されるような状況がこれに当たります。逆に、機械学習ならではの弱点もあります。たとえば、カテゴリー変数のカテゴリーが非常に稀（まれ）なものであったり、データに後（あと）知恵バイアスがあったりすると、過学習（オーバーフィッティング）に陥る（つまり不安定になる）傾向などです。こうした問題を避けるために、機械学習が一番上手に扱えるデータソースに対象を絞って得た特徴量だけを使えばよいのではないかと思うかもしれません。

そうした特定のデータ入力を使い機械学習にスタンドアロンで予測をさせると、複雑な（そしてうまくすれば）非常に予測能力の高い特徴量が得られますから、これを「職人ワザ型のアルゴリズム」に慎重に埋め込むわけです。つまり、アルゴリズムをバイアスから守るための修正や制限なら、いくらでも加えられる、ということです。いや、それどころか、この手法は連合学習（フェデレーテッドラーニング）の可能性を開くものでもあります。フェデレーテッドラーニングとは、データを1箇所にまとめてデータサイエンティストが精査する手法とは異なり、（一般ユーザーの携帯電話やIoT冷蔵庫など）端末ごとに利用履歴を使ってスタンドアロンのアルゴリズムを予測させ、その結果だけを中央サーバーへ送らせ、集まってきたアルゴリズムを活用して修正と改良版の再配布とを重ねる、という手法です。特徴量を限定する方法は、採用するアプローチの複雑度によって異なります。「遺伝的アルゴリズム」というアプローチでは、ありとあらゆる種類の変数変換を生成してテストし、最適な変換を返します。返される変換は大抵、それが理にかなったものかどうか、また、バイアスの観点から見て安全かどうかをその分野の専門家が判定するのに十分な透明性を備えています。

その他のアプローチでは特徴量をブラックボックス化します。たとえば支店の営業社員の採用プロセスで、ビデオチャットによる面接を利用する事例について考えてみましょう。機械学習を使った動画解析なら、応募者が微笑んだ時間が面接時間全体に占める割合を測定できるはずです。これは将来、顧客との間に信頼関係を築く能力を測る指標として使えそうです。とくに、作り笑いを本物の笑顔と区別できるアルゴリズムでは有用でしょう（作り笑いでは表情筋のうち随意筋だけしか使いませんが、本物の笑顔は随意筋と不随意筋の両方を使わなければ生まれず、不随意筋は顧客の気持ちに寄り添わなければ動いてくれません）。ブラックボックス型のアプローチではアルゴリズムそのものを精査できないので、この特徴量でアルゴリズミックバイアスが作用するかどうかは「19章 データのX線検査」で紹介した種類の分析を行って判断するほかありません。

ここでは仮にバックテスト（過去データを入力し、仮説やシナリオの成否を検証する手法）で「このアルゴリズムは火星人より宇宙人グレイにはるかに有利な結果を出す」ということが判明したとしましょう。火星人が微笑んでいたにもかかわらず、それを検知し損なった時間の合計が、微笑んでいた時間の総計のほぼ1/2にも達しているため、火星人の「親しみやすさ」のスコアが一貫して低く見積もられているわけです。

この問題に気づいたデータサイエンティストがいました。（微笑む傾向と人種との間に相関関係があることに気づいたことなどがきっかけで）微笑に関与するこの複雑な特徴量を分析してみたおかげで気づいたのです。結局このデータサイエンティストは元の微笑みの特徴量（微笑んだ時間が面接時間全体に占める割合を計測する特徴量）をランク変数に変換することで、この問題を解決しました。これでどうして特定の人種に対するバイアスが排除できるのでしょうか。同じひとつの人種の中だけでランクを計算すれば、「微笑み上手の上位20%」は、火星人の部なら「火星人の微笑み上手の上位20%」、グレイの部なら「グレイの微笑み上手の上位20%」になるからです。機械学習を使ったあなたのアルゴリズムがいくら「火星人の微笑み上手ナンバー1は、グレイの微笑み上手ナンバー1の半分も微笑めていない」と力説しようと関係ありません。

しかも、日常業務で突発的な問題（たとえば、モデルの監視で、機械学習を使って微笑みの特徴量を算出するあなたのアルゴリズムには、最新流行のカラーである「夕暮れ時の砂漠色」の服を着た人を優遇する強いバイアスがある、との結果が出た、といった問題）が生じても、アルゴリズム全体を停止させることなく、この特徴量だけを「スイッチ・オフ」にするという一時しのぎの解決策があります（すべてが単一のブラックボックスに織り込まれているモデルの場合、事ははるかに難しくなりますが)。

21.2 機械学習を活用したセグメンテーション

「職人ワザ型アルゴリズム」を凌ぐパフォーマンスを「機械学習を使ったアルゴリズム」にもたらす第2の要因は「別の予測変数セットを必要とするサブセグメントを突き止める能力」です。ロジスティック回帰を使って構築したアルゴリズムなど、「職人ワザ型アルゴリズム」は、すべての対象に同じ予測変数セットを使うため、まるで違うアプローチ（したがって別個のモデル）を必要とするサブセグメントがあることにデータサイエンティストが気づきにくい傾向があるのです。

そこで「職人ワザ」と「機械学習」の2つの世界の「いいとこ取り」を図りたいわけですが、まずは「職人ワザ型モデル」と、その挑戦者たる「機械学習モデル」の両方を構築します。完成したら、どちらのモデルでも手元のサンプルの各観測値の推定誤差を算出し、その差を見ます。差が正であれば「機械学習モデル」のほうが、負であれば「職人ワザ型モデル」のほうが、その観測値に関しては優れたパフォーマンスを示したことになります。

これが完了すれば、この誤差の差を予測するため、主成分分析（PCA）で選り抜いた予測変数だけを使って、CHAIDによる決定木分析を行えます（PCAによる予測変数の絞り込みについては「19.3 第3の検査——データの構造を把握するための2つの分析法」を参照してください)。そして正の差が最大になっている終端ノード（すなわち「職人ワザ型モデル」と「機械学習モデル」の平均誤差の差が最大になっている箇所）を見つけ、そうしたサブセグメントを定義する変数と境界を突き止めます。そのサブセグメントは事業上、意味をもつものでしょうか。それとも何か別のものの代理でしょうか（場合によっては、このモデルの構築に使ったデータセットに含まれていなかった変数が定義するセグメントのプロキシであるかもしれません)。

この分析で浮き彫りとなるものの典型例としては「給与所得者が顧客の大半を占めるサンプル『クレジットカードによる小口融資』に含まれている自営の顧客」や「信用調査機関の情報が欠落している、かなり大きなセグメント」があげられます。

ここでも、いつものように結果を現場に持ち込んで担当者と話し合うと、貴重な洞察が得られることがあります。事業上の洞察に基づくセグメントの「正しい」定義が何であるかが、CHAIDによる決定木分析だけでは大まかにしかわからないこともあるのです。

要注意なのは、時にこのセグメンテーションで外界のバイアスを反映してしまうことがある点です。たとえば、火星人に対する差別が激しく、火星人というだけで大学への入学を拒否されるような環境では、入学申請者の大学教育の詳細に関わる特徴量がどれもグレイに有利に働いてしまうため、CHAIDによる決定木分析で、火星人専用のモデルを構築したほうがよいという結果が出たりします。このように非常に判断の難しいトレードオフ状態に陥ってしまうこともあるものの、このハイブリッドなアプローチの最大の強みは「運転席に座ってハンドルを握り、データに見出したパターンをどう扱うべきかを決めるのは、職人肌のデータサイエンティストであるあなた自身だ」という点です。

根本的に異なるモデルが必要なセグメントがひとつか2つ見つかったら、あとはそれぞれに専用の「職人ワザ型アルゴリズム」を構築するだけです。これでウソのような効果が得られます。私自身、この手法で、機械学習を使ったベンチマーキングモデルと同等どころかそれを上回る予測能力をほぼ常に実現できています。たとえばバイナリのアウトカムで、ジニ係数にしてわずか1ポイントないし2ポイントのパフォーマンス差を実現するだけでも（用途によっては）多額の利益を生むことができます。たとえば年間5億ドルの損失を出している信用ポートフォリオで、アウトカムをジニ係数で2ポイントか3ポイント改善するだけで、「左うちわ」の暮らしができる報酬を受け取れるほどの成果が上がるのです。

21.3 シフト効果を利用する手法

複数の属性が組み合わさることで初めて何らかの意味が生まれる――これは相互作用です。こうした作用が働いているケースを「職人ワザに頼る手法」では見逃しがちなのですが、機械学習を使えば突き止めることができます。たとえば、レコードに記載されている顧客の性別は女性なのに、自動音声応答システム（保険などの契約者が契約内容照会に回答する手段）に答えている（録音された）音声を聞くと男性のように聞こえるという時、「なりすまし」が大いに疑われます。こんな場合に備えて詐欺の予測確率を高めるシグナルがあります。完璧な「職人ワザ型モデル」なら、このシグナルをきちんと捉えられるのですが、質の劣るモデルでは母集団の他のケースと同じ予測変数セットを使い続ける恐れがあります。ここで詐欺対策モデルを男女別に作るなど、サブセグメントを作ってしまうと、余計な複雑性が生じてしまいます（サブセグメントを作る労力もかかります)。代わりに、「職人ワザ型モデル」に変数を追加するだけの「シフト効果を利用する手法」を使えばよいのです。

一番簡単な（しかも大抵はこれだけで事足りる）手法が、希望するシフト効果ひとつにつき、バイナリの指標（ダミー変数）をひとつ加える、というものです。記載されている性別が「女性」のレコードにおいて、録音されている音声が男性のものなら1、そうでなければ0になる新たな変数を導入することで、モデルに「継ぎ当て」をするわけです。もっと複雑な調整法もあります。たとえば、顧客の性別と声の「男性度」のスコアの相互作用を活用する、といったものです（声で性別が断定できない場合は警告シグナルを低めに調整します）。

特定するのは大変に難しいものの、大抵は非常に強力な効果が得られる機会が転がっているのが、独立変数を状況に応じた基準（ベンチマーク）で割って正規化する時です。これは私自身の例ですが、ある新興国市場で小規模事業者の収益を予測するモデルを構築した際、クレジットカードのレシートや電気の消費量、オフィスの床面積などの予測変数を使いました。しかしこのモデルには、「床面積1平方メートル当たりの売上高が飛び抜けて多い業種が一部にある」「地方ではクレジットカードが都市部ほど頻繁に使われない」などの事象に起因するバイアスが2つ3つありました。そこで「地方の薬局 vs. 都市部の薬局」のように同一業種内で並立する要素間の中間値を使って予測変数を正規化したところ、はるかに強力（で公平）なモデルに修正できました。

すぐ前の「機械学習を活用したセグメンテーション」の手法を組み込んだ場合と同様に、シフト効果を利用するこの手法を組み込んだハイブリッドなモデルも、機械学習を使ったベンチマーキングモデルに勝るパフォーマンスを示します。さらに、両者（機械学習を活用したセグメンテーションを利用する手法とシフト効果を利用する手法）を併用することももちろん可能で、純粋に機械学習だけを使うモデルよりも優れたパフォーマンスを示します。

21.4　担当者のセカンドオピニオンを引き出す手法

「職人ワザ型モデル」と「機械学習モデル」のエラーを1件1件比較してみると、往々にして「『機械学習モデル』が予測能力の点で『職人ワザ型モデル』を上回る件数と下回る件数は大抵ほぼ同じ」という状況が明らかになります。

この状況から導き出せる妥当な結論は「2種類のモデルの予測が一致しないケースは何らかの形で例外的であり、このようなケースについては担当者の専門的な知見が物を言う」というものです。こうした「（担当者が自身の）セカンドオピニオンに基づいて判断を下す手法」では、「機械学習モデル」を「職人ワザ型モデル」と併用し、両者の見解が大きく異なるケースに「担当者による検討が必要であることを示すフラグ」を付けます。多くの場合、そのフラグを付ける際のルールを設定しておくと、

「担当者による検討」の精度は大幅に向上します（たとえば、例外となりそうなケースの属性にフラグを付けておく、など。担当者が入力データの一部を調整するだけで、2つのモデルの見解の相違を解消できる場合が少なくないのです）。また、特定の追加情報は担当者自身が手作業で収集するなど、担当者による検討の枠組みを（さらには具体的な工程まで）策定しておくことも効果的です。さらに言えば、私自身は多くの場合、本格的な「定性的スコアカード」を別個に作成するという手法を用いてきました。これは、担当者が一貫して追加のデータポイントを10件から25件ほど収集するだけでなく、担当者の先入観や独断が生むバイアス（私が日頃から「心理的ガードレール」と呼んでいるバイアス）を積極的に排除するためのものです。

厳密に言うと、「2種類のモデルの予測結果を比較し、一部のケースに担当者の検討を促すフラグを付ける」というのはモデリングの手法ではありません。しかし私は上記の定性的スコアカードの作成を「作業リスト」に組み込むことで、データサイエンティストの究極の目標は「決定問題の最適化」だという信念を再確認したいのです。理想的な構造（アーキテクチャ）の意思決定プロセスなら、統計的アルゴリズムの範囲外にあるステップが組み込まれていてもおかしくはありません。こうした可能性を事業主に紹介、説明し、この手法を推奨することで多大な価値を生み出せる特別な立場にあるのが、往々にしてデータサイエンティストなのです。

21.5 まとめ

この章では、データサイエンティストが従来どおり「職人ワザ型モデル」を使用してモデルにバイアスが生じるのを予防しつつ、機械学習の手法も併用してデータから貴重な洞察を得ることにより、「職人ワザ」と「機械学習」の2つの世界の「いいとこ取り」ができることを紹介しました。骨子は次のとおりです。

- データがあまりにも複雑で規模もあまりにも大きく、巨大なブラックボックス型のモデルを構築するよりは機械学習に頼ったほうが得策、という場合もあります。このような時は「機械学習を利用して複雑な特徴量のセットをひとつ作成する」という選択肢を考えるとよいかもしれません（通常、特徴量ひとつにつき、特定のデータソースまたはデータフィールド・セットをひとつだけ使って、事業上の意味を厳密に定義します）

- 機械学習を使ったベンチマーキングモデルのパフォーマンスが「職人ワザ型モデル」のそれに勝る時、CHAIDによる決定木分析を行えば、パフォーマンスの向上に貢献したケースの種類を把握できます
- 機械学習を使ったベンチマーキングモデルのパフォーマンスが「職人ワザ型モデル」のそれに勝り、「職人ワザ型モデル」ではうまく処理できない特定のサブセグメントがその要因であることが判明した場合は、そうしたサブセグメントのためにそれぞれ別個のモデルを構築するという選択肢を考えるとよいかもしれません。大抵はそうしたサブセグメントのひとつか2つに問題が集中しているものです
- 対照的に、相互作用が原因でパフォーマンスに差が出たのであれば、既存の「職人ワザ型モデル」に（ダミー変数など）追加の変数を組み込めば、その相互作用を捉えることができます
- 以上のようにして機械学習の手法で強化した「職人ワザ型モデル」は、大抵は機械学習を使ったベンチマーキングモデルより優れたパフォーマンスを示します
- しかし、職人ワザの手法でもバイアスを排除できなかった場合や、機械学習を使ったベンチマーキングモデルで入手した知見を（この章で紹介した）各種手法で再現できなかった場合は、意思決定プロセスのアーキテクチャ全体を再検討するという選択肢も考えてみるべきでしょう。「機械学習モデル」と「職人ワザ型モデル」を併用し、両者の見解が大きく異なるケースを担当者が検討するという手法がベストなのかもしれません

この章の冒頭で「ケーキは食べたらなくなってしまう」ということわざを引用し、でも私は「ケーキをとっておく」と「ケーキを食べる」のどちらを選ぶかと訊かれれば必ず両立の道を探る、と書きました。とはいえ「ただの昼食なんてものはない（ただより高いものはない）」ということわざもまた真なりで、奇跡のケーキも「ただ」ではすみません。この章で紹介した「ハイブリッドなアプローチ」も基本的には手作業なので、時間を食います。とはいえモデルを手作業で調整している暇などないという状況もあり、その最たるものが「機械学習を使った自己改良型のアルゴリズム」です。データサイエンティストが「職人ワザ型モデル」の更新を完了する前に、「機械学習を使った自己改良型のアルゴリズム」がそのモデルをすでに数回は更新してしまうため、データサイエンティストが「職人ワザ型モデル」の更新を完了する前に、その作業内容が早くも「旧式」になってしまうのです。

そこで次の章では、「機械学習を使った自己改良型のアルゴリズム」にバイアスが生じるのを防ぐ最良の方法を紹介します。

22章 自己改良型モデルにおけるバイアスの予防法

機械学習の大きな利点のひとつに「人間の一切の介在なしでモデル自身が自らを構築、更新できるため、構造的変化への極力迅速な対応が可能なこと」があります。ただ、自己改良型アルゴリズム（self-improving algorithms）を必要とする状況そのもの（たとえばアルゴリズムの運用環境の急激な変化など）が、そのアルゴリズムに悪影響を与えるバイアスの発生リスクを高める要因ともなり得ます。ソーシャルメディアで、当初は小規模であったバイアスを時の経過とともに増幅させるフィードバックループが生じてしまうとか（これは「11章 ソーシャルメディアとアルゴリズミックバイアス」で紹介した事例です）、新しいデータのせいで、保護対象のクラスに対するバイアスが生じてしまうといった事態が起きるのです。

そこでこの章では、自己改良型の機械学習モデルでアルゴリズミックバイアスを予防する具体的な手法を紹介します。ただしどの手法についても、適用可能性も有効性も状況に強く依存するため、「万能薬」的なソリューションではなく、カスタマイズされたモデルデザインに有用な手がかりを提示するつもりです。

自己改良型の機械学習モデルを安全に運用するためには、次の3つの側面で特別な配慮が必要です。

- モデル開発
- 「非常ブレーキ」――重大なバイアスが生じていることを警告する信号が灯った場合、モデルの更新バージョンが本番稼働してしまうのを防ぎます
- 監視（モニタリング）――本番稼働させてからの自己改良型モデルの入力、特性、出力の、担当者自身による定期点検が必要です（このプロセスは、バイアスの生じているモデルが本番稼働してしまうのを防ぐ回避策とはなりませんが、問題を迅速に察知することで損失を被る可能性を抑制する効果があります）

そして最後に、自己改良型モデルの中でも改善速度が最速のバージョンである**リアルタイムの**機械学習をどう扱うべきかについても触れておきます。

22.1 モデル開発時の留意点

モデルの開発時にとくに注意すべきなのは、「ステップ1 モデルのデザイン」と「ステップ2 データエンジニアリング」、それに「ステップ4 モデルの検証」の段階です。

「ステップ1 モデルのデザイン」の留意点

まずモデルのデザインの段階では、自己改良型機械学習を「箱に入れること(boxing)」で、バイアスのリスクを抑制できます。事例を2つ紹介しましょう。

- 火星人用とグレイ用にそれぞれ「個別のモデル」を構築すれば、自己改良型アルゴリズムはそれぞれのグループ内でのランク付けに専念して、しかるべき結果を出すことができますし、全体の意思決定（ディシジョン）エンジンに特定のグループに対するバイアスが生じることも防げます
- 職人ワザを駆使して入念に作り上げた安定性の高いモデルでなら、自己改良型の機械学習アルゴリズムを単なる「特徴量」にすることも可能です。たとえば履歴書のスクリーニングを担うアルゴリズムは、応募者の「専門知識」「目標達成能力」「統率力」などのレベルを、それぞれ別個の自己改良型機械学習アルゴリズムで採点する、職人ワザ型のロジスティック回帰であってもかまわないわけです

「ステップ2 データエンジニアリング」の留意点

次にデータエンジニアリングのステップでは、「18章 モデル開発におけるバイアスの回避法」で紹介したベストプラクティスを漏れなく自己改良型アルゴリズムのメカニクスに盛り込まなければなりません。とくに注意が必要な項目をあげます。

- アルゴリズムに新しいデータをフィードするためのスクリプトは、不要な記録（レコード）の除外（たとえば、わずかな「未払金」しか残っていない口座を債務不履行（デフォルト）扱いしている不要なレコードの除外など）や、必要なデータクリーニング（外れ値の処理など）を漏れなく行うものでなければなりません

- （そのアルゴリズムの過去のバージョンでの選択内容を反映している、バイアスのかかったフィードバックではなく）自動化プロセスによりアルゴリズムの正当性を調べ継続的に改良するためのテスト用に無作為抽出したデータだけを使用する、という選択肢も検討してみてください
- モデルの更新に用いるデータの採取期間を決める時には、「事象や特徴量の発生頻度に合わせて期間を調整する」という選択肢も一考に値します。たとえば、どの事象や特徴量についても一律に「インターネットを使用した直近7日間」を対象にするのではなく、（決断を下すまでにどれぐらいの数の選択肢を検討する傾向にあるか、その程度を計測する特徴量など）「7日間」の期間で十分すぎるほどのデータポイントが集められる特徴量もあれば、（特定のサイトや検索用語をリスク特性にマッピングする特徴量など）カテゴリー変数を扱うので発生頻度の低い値が多く、7日間のデータだけではマッピングしても統計的に確かな結論が下せないものがほとんどで、バイアスが発生する可能性も非常に高くなってしまうことから、データの採取期間を「1年間」にするべき特徴量もある、といった点を押さえておくべきです
- 未知の値は正しく同定しなければなりません。新しく登場した「新顔」のカテゴリーを誤って別物と解釈してしまうことが多いので油断禁物なのです。原因は「カテゴリーデータを危険指標やリスクバケットにマッピングするためのコードに『その他』が含まれていることが多いから」です。具体例を使って説明しましょう。飲食店がメニューに載せている項目を自動的に「ベジタリアン向け」と「一般向け」に分類するアルゴリズムがあるとします。このアルゴリズムは、まず鶏肉、牛肉、子牛肉、子羊肉（ラム）、鹿肉を含む項目に「肉」のラベルを付け、次に魚介類を示すキーワードを含む項目を検索してその結果に「魚介類」のラベルを付け、最後に残りすべてに「野菜」のラベルを付けるのですが、こうすると「15章 アルゴリズミックバイアスの検出方法」で紹介した「メニューに新たに加えることにしたモルモット料理」は、「じゃがいも」と同類の扱いを受けるハメになります。この場合の正しい分類とラベル付けの方法は「『不明』のカテゴリーを作る」でしょう。このほか、例外処理ルーティン（つまり人間の介入なしに自動的に決断が下されることのない処理ルーティン）へ回す、という選択肢もあり得ます
- 自動バイアス検知ルーティンをスクリプトに組み込むという選択肢にも一考の価値があるでしょう。これがあれば、データに新たなバイアスが生じた場合に警鐘（アラーム）を鳴らしてくれます（したがって自動更新を一時停止することも可能にな

ります）

「ステップ4 モデルの検証」の留意点

最後にモデルの検証の際の留意点を見ましょう。モデル評価のスクリプトには、とくに次の2つの安全策を取り入れることを推奨します。

- 「その自己改良型アルゴリズムが生成しテストできる特徴量の種類を限定する」という安全策。「口座番号のコサイン3乗」のように込み入った変換をそれこそ何千件も行うスクリプトもあるにはあるでしょうが、こんな難解な特徴量が初期モデルの開発の段階で現れたことが一度もなければ、後日その特徴量がそのモデルで突然現れることなどまずないでしょう。たとえ現れたとしても、深遠な「数秘術（西洋占星術や易学などと並ぶ占術のひとつ）」に飛躍的な進歩をもたらす洞察を生む可能性よりは、むしろデータの過学習を誘発して新たなバイアスを招き入れる可能性のほうが大きいのです
- 「最低でも、ホールドアウト法（学習済みモデルの精度を測定する手法）で検証した対象期間のサンプルと期間外の検証用サンプルを使い、さらに、バイアスの有無を調べるための特別な『検定用』サンプルケースと、予測の安定性を測定するための基準も加えようと思えば加えられる、完全自動検証ルーティンを作成する」という安全策。私自身はどうしているかというと、大抵は「何千ものモデル候補を生成し、それを『予測能力』や『事業への影響』でソートしたあと、すべてのテストにパスするモデルが見つかるまで順に検証していく」という手順を使っています。私はモデルの堅牢性には大変うるさいので、これまで一番初めに検証の対象にしたモデルがすべてのテストにパスしたことは稀（まれ）にしかありませんでしたが、最終的に選んだモデルのパフォーマンスがひどく劣っていた事例もほとんどありません

自己改良型の機械学習アルゴリズムに以上のような安全策を組み込む方法を考える際には、言うまでもなく、いつもの「予測能力を最大限に引き出して真の事業価値（ビジネスバリュー）に結びつけること」と「有害なバイアスのリスクを減じる堅牢性」とのトレードオフに直面するものです。この2つの「いいとこ取り」がしたければ、本番環境の自己改良型アルゴリズムを非常に制約のかかった状態で実行しつつ、ベンチマークの目的のためだけに「フリースタイルの自己改良型モデル」を並行して実行します。そして後者のモデルのパフォーマンスが顕著に上回っているケースを見つけたらアラートを表示

させるという方法があり得ます。

22.2　非常ブレーキ

この「非常ブレーキ」は、モデル評価の文脈で紹介した上記の「自動検証ルーティン」を補完するもので、モデルの入出力の連続的な流れに焦点を当てます。

そんな「非常ブレーキ」を設計する際、とくに注意を要する決定事項が2つあります。それは「何をトリガーとするか」と「どんな意味合い（影響力）をもたせるか」です。

「自己改良型モデルを本番稼働させてからの担当者の手作業による確認で懸念材料となるもの」のうち、どれを「非常ブレーキのトリガー」とするか、その線引きは主観的判断によるものであり、リスク選好度（risk appetite）と実施上の配慮点に左右されます。とはいえ測定基準（メトリクス）はトリガーに関する客観的な基準に見合ったものでなければなりませんし、誤警報の鳴る頻度は許容範囲内になければなりません。

この「安全性を担保すること」と「誤警報の頻度を管理可能な範囲内で抑制すること」の2つの要件のトレードオフで最適な妥当点を見つけるには試行錯誤がいくらか必要でしょう。モデルの更新が行われると、ほぼ毎回と言えるほどの高頻度で非常ブレーキがかかり担当者の確認を要求される、という状況では、もはや自己改良型アルゴリズムとは呼べません。そこでお勧めするのが、非常ブレーキのほどよい効き目を3段階で見極める次の手法です。

1. 実装後の監視（モニタリング）に使いたいと考えているメトリクスを漏れなく集めたリストを作り（詳細は次の「モデルの監視」の節を参照）、そのメトリクスひとつひとつについて自分のリスク選好度（どの程度の変化やパフォーマンスの低下なら許容できるか）を定義します
2. 上記メトリクス群のバックテスト（過去データを入力し、仮説やシナリオの成否を検証する手法）として、対象の自己改良型アルゴリズムに過去データを入力してシミュレーションを実行し、それぞれのメトリクスで警鐘が鳴った頻度を調べます。誤警報の頻度が高すぎるメトリクスについては、非常ブレーキのトリガーポイントを変えるべきか、それともそのメトリクスそのものを除外するべきか、検討します
3. 対象の自己改良型アルゴリズムを本番稼働させ、引き続き各メトリクスの誤警報の頻度を追跡調査し、高すぎるものについては再検討します

また、非常ブレーキが作動したらどうするかも決めておかなければなりません。モデルが自己改良したバージョンを担当者が検討するまで、前のバージョンを維持するべきでしょうか、それともその意思決定プロセス自体を一時停止するべきでしょうか。答えは、「このモデルが対象とする環境で重大な構造変化が起きた場合」と「このモデルの最新の自己改良の過程で小さな問題が発生しただけの場合」とで異なります。どちらのケースであるかを、この自己改良型アルゴリズムに調べさせる方法があります。それは「まったく新しいデータを自身の前のバージョンに入力してテストする」というものです。これでも非常ブレーキが作動するのであれば、そもそもこの意思決定をアルゴリズムに任せること自体が賢明とは言えないと思われます。意思決定プロセスの自動化を一時棚上げにするべきでしょう。

「非常ブレーキ」の考え方は、自己改良型アルゴリズムの規制にも応用できそうです。現時点で米国では、機械学習を医療目的で活用しようとすると、食品医薬品局がアルゴリズムの更新版ひとつひとつを新規承認を要する新規の「機器」と見なし、おまけに承認を得るには2年間にも及ぶ手続きを経なければならない、という障壁に突き当たります。対照的に、法律で車検が義務付けられている国々ですでに用いられているトリガーベースの手法があります。トリガーを使って保安規定を遵守させるもので、車検に合格した車には公道を走る許可が下りますが、有効期間中に一定以上の規模の改造をするとそれが「トリガー」となって直ちに再車検を求められるのです（大きなバックミラーを取り付けた、あるいは私のこの本を宣伝するバンパーステッカーを貼り付けた、といった軽微な変更なら問題はありませんが）。この手法が自己改良型アルゴリズムの規制にも応用できそうだと私は思うのです。

22.3　モデルの監視

監視では、どの測定基準（メトリクス）を使うべきでしょうか。私が監視の対象として推奨しているのはモデルの4つの「フォワードルッキング（前向き）」な側面で、それは次のとおりです。

- 母集団のプロフィール
- モデルの出力（アウトカム）（予測）
- モデルの属性
- サンプル外検証のパフォーマンス

まず母集団のプロフィールは、ケースごとに重要な属性の分布を分析することで計測できます。重要な属性とは、カギとなるモデル入力や、ビジネスユーザーが積極的に追跡調査する他の2、3の属性などのことです（たとえば銀行では、たとえ与信スコアリングアルゴリズムにはるかに粒度の細かいデータを使うとしても、信用調査機関のサマリースコアに基づいてローン申請者の分布状況を追跡調査するのが普通です)。これは、対象の母集団に構造的な変化が生じた場合、それを突き止める上で有効な方法です。

このほか、「基盤の母集団（ベースポピュレーション）」（たとえば初期モデルの開発に使ったサンプル）をクラスターに分類し、そのすべてのクラスターの中心から大きく離れたケースが直近のサンプルにどの程度あるか、その割合を調べる、という分析法もあります。この割合が増加してきたケースが多ければ、この母集団に新たなセグメントまたはプロフィールが加わりつつある可能性があります。これこそがまさに自己改良型アルゴリズム向けの状況ではあるのですが、この新しいセグメントのアウトカムを予測するのに適した入力データがない場合もあり、担当者による検証が必要になるかもしれません。

担当者が検証を行う場合は、準拠集団（たとえば、対象の自己改良型アルゴリズムの最初のバージョンを開発時に、さまざまなパラメータや制約を決定する際に使ったサンプル）を「凍結させる」ことが大切です。「凍結」しないとアルゴリズムが「居眠り」をして不意を突かれるかもしれません（いや、不正に操作される恐れさえあります)。（詐欺行為の予防やサイバーセキュリティ対策といった文脈での）異常検知が主目的の場合はとくにそうです。ちょうど、ワクチンを注射するとそのウィルスに対する免疫が体内にできるのと同様に、今日の母集団を昨日の母集団と比較するアルゴリズムで、特定のタイプの「異常な」トランザクションがごく少数生じ、その後、日を追って徐々に増えていくと、そのアルゴリズムが警鐘を鳴らさない可能性があるのです。

次の**モデルの出力（アウトカム）**は「15章 アルゴリズミックバイアスの検出方法」で紹介した「フォワードルッキング・メトリクス」に関わるものです。支持率や平均予測所得額が突然逸れ始めた場合、予測モデルにバイアスが生じた公算が大きくなります。

モデルの属性は、やはり15章で紹介した説明可能なAI（XAI：explainable artificial intelligence）や、自己改良型アルゴリズムの監視に関わるものです。

サンプル外検証のパフォーマンスについて行う分析は2通りあります。

- アウトカムのラベルが入手可能な過去の検証サンプルを使ったバックワードルッキング・メトリクスによる分析（15章を参照）
- 対象のアルゴリズムの新バージョンと、それ以前の準拠とするバージョンの、モデルのアウトカムの分布を比較する分析

こうしたメトリクスによる測定結果を担当者が自ら検討する作業は、自動トリガーの閾値を補完するものです。母集団のプロフィールやモデルのアウトプットに重大な変化が生じると、それが非常ブレーキを作動させるトリガーとなることがあり、モデルの属性に重大な変化が生じたりサンプル外検証で深刻な問題が生じたりすると、それがモデル評価プロシージャを作動させるトリガーとなって、そのアルゴリズムを拒否することがあります。

これはつまり、上記のメトリクスでの測定結果を担当者自らが検討する作業で焦点を当てがちなのは、メトリクスによる測定結果が「黄信号」のゾーン（越えてはならない一線は越えず、警鐘だけを鳴らす範囲）にあるケースや、メトリクスの効果が薄れる**傾向**にあるケースだ、ということです。こうしたデータに基づいて担当者が真に警戒を要する動向を掘り起こしたり、対象の意思決定システムで採用している分析手法の効果が実世界の何らかの変化により徐々に薄れつつあることを察知したりすれば、現時点で下すべき意思決定にどのデータを使うべきかを根本から考え直さなければならないかもしれません。これがサンプル外検証の目的であるわけです。

このほか、15章で紹介した「キャリブレーションの評価」と「ランク付け」（いずれも「バックワードルッキング・メトリクス」）も監視で使うべきでしょう。こうしたメトリクスによる測定結果を検討する時までにアウトカムが入手できるのであれば、分析結果を他のメトリクスと同じレポートに含められますが、そうでなければ時間遅延により別個の監視プロセスとなります。この種のメトリクスによる監視は、自己改良型ではない従来型のモデルの場合と変わりません。

最後になりましたが、大事なことをもうひとつ。特定のバイアス（たとえば火星人に対する差別など）についての懸念がとくに大きいという状況に直面している時には、モデルのアウトプットと保護対象の変数との相関関係を直接測定した結果もこのレポートに加えるとよいでしょう（詳細は「19.5 第5の検査――保護対象の変数を使った相関分析」を参照）。

22.4 リアルタイムの機械学習

この章を終える前に、リアルタイムの機械学習についても触れておきたいと思います。他のタイプの自己改良型アルゴリズムでは、一定の間隔で（または何らかのイベントに誘発される形で）新バージョンをひとつひとつ作成していきますが、リアルタイムの機械学習では新しいアルゴリズムを継続的に生成します。システムに流れ込んでくる新しいケースの数だけ、新バージョンが生まれると言ってもよいでしょう。

ただし、リアルタイムの機械学習は、あらゆる場面に応用できるというわけではありません。ラベリング（良い指標／悪い指標など、各ケースのアウトカムの定義）もリアルタイムで行わなければなりませんし、ラベリングに際して担当者による何らかの介入や、その他の事実上のバッチ処理（たとえば、90日間未払いが続いた口座を「債務不履行」にするといった処理。午前零時になった瞬間に、あるいは会計システムが一日の終わりの処理を行う際に発生します）が必要になった場合には必ず、アルゴリズムが一番初めに自己改良を行う瞬間を定義するからです。

とはいえ、リアルタイムの機械学習が現実のものとなる場合もあり得ます。たとえば検索エンジンの最適化で、検索クエリと同じ速度でクリック率に関するデータがフィードされる、といった状況です。こうした状況で非常ブレーキを設置しようとしても不可能ですし、そもそも非常ブレーキは不要です。非常ブレーキの設置が（おそらく）不可能な理由は「（アルゴリズムを電光石火のスピードで評価しなければならないなど）速度に関わる要件があるから」で、非常ブレーキが不要な理由は「アルゴリズムには安定性バイアスがあるから」です。まあ言ってみれば、この場面で非常ブレーキがアルゴリズムに及ぼし得る影響は「超大型の石油タンカーの進路を変えようと、小鳥がたった1羽で押す」のと変わらないのです。

要するに「影響を及ぼすことは不可能」というわけです。まあ、その小鳥が噴射式飛行装置（ジェットパック）を背負っていれば、つまり、きわめて有力な新たなデータポイント（レバレッジポイント）が見つかれば、また話は違ってくるのでしょうが。このようにわずかひとつの極端な外れ値に、アルゴリズムにバイアスを招き入れる力があるケースもゼロではないため、偶発的にバイアスを生むリスクばかりか、意図的な操作を可能にするリスクまで生む恐れがあります。意図的な操作を促す経済的誘引がさまざまに考えられる場面での応用は容易に想像できます。たとえば証券市場や外国為替市場のロボアドバイザーなどの自動化されたアルゴリズム取引を「出し抜こう」とする場合などです。それに、たとえひとつのデータポイントだけでは成し遂げられないことも、多数のデータポイントを操作し、それを「一斉射撃」すれば成し遂げられるかもしれません。

そのため、リアルタイムの機械学習でバイアスを予防するには「二叉（ふたまた）のアプローチ」が必要になります。ひとつは「入力データをしっかり管理すること」で、これは非常に重要です。数値の上限と下限を指定しての自動化データクリーニング等の外れ値対策を、入力データの異常値を検知する専用の監視と組み合わせるべきです。とくに、あなたの組織に有害な影響を及ぼそうともくろむ者がいそうな場合は必須の措置となります。

もうひとつは「非常ブレーキのトリガーを妥当な頻度で定期的に評価し、（入力データに関わる問題はもちろん）問題が発生したら介入するバックグラウンドプロセスを実行すること」です。

22.5 まとめ

自己改良型のアルゴリズムは基本的に「自動操縦」で開発されます。この章ではこの「自動操縦」の過程でバイアスを予防するのに必須の、次のような慣行を紹介しました。

- モデルデザインの段階で、アルゴリズミックバイアスが発生するリスクを抑制すること。包括的なモデルデザインの中で、自己改良型機械学習を意図的に「箱に入れること（boxing)」により実現します
- 自動データフィードの過程でアルゴリズミックバイアスが生じることのないよう、アルゴリズミックバイアスを予防するための手法をデータエンジニアリングの段階に漏れなく慎重に組み込むこと
- 自動モデル評価プロシージャで、自動特徴量生成とモデルの新バージョンの自動検証に制約を課すことにより、バイアスのリスクを抑制すること
- 非常ブレーキを作成し、設置すること。この場合の非常ブレーキの機能は「母集団のプロフィールとモデルのアウトプットを自動的に監視し、慎重に選び調整したトリガー群が警鐘（アラーム）を鳴らしたら、以前の安全なバージョンに戻すか、もしくは自動意思決定プロセス自体を一時停止する」というものです
- 担当者による（事後の）定期的な監視。バイアスを予防するための自動安全策を補完するものです

この章と、これに先立つ4つの章では、データサイエンティストがアルゴリズミッ

クバイアスの対処法をモデル開発に計画的に組み込むコツを紹介してきました。とはいえ、データサイエンティストのチームを率いる管理者の場合、こうした対処法を知っているだけではなく、それを組織の慣行として定着させるコツも心得ていなければなりません。この本の最終章である次の章では、そうしたコツを紹介します。

23章 大規模組織における バイアス予防の慣行化

私がコンサルタントになってまず思い知ったこと、それは「名案は容易に思いつく。だがその名案を実行に移すのが至難の業」でした。読者の中にはここまで、22の章を読み、アルゴリズミックバイアス対策のアイデアで頭がいっぱい、という人もいるでしょう。

でも、そうしたすばらしいアイデアをどう実現しますか。とくにあなたが何百人ものデータサイエンティストを率いる管理者で、部下のひとりひとりが期日に追われ、自信過剰バイアスを多分に持ち合わせた生身の人間、という状況なら？

この章では、ここまでの各章で解説してきたバイアスの予防・排除法を現実の組織で慣行化するための具体的なステップを7つ紹介します。各ステップでの焦点の当て所は次のとおりです。

1. データのフローとウェアハウジング
2. 標準とテンプレート
3. 中庸の重要性
4. キャリブレーション
5. モデルの検証
6. モデルの監視（モニタリング）
7. バイアスのないデータの継続的な生成

23.1 ポイント1 データのフローとウェアハウジング

我々は「機械学習の時代」を生きているのかもしれません。あるいは「CDOの時代」と呼んでもよいかもしれません。CDOとはChief Data Officer、つまり「最高データ責任者」のことで、新たな鉱脈（すなわちデータ）にたどり着くための道を確保する目的で多く組織が続々と採用しつつある新たな役職です。

この本では随所でデータの重要性を強調してきました。モデルをバイアスとは無縁のものとするために、CDOにはデータの質に対する投資が求められます。それにはとくにデータの流れ（フロー）の制御とその自動化の促進（ウェアハウジング）が不可欠です。たとえば、データの「完全性」を確保し「唯一の真実（single truth）」を確実に実現する必要があります。ここで言う「唯一の真実」とは、特定のオブジェクトの特定の属性に対して、組織の全ITシステムは唯一の（そして真の）回答を提供するべきであるという意味です（現実には、ひとつの銀行で使われている複数のITシステムにひとりの顧客の借入額を問い合わせると、異なる値が戻ってくることも決して珍しくはありません）。

これ以外にも、CDOの職務としては（上にあげたものほど明白ではありませんが）次のようなものが考えられます。

- 過去のデータに誰でも容易に、しかも間違いなくアクセスできる方法を確立する
- バイアスが入ってしまった内部データセットを補完できる（あるいはそれに取って代われる）外部データへの組織全体からのアクセス手段を確立する
- データセット内のバイアスを検知し、バイアスの存在を各部署に警告する標準的なルーティンを確立する
- 組織全体のデータに関する「リテラシー」を向上させる——このために、組織レベルのデータ辞書を構築、公開し（バイアスの引き金となりかねない「データの意味にまつわる誤解」を予防するとともに）、データに関する既知の制約を始めとする、（隠れた）バイアスの発生源に関する手引書（ガイド）を作成、公開する

23.2 ポイント2 標準とテンプレート

モデリングに関しては、どのデータサイエンティストにも自分なりのアプローチがあるもので、それにはその人がもっとも使いやすく信頼できると感じる手法が反映されています。こうしたその人なりの「慣行」を変えるのは容易なことではありません。しかし次に紹介する2つのツールを併用すれば、そうした各人の「慣行」を変え得ることを私は実感してきました。

- 自分が責任をもつ領域の「標準」を定義したドキュメント——私は、初めて大規模なモデリングチームを立ち上げた際、自分自身のベストプラクティスを集めて、恥ずかしながら「我々のバイブル」と銘打ち、これを標準として新人に根気よく教え込みました。新人研修で基本の取り組み方を植え付けるのが一番容易だからです
- 推奨するアプローチを広めるためのテンプレート——処理の各ステップに対して特定の方式を推奨するために用います

表18-1（Q&A形式のドキュメンテーションの目次の例）は、こうしたテンプレートの一例です。モデルのドキュメント作成で特定のフォーマットを義務付けることで、一連の慣行を徹底させる効果が得られるのです。

私はモデル開発のプロセスに関しても特定のステップのテンプレートを作りました。**図19-1**や**図19-2**、主成分分析（PCA）の書式設定などがその例です。

残念ながら、こうしたテンプレートの多くは手つかずのままホコリをかぶっています。現場での使用を徹底させるには、さらに2つのテクニックが必要なのです。

- テンプレートの使用を管理者がトップダウンで厳格に徹底させる——管理者自身も率先して使用し、模範を示します。指定のテンプレートを使用していないものは突き返し、下位の管理者（たとえばあなたの管理下にあるチームリーダーの面々）にも同様の措置をとらせます。こうした穏便な勧告に効果がなければ、「適正なテンプレートの使用率」を測定基準（メトリクス）とした正式な調査を定期的に実施し、それでもまだ不十分なら、チームリーダーを始めとする管理者のチームのKPI（重要業績評価指標）に組み込むことも検討してみましょう
- 標準的な出力を自動生成するスクリプトをチームに作成させ、希望者がいつでも使えるようにする——（**図19-1**や**図19-2**で例示したレポートのように）必要十分な情報を提供し（使用者が頭をしぼることなく容易に使える）良識的なスクリプトでなければなりません。「便利さ」も、チームメンバーに特定の行動を促そうとする際には、「強制」よりはるかにましな推進力になります

23.3 ポイント3 中庸の重要性

古代ギリシアの聖域、デルポイのアポローン神殿の入り口には格言が刻まれていたそうですが、そのひとつが「μηδεν αγαν（過剰の中の無＝過ぎたるは及ばざるが

ごとし)」でした。同じ概念をギリシア哲学では「中庸(メソテース)(英語ではGolden Mean)」と表現していました。バイアスに対する組織の自覚を高めようとする際にも、常にこの先人の知恵を念頭に置かなければなりません。実世界の事象には大抵バイアスが多少は含まれているもので、懸念しすぎると「バイアスが皆無のデータなんて入手不可能なのでは?」と思えてきて、チームが身動きの取れない状態に陥りかねないのです。

「懸念不要なバイアス」と「懸念材料となり得るバイアス」を区切る線をどこに引くべきかは、さまざまな要因によって決まります。たとえば、あなたの業界の法律・規制の要件や、意思決定の種類、あなたが属する組織や業界の文化や対象市場における文化的感受性、あなた自身ならびにあなたの組織のリスク選好度や信念などです。

アルゴリズミックバイアスとの戦いを始めるにあたっては、まずあなたが最大の問題点をどこに見出しているのかを、その理由とともに明示する必要があるでしょう(こうすれば、当初の作業の焦点を絞り込むとともに、問題をあぶり出すための基準(ベンチマーク)も策定できます)。その後しばらく経ってから、「容認できない種類のバイアス」と「懸念不要な状況」の、より一般的な定義を示しましょう。

23.4 ポイント4 キャリブレーション

4章で説明したように、アルゴリズムの出力(アウトプット)に基づいて意思決定を下す過程にはキャリブレーションのための重要なステップが2つあります。「**中心傾向**のキャリブレーション」と「**決定則**のキャリブレーション」です。

まず、**中心傾向**とは、あなたが予測したいものの平均のことで、統計学的にはたとえば「3章 アルゴリズムとバイアスの排除」で例題としてあげた数式の定数項cに関連するものです。ここで見落としがちなのが「このキャリブレーションでは**将来の**平均的なアウトカムを反映しなければならない」という点です。将来ではなく過去の観測値の平均に基づいてキャリブレーションをするのは典型的な安定性バイアスです。与信スコアカードなら、今からたとえば1年の間に対象のポートフォリオで発生するデフォルト率に基づいてキャリブレーションをする必要があるのです。この点を、担当のデータサイエンティストはきちんと理解しているでしょうか。

透視能力の持ち主でもない限り、理解していないでしょう。この問題にもっとも近い立ち位置にいるのは事業関係者でしょうが、強力なインタレストバイアスに影響されて問題を認識できていない可能性があります。そのため私は常にクライアントにこのキャリブレーションに関わる意思決定の責任を委員会が負って明確な決定を下し、理想的にはその意思決定のプロセスからバイアスを明示的に排除するという手法を推奨しています。たとえば銀行なら、借り手である企業の代表者と銀行のリスク管理部門の代表者から構成される信用調査委員会を構成し、複数のテクニック（ビンテージモデル、ローリング平均を使ったモメンタムモデル、時系列モデルなど）を使って複数の予測モデルを実行し、強力なアンカーポイントを生成するなどといった手法を用います。

次に**決定則**とは、（与信供与や早期釈放など各種応用領域で）「イエス」と「ノー」を分ける線をどこで引くかの定義です。そしてこの「線引き」の作業に、アルゴリズミックバイアスを相殺するための調整が含まれる場合があるのです（「16章 管理者の介入によってバイアスを抑止する方法」参照）。上の中心傾向の場合と同様に、この調整を公平かつ慎重に実現させるための手法は「『イエス』か『ノー』かを魔法のように提示するだけのブラックボックス型モデルに一任するのではなく、決定則の調整を明確な経営上の意思決定に格上げする」というものです。

23.5　ポイント5　モデルの検証

「18章 モデル開発におけるバイアスの回避法」で紹介したように、データサイエンティストが作ったモデルを独立の立場から検証することには大きな価値があります。モデルの検証では、データサイエンティストの疲労による見落としが原因で生じた突発的なバイアスから、自信過剰が生んだ根深いバイアスまで、さまざまなバイアスを検知できる可能性があるのです。私は、データサイエンティスト・チームの管理を初めて任されてからしばらくの間は、非公式のピアレビューの有効性を信じていましたが、やがてそうした有効性が期待できる確率は、飼い猫から毎日シャワーをせがまれる確率と変わらない、との結論を下さざるを得ませんでした[†1]。

さらに、フォーマルな検証には「標準や指定のテンプレートの使用を徹底させる強制力も期待できる」という利点もあります。すでに「新たなアルゴリズムを実装するには検証チームの事前の承認を要する」との内部統制（ガバナンス）ルールが確立されている組織で、「指定されたテンプレートを使用していないドキュメントは、それだけで検証チームから受け取りを拒否される」というシステムを確立できれば、もうあなたは勝利を手にしたも同然です！

白状すると、この「公式な検証」システムは私のアイデアではありません。ある国

†1　「猫のことはよく知らない」という人はたった一度でいいですから猫にシャワーを浴びさせてみてください。八つ裂きにされたくない人は「確率はゼロ」という私の言葉を信じましょう。

の金融規制当局に所属する「切れ者」から入れ知恵されたもので、今やその国では大半の管轄区域で公式のモデル検証が義務化されています。むしろ今、私たちがなすべきなのは、古代ギリシアの格言、とくに上で紹介したデルポイのアポローン神殿に刻まれていたという「過ぎたるは及ばざるがごとし」を広めることでしょう。今日、私に言わせれば「熱心すぎる」検証（「18章 モデル開発におけるバイアスの回避法」を参照）に悩まされている銀行が決して少なくないのです。

ただ、一般のビジネスとなると事情は大きく異なり、「アルゴリズムを広範に活用し始めたばかりの企業が多く、したがって検証に関わるプラクティスもまだまだ初期段階」というのが現状です。特筆に値するのは、アルゴリズミックバイアス対策のためにモデル検証の公式のプラクティスを確立することは「付加的給付（フリンジベネフィット）（企業が役員や従業員に給与以外に提供する経済的利益）」と言っても過言ではないほど価値がある、という点です。有害なバイアスをはらんだモデルは往々にして事業に（壊滅的とまでは行かなくても）相当な悪影響をもたらし得るため、「アルゴリズム開発の企画書がある所には、公式のモデル検証を確立するための企画書があるべき」なのです。

23.6　ポイント6　モデルの監視

「安かろう悪かろう」は（出典は立証不能ではありますが）15世紀の著述家ゲイブリエル・ベルの言葉とされる格言です[†2]。もしもベルが古代ローマ帝国に占領される以前の古代ギリシアに生まれていたら、この格言もデルポイのアポローン神殿に刻まれていたかもしれません。これを企業の世界に当てはめると、「どうしても実現したいことがあるなら、誰かに金を払ってでもやってもらえ」ということになります。しかも、専任担当者を雇い入れるに値する職能のひとつが、まさに「モデルの監視（モニタリング）」なのです。

この点で、これまで先駆けとなってきたのが銀行ですが、そんな金融業界でさえ、ある銀行が監視を一切せずに7年以上も、あるモデルを使い続けてきた事実を、私は数年前に知ってしまいました。そのモデルには、おかげでインフレ由来のバイアスが生じていました。特徴量のひとつに、ローン申請者の所得を「平均」所得と比較するものがありました（極端な話、床屋の散髪代がわずか25セントだった時代の平均所得が使われると、どの申請者も「石油王」ジョン・ロックフェラー並みの大金持ちになってしまいます）。

†2　https://www.charlesmccain.com/pdf/Who-said-it-Original.pdf

この逸話からは、より根本的な問題が読み取れます。「使用中のモデルの状態を常時漏れなく把握すること」ができていない企業が（銀行も含めて）数多く存在しているのです。皆の注目を集める重要なモデルなら、主要な部署による公式の検証や監視をされているはずですが、たとえばパプアニューギニアにある子会社が小規模な個人向け金融事業のために運用しているモデルとなると、本社では誰ひとり、その存在すら知らないのではないでしょうか。金融規制当局が銀行に「使用モデル一覧」の提出を正式に命じるようになったのは近年になってからのことで、これによりあらゆる種類の興味深い実態が露呈するようになりました。

たとえば、適正な監視なしで「人知れず」使用されているモデルの存在が明らかになったりしたのですが、また別の問題も掘り起こされました。ローン申請のうち受理されそうなものだけをモデルの審査にかけ、拒絶されそうなものは審査対象から外すなど、モデルを恣意的に使っているケースで、これはこれで新たな意思決定上のバイアスを生んでいたわけです。

（アルゴリズムへの入力データであろうが、アルゴリズムの出力であろうが）組織内のどこかにバイアスが生じたら間を置かずに信頼のおける方法で検知できるようにするには、モデルを監視する専任の担当者なりチームなりが不可欠です。その職務には次を含めるべきです。

- 組織内で使われているモデルを漏れなくリストアップする
- 重要でないモデルと、過度の監視費用がかかるケースとを除き、残りすべてのモデルの監視を確実に実施する

ベストプラクティスをあげるとすれば次のようになるでしょう。

- 明確なルールを確立し、それに従って監視を継続的に実施し、重大な問題を検知したら（データサイエンティストによる状況確認や、そのアルゴリズムの一時的な使用停止など）是正措置を命じる

最後にもう1点、次も確認しておきましょう。

- 意思決定のプロセス全体を監視対象にする――自信過剰バイアスの影響を受けた担当者が、自分の意に沿わないアルゴリズムを勝手に迂回してしまうのを防ぐためです。これには、担当者によるオーバーライドや、担当者がアルゴリズ

ムの判断を考慮せずに下してしまう決定も含まれます

23.7　ポイント7　バイアスのない公平公正なデータの継続的な生成

「傷のついたレコード」みたいに何度も繰り返してしつこいと思われるのを覚悟で、最後にもう一度、大切なことを言わせてください。

- アルゴリズムの正当性を調べて改良を加えるためのテストには、あえて毎回新しく公平公正なデータを生成し、それを使用する

私が見聞きしてきた限り、そうしたデータの生成を首尾よく続けられている組織は、データサイエンティストが孤軍奮闘しているからではなく、テストと学習を組織文化として信奉しているからこそ、成果をあげられています。そのような組織で「バイアスのない新しいデータを継続的に生成する」という計画なしに新製品の導入等の事業案を提案したりすれば、同僚に「とまどい顔」をされるのが落ちです。ドイツのバイエルン州の人が、スイートマスタードを添えずに白ソーセージを出された時のような「とまどい顔」を。

アルゴリズミックバイアスを真の意味で排除するためには、まずシニアレベルの管理者が次のような行動を通して組織を方向づけすることが大切です。

- アルゴリズミックバイアスが発生する危険のある箇所を特定する
- アルゴリズムが関係するすべてのケースで、これまでどのようなバイアスの予防策を講じてきたかを尋ねる
- 折に触れて、バイアスを含まないデータの収集や生成のためにどのようなアプローチを行うのかを尋ねることで注意を喚起する

こうした姿勢を見せることで、系統立てられた実験やその他のデータ収集の努力が行われるようになり、さらには、そうした活動に対する予算措置が自然と行われるようになるでしょう。

23.8　まとめ

この最終章では、大規模組織でバイアスの予防・排除を慣行化するという難問について解説し、そうした慣行化に有効な7つの重要なポイントを紹介しました。

- データのフローとウェアハウジング――バイアスがまったくない完璧なデータを入手するためには、しかるべき投資を行って、データの流れを自動化し、「唯一の真実」を実現しなければなりません。こうした作業の後ろ盾として支援や調整を図る役職が「最高データ責任者（CDO）」で、これを新設する組織が増えています
- 標準とテンプレート――担当者のトレーニングに有用であるだけでなく、アルゴリズミックバイアスの予防を一貫性のある形で徹底させるための頼れる基盤ともなります（が、これだけで「盤石」とまでは言い切れません）
- 中庸の重要性――バイアスを過度に恐れてチームが身動きの取れない状態に陥るのを防ぐ上で不可欠な要素です
- キャリブレーション――アルゴリズムの出力に基づいて決定を下す過程の重要なステップのひとつであるキャリブレーションは、担当者に任せきりの「ブラックボックス」にするのではなく、明確な経営上の意思決定に格上げするべきです
- モデルの検証――データサイエンティスト自身のバイアスに対抗し、標準を遵守させる上で不可欠なステップです。ただし組織として公式に取り組む必要があります
- モデルの監視――「モデルの検証」を補完するステップですが、これについても、期待どおりの効果を得るには「組織としての取り組み」が必要です
- バイアスのないデータの継続的な生成――アルゴリズミックバイアス対策に不可欠なステップですので、経営陣はこれを自社の行動規範とし、「文化」として浸透させるよう努力する必要があります

これでアルゴリズミックバイアスについての学びの旅は終わりです。私たちはこの本でアルゴリズミックバイアスを撃退できる「特効薬」を見つけたわけではありませんし、撃退できるという保証を得たわけでもありません。とはいえ、アルゴリズミックバイアスの各種原因や要因を十分に理解し、（読者の皆さんの職位や専門知識のレベルに関係なく）アルゴリズミックバイアスを検知、管理、予防するための具体的か

つ実用的な手法を学んではいただけたと思います。

最後に、そんな皆さんへのはなむけとして「モデル開発の十戒」をお贈りします。これは私が部下のデータサイエンティストに（とくに与信スコアカードを開発する際に）紹介することのある、少しおどけた「教え」です（が、他分野にも広く応用できます)。ユーモアは大抵、即効性においても効果の範囲においても、厳しい警告に勝ります。ですからこの少しおどけた「十戒」も、アルゴリズミックバイアスとの戦いの一環として組織内で広めていただければと思います。

モデル開発の十戒

1. 汝、本書を読みて、その教えを応用すべし。本書は苦き経験の賜物（たまもの）たる良書なればなり
2. モデリングは常に「ビジネスユーザーがいかにスコアカードを用いるか」への理解を下敷きにして進めるべし。スコアカードは単なるツールにすぎず、担当者の人選を誤れば、また担当者が扱いを誤れば、凶器ともなり得るなればなり
3. 己（おのれ）の仕事には常に光を当てよ。光とはビジネスユーザーなり。ほぼ毎日、モデルの出力をしかるべき形で取りまとめ、依頼主たる企業担当者と共有すれば、己の仕事に光を当てらるるなり
4. 常に目を向けるべきはデータなり。己の目にて事物を捉えぬ者には何事も見透かせず、何事も見透かせぬ者は時として恐るべき危険を看過するなればなり
5. 理解不能、説明不能なる変数または特徴量は決して使うべからず。その背後に悪魔が潜む恐れあり
6. 「同一モデルに高相関の変数」は、あるべからざる事態なり。かような変数は悪魔が黒魔術を行うためのツールにほかならぬなり
7. モデルの構造、特徴量、モデリング手法等々、何事も常に極力簡素に保つべし（ただし「重大な性能低下を招かぬ限り」の前提条件あり)。複雑なるものの背後には悪魔が潜む恐れあり
8. 特徴量ならびにスコアは連続を旨とすべし。段差は崖（がけ）にほかならず、その崖より落ちて命を失う者、あまたおればなり
9. モデルは常に新たなる未使用のデータにて徹底検証せよ。新たなる未使用の

データにてモデルを検証せざる者、データサイエンティストにあらず、悪魔がカップに配した茶葉を読む占い師にすぎぬなり

10. 常に思いを馳せるべきは（一貫した欠損値ないし異なる行動プロフィール等により）モデルの予測能力の下がりし大規模なケース群なり。「最初のモデルが奏功せぬならば、他のモデルやモジュールあり」とセグメンテーションの神も言えり

訳者あとがき

原著者のTobius Baer（トバイアス・ベア）氏が髪の毛の本数を予測するアルゴリズムを例にしていますので、髪の毛にまつわるストーリーから始めましょう（若干読みにくいかもしれませんが、許してやってください）。

> 約30年前、祖母から木製の櫛（つげ）をもらいました。彼女は鹿教湯温泉で購入しました。それは数年前に壊れました（それは長く続きました）。なので、それ以来プラスチック製の櫛を使っていましたが、木製の櫛を買うことを考えていました。
> 去年の10月に吉祥寺（東京都武蔵野市）に行った時、中国のくし屋が新しくオープンしたのを見つけました。私が店に入ると、日本語が話せない若い中国人男性がいくつかの商品を見せてくれました（店には他の店員はいません！）。彼は英語が話せると言ったので、私たちは英語で話しました。意味がわからないXXXを刺激することで、木の櫛が髪に良いとのことでした。私は彼にそれを書き留めるように頼みました、そして彼はツボ（日本語で「坪」）を意味する「坪穴」を書きました。
> 彼は、店は数ヶ月前に横浜から引っ越したばかりだったが、Corvid-19の不況のために翌月閉店すると述べた。木製の櫛を買いました。彼が言ったようにその店は翌月閉店し、それ以来そこに店は開いていません。
> くしを買ってから2～3週間で髪が暗くなってきました!!今は8月で、白髪の80％が黒に変わりました!!信じられますか？！

ちょっと変な日本語ですが、だいたい内容はおわかりいただけたのではないでしょうか。実は訳者の実体験を書いた英文[†1]を、機械学習を利用した「ニューラル機械翻訳（NMT）」の代表格であるGoogle翻訳（https://translate.google.co.jp/）で日本語にしたものです（翻訳実行は2021年8月25日）。

さて、上の訳文にいくつか意味のよくわからない点がありますが、そのうちのひとつ、最初の段落の「（それは長く続きました）」についてもう少し検討してみましょう。私の書いた英文は「It lasted long.」でした。確かに英文だけでは、「長続きした」のか「長持ちした」のかはわかりませんが、人間ならば「30年前に買った櫛（くし）が数年前に壊れた」のなら「長持ちした」を選択します。

この英文を少し変えて訳してみると、NMTのひとつの特徴を表していると思われる現象が出てきます。

(a) It lasted long.
それは長続きしました。
(b) It lasted longer.
それは長持ちしました。
(c) My grandmother gave me a wooden comb, which lasted long.
私の祖母は私に木製の櫛をくれました、それは長続きしました。
(d) 30 years ago, my grandmother gave me a wooden comb, which lasted long.
30年前、祖母が私に木製の櫛をくれました。それは長持ちしました。
(e) 30 years ago, my grandmother gave me a wooden comb. It lasted long.
30年前、祖母が私に木製の櫛をくれました。 それは長続きしました。

(b)で"long"を"longer"と変えただけで「長持ち」に訳が変わりました。また、(c)で", which lasted long"と何が「lasted」なのかを少しわかりやすくしても訳は変わりませんが、(d)で"30 years ago"を加えると「長持ち」に変わります。

NMTでは、「お手本」とする大量の例文（原文と訳文）を入力して、それをベースに「翻訳機械」を作ります。「longer」とか「～years ago」というような表現が現れた例文では「長続きする」という訳よりも「長持ちする」という意味で使われることが多かったのではないか、と訳者は想像します。

2000年頃の翻訳ソフトが手元にあったので、同じように翻訳してみると、どの文を訳しても「長く続きました」という訳文になりました。ある意味一貫しています。そして「辞書登録」をすると訳を変えることができます。

まず、lastの訳語として「もつ」を登録して優先するようにしてみました。すると、すべての文で「長くもちました」となりました。自分の好む訳を優先することができ

†1 英文および日本語版はこの本のサポートページ（https://musha.com/scab）のウェブ版「訳者あとがき」にあります。

ます。このほうが「下訳には便利」なのです。「訳の不安定さ」があると、いつも気をつけてチェックしなければなりません（NMTを使う際の留意点のひとつと言えるでしょう）。

続いて、「長持ちする」という訳語を出したいと考え、「last long」を「長持ちする」で辞書登録すると「It lasted long.」は「長持ちしました」になりましたが、「It lasted longer.」は「より長く続きました」のままでした。形容詞の比較級も絡むため一筋縄ではいきません。

さて、翻訳出版の検討段階でこの本を先に読んだのはもうひとりの訳者である武舎るみで、「リーマンショック前に『危ない！』と警告を発していたアルゴリズムがあったにも関わらず「そんなことはあり得ない」とその貴重なアドバイスを無視してしまった人たちがいた」などといった、金融業界で長い経験をもつ著者ならではの興味深い逸話や、あちこちに散りばめられた著者のジョークが気に入って「訳したい」と思ったそうです。もうひとりの訳者（このあとがきの著者）である武舎広幸はというと、心のどこかに「流行りのAI絡みで一発当てたい」という打算もあったことは否定できませんが、「AI礼賛」に警鐘を鳴らしていそうな本で、「結構、立場が似てるかも」と感じ、最終的に翻訳することになりました。

武舎広幸は長い間、機械翻訳システム（翻訳ソフト）の開発に関与してきました。一応、人工知能（AI）の一分野に入ってはいましたが、訳者が直接関わったシステムの中身はといえば、何十万もある単語のひとつひとつに品詞や訳語などの情報を付与した「辞書」と、何千もある「文法規則」を使って、ほとんど無限にある組み合わせの中から一番可能性の高そうな解釈を選び出していくという手法をとっていました。いわゆる、ルールベースの機械翻訳（RBMT）です。

原著者もどちらかというと古いアルゴリズムに浸ってきた人間で、「5.3 他のモデリング手法との比較」など何箇所かで「機械学習のプロセスは透明性が低い」などの問題点を指摘し、「人間の直感や現場の声を大切するべきだ」と強調しています。訳者同様「機械学習（だけ）では足りない」と考えていそうです。金融と翻訳では、具体的な手法やツールの違いは大きいでしょうが、感覚的には共通部分が案外多いのかもしれません。

この本全体として、原著者はアルゴリズムの内包する「バイアス」に焦点を当ててその対策を説いています。ただ、訳者はそれに限定せず「（少し視点を変えた）機械学習の一般向け解説書」としても面白いのではないかと感じました。主に「金融業界」や「宇宙人たちが登場する仮想世界」を中心に興味深い具体例が散りばめられており、ビジネスパーソンやエンジニアなどにとって、機械学習や人工知能に対する理解を深めるための示唆に富む読み物だと思うのです（アルゴリズムに直接あるいは間接的に関わる方々が「バイアス対策」を進める一助として活用いただくのはもちろんですが）。

こんな思いがあって、原著とはやや方向の違うタイトル、サブタイトルを提案させていただきました。訳者らがこの本の直前に第2版を翻訳した『インタフェースデザインの心理学』（Susan Weinschenk（スーザン・ワインチェンク）著、オライリー・ジャパン）という、これまたバイアスが重要なトピックとなっている本の評判がとてもよいので、これにあやかったという面もあるのですが——こちらの本の主題はアルゴリズムの設計（デザイン）ではなく、ウェブやアプリなどの設計（デザイン）ですが、一般の方々にとっても「目からウロコ」の興味深いトピックが合計100個並んでいます。

さて、翻訳作業に予定をはるかに超える時間がかかってしまったため、いつもお世話になっているオライリー・ジャパンの皆様には、いつも以上にご迷惑をおかけしてしまいました。原著の面白さを再現しようと最大限努力したつもりですので、お許しいただければ幸いです。「一発当たって」恩返しができるとよいのですが……

2021年9月
訳者代表
マーリンアームズ株式会社 **武舎 広幸**

索引

P

R

S

T

V

W

X

Z

あ行

か行

さ行

た行

な行

は行

ま行

や行

ら行

わ行

● 著者紹介

Tobias Baer（トバイアス・ベア）

データサイエンティスト兼心理学者兼経営コンサルタント。リスク分析の分野で20年を超す経験を重ねてきた。2018年6月まで、マッキンゼー・アンド・カンパニーのマスターエキスパート兼パートナーとして、同社のインドナレッジセンターにおける「信用リスク高度分析センター」の設立（2004年に運用開始)、世界規模の「信用リスク高度分析サービスライン」の統括、50ヵ国を超えるクライアントに対するコンサルティング（信用供与、保険料設定、徴税用の分析的意思決定モデル開発、意思決定におけるバイアス排除などに関するもの）等を担当した。これと並行して、ビジネス・アナリティクスと意思決定に関する研究も続けている。マッキンゼーでは「意思決定における認知バイアスの排除」や「機械学習の導入による透明性の高い予測モデルの開発」、英国ケンブリッジ大学では「意思決定で生じ得るバイアスに精神疲労が及ぼす影響」などをテーマとして研究を行った。

ドイツのユストゥス・リービッヒ大学ギーセンで「法と経営学」を学んだあと、米国ウィスコンシン大学ミルウォーキー校で経済学、英国ケンブリッジ大学で心理学の修士号を、ドイツのヨハン・ヴォルフガング・ゲーテ大学フランクフルト・アム・マインで金融学の博士号を取得した。10代で雑誌記事の執筆を開始（自宅のコモドール64で編み出したプログラミングの必殺技の紹介記事をドイツのソフトウェア雑誌に寄稿するなど）。現在はLinkedInの個人ページ（https://www.linkedin.com/in/tobiasbaer/）でブログを定期更新中。

● 訳者紹介

武舎 広幸（むしゃ ひろゆき）

国際基督教大学、山梨大学大学院、カーネギーメロン大学機械翻訳センター客員研究員等を経て、東京工業大学大学院博士後期課程修了。マーリンアームズ株式会社（https://www.marlin-arms.co.jp/）代表取締役。主に自然言語処理関連ソフトウェアの開発、コンピュータや自然科学関連書の翻訳、辞書サイト（https://www.dictjuggler.net/）の運営などを手がける。著書に『プログラミングは難しくない！』（チューリング）、『パソコン英日翻訳ソフト活用法』（プレンティスホール）、訳書に『インタフェースデザインの心理学』『ハイパフォーマンスWebサイト』（以上オライリー・ジャパン）、『マッキントッシュ物語』（翔泳社）、『海洋大図鑑－OCEAN－』（ネコ・パブリッシング）など多数がある。https://www.musha.com/ にウェブページ。

武舎 るみ（むしゃ るみ）

学習院大学文学部英米文学科卒。マーリンアームズ株式会社（https://www.marlin-arms.co.jp/）代表取締役。心理学およびコンピュータ関連のノンフィクションや技術書、フィクションなどの翻訳を行っている。訳書に『エンジニアのためのマネジメントキャリアパス』『ゲームストーミング』『リファクタリング・ウェットウェア』（以上オライリー・ジャパン）、『異境（オーストラリア現代文学傑作選）』（現代企画室）、『いまがわかる！ 世界なるほど大百科』（河出書房新社）、『プレクサス』（水声社）、『神話がわたしたちに語ること』（角川書店）、『アップル・コンフィデンシャル2.5J』（アスペクト）など多数がある。https://www.musha.com/ にウェブページ。

AIの心理学
――アルゴリズミックバイアスとの闘い方を通して学ぶ ビジネスパーソンとエンジニアのための機械学習入門

2021年10月20日　初版第1刷発行

著　　者	Tobias Baer（トバイアス・ベア）
訳　　者	武舎 広幸（むしゃ ひろゆき）、武舎 るみ（むしゃ るみ）
発 行 人	ティム・オライリー
制　　作	株式会社トップスタジオ
印刷・製本	日経印刷株式会社
発 行 所	株式会社オライリー・ジャパン 〒160-0002 東京都新宿区四谷坂町12番22号 Tel　(03)3356-5227 Fax　(03)3356-5263 電子メール　japan@oreilly.co.jp
発 売 元	株式会社オーム社 〒101-8460　東京都千代田区神田錦町3-1 Tel　(03)3233-0641（代表） Fax　(03)3233-3440

Printed in Japan（ISBN978-4-87311-962-5）
乱丁本、落丁本はお取り替え致します。